漁業と震災

濱田武士

みすず書房

漁業と震災　目次

第三章 **漁港と漁村** 82

漁法の説明

旋網（まきあみ）：回遊する魚群の周囲を網で囲って一網打尽にする漁法。漁船が魚群の周りを旋回しながら網を操作する。通常、網船、探索船、運搬船などで船団を構成して操業している。例：大中型旋網漁業、固定式底刺網漁法

刺網（さしあみ）：魚の遊泳経路に平面上の網を仕掛けて獲る漁法。魚は菱形の網目の中に刺さるか、あるいは網地にからまって漁獲される。錨で固定する場合は「固定式刺網」という。固定しない場合は流網（ながしあみ）という。例：サケマス流網漁業、大目流網漁業、北洋刺網漁業、固定式底刺網漁業

船曳網（ふなひきあみ）：袋状の網を海面近くで曳いて、シラスやイカナゴなどの小魚を獲る漁法。例：船曳網漁業

底曳網（そこびきあみ）：深層域の水深帯に袋状の網を沈めて、曳いて、海底近くの魚介類を漁獲する漁法。例：小型底曳網漁業、沖合底曳網漁業、遠洋底曳網漁業

棒受網（ぼううけあみ）：事前に海中に沈めた網の上に魚を光などで誘導して掬いあげて漁獲する漁法。例：サンマ棒受網漁業

延縄（はえなわ）：延縄釣とも呼ばれる釣漁法の一種。幹縄という長い縄に枝縄を等間隔で結わえてある。釣針は枝縄の先に結ばれている。マグロ延縄漁業では幹縄が100km 以上あり、幹縄の間隔は50m である。例：マグロ延縄漁業、サケ延縄漁業、北洋延縄漁業

一本釣（いっぽんつり）：竿釣、手釣、機械釣など。例：カツオ一本釣漁業、イカ釣漁業

定置網（ていちあみ）：沿岸域に来遊する魚類を固定された箱状の網の中に誘導して漁獲する。魚を誘導する垣網、魚が泳ぎまわる運動場網、捕獲する箱網などからなる。

はじめに　天災と人災

1　認識の危機

漁業は産業として危機に瀕していると言われている。所得水準が低いために後継者が育たず、漁民の高齢化が加速し、さらには資源も減少している。そしてこれらの状況は好転する気配がないとされている。しかしもっとも大きな危機はそこにあるのではない。ではその危機とはなにか。それは、漁業をめぐる「認識の危機」である。北欧の漁業国のように制度改革により産業構造の再編を推し進め、資源管理さえ徹底すれば、今の漁業を取り巻くさまざまな危機を乗り越えられるかのような議論が横行していることである。こうした議論は、危機を回避するどころか、拡大させかねない危険をはらんでいる。しかし、このことについて警鐘を鳴らす議論はほとんどなされていない。

本来、日本の漁業、とくに沿岸漁業は、自然のなかに溶け込んで営まれてきた歴史的産業であった。また日本固有の流通機構を通して、漁業・漁村の営みが消費者に届けられてきた。この慣行のなかで、漁民は過酷な洋上の仕事にも耐えて自らの職業に誇りをもち続けてきたのである。

だが、高度経済成長以後、第三次産業の拡大と都市部への人口の集中が進み、都市部において都市住民が代を重ねるようになってくると、都市部の食糧事情を支えてきた農山漁村に対する理解者が激減し、農山漁村と都市地域を結んできた関係が薄れてきた。言い換えれば、生産者と消費者のつながりの希薄化でもあった。

こうした状況に呼応するように、経済のグローバル化が進み、ネナリベラリズムが強まってきた。そして護送船団方式で保護されてきた旧態依然のあらゆる産業にメスを入れる改革の必要性が謳われるようになり、貿易面や流通面で保護されてきた農業はもちろんのこと、近世からの制度が踏襲されてきた日本の漁業も、先進国らしからぬ出遅れた産業であり、補助金や既得権益にすがった者たちによって営まれているとレッテル貼りされるようになった。こうした批判は近年、急激にエスカレートしてきている。

この批判の背後には、一つ一つの固有の物事を分析的に捉えず、白か黒か、善か悪かという二分法に落とし込み、定型的な枠組みを当てはめる言論を好むメディアの存在が影響している。こうしたメディアによる言説は農山漁村という地域から切り離された都市住民に浸透し、都市と漁村の分断は決定的となった。

現在メディアで発信されている漁業問題の解釈には、実態とかけ離れ、ねじ曲げられたものも少なくない。しかし、それらはきわめて単純明快なロジックで構成されているため、誰にでも理解されやすい。漁村の事情を知らない消費者である都市住民は、何ら疑問も抵抗感も抱くことはない。さらにそれらの解釈は、誰にでも理解されやすいからこそ、既存のメディアやソーシャルメディアを通して急速に拡散されていったのである。

しかも近年、現状分析型の議論より問題解決・提言型の方をもてはやし優先する風潮に社会全体が傾き、結論が急がれる傾向にある。諸現象の因果関係は安直に結びつけられてしまう。そこから出てくる提言は根底に思想がないため、受け売りの短絡的な内容が多い。

例えば、水産物は複数の流通業者がからんでいるから、消費者の購入価格は高く、生産者の販売価格が安いので、その対策として流通業者を中抜きして直接販売をすべきだという議論がある。これは一見すると合理的であるが、少しでも事情を知る人間から見るとそうではない。単純化、効率化すれば万事よくなるという「型」にはめた議論に落とし込んでいるだけである。水産物流通とは、複数の流通業者がネットワーク上で結ばれているからこそ、目まぐるしく変動する需給の調整とキャッシュフローにあるリスクの分散が図られ、需要のあるところに魚介類が届くようになっているのである。中抜き流通は部分的には可能でも、取引価格の決定は既存の流通の相場形成に依存せざるをえず、独立して成り立つものではない。

このように、ある社会的産業の態様を深く認識しないまま問題解決を探ろうとする言論があり、そこから生みだされる認識が世の中に蔓延するようになると、漁業の危機はさらに深まることになる。

この傾向は二〇一一年三月十一日に発生した東日本大震災以後、より顕《あらわ》になった。前近代的な漁業の産業構造を今こそ解体し、壊滅的な被害を受けた漁業を復興させていくべきだという言説が広がった。漁民不在の改革論が平然と、そして本格的に飛び交うようになったのである。

グローバル化やネオリベラリズムが社会思想として強く押し出されてから、漁業の危機は間違ったかたちで捉えられるようになった。そのプロセスで生まれた処方箋が、さらに漁業の問題を深刻化させるという悪循環が形成されている。この悪循環を断ち切らない限り、真の漁業再生の姿を展望することすら難しいであろう。

そのことを踏まえつつ、漁業と漁村がこれからどのような政策によって、どのような道筋をたどっていくのかを見つめていきたい。それは、大震災という国難ののち、日本がどのような道筋をたどっていくのかを見ていくことと同義であるといってもよいかもしれない。

2 「第二の人災」

東日本大震災では、周知のように沿岸域は未曾有の被害を受けた。漁村の平野部にあった施設、水産加工場、漁協などの建屋あるいは家屋は巨大津波により壊れ、漁村空間は無惨な状況となった。犠牲者数も膨大な数に上った。他産業と比較しても、漁業とその関連産業の被害状況は際だっている。しかも、東京電力福島第一原子力発電所の事故により、放射能による海洋汚染という事態も加わった。

震災からしばらくすると、震災復興に関連する政策論争が盛り上がり、水産復興にはとくに関心が集まった。しかしメディアを介して出てきた水産復興論の多くは、漁港集約化や漁業制度改革論など、現場からではなく上からの創造的復興に類するものであった。いわゆる惨事便乗型の改革論と言ってよい。

主な改革論は、宮城県知事、財界の政策提言機関である日本経済調査協会による水産業改革高木緊急委員会[1]、そして日頃から漁業改革を唱える論者たちのあいだから噴き出した。その骨子は、「水産業は衰退著しいのだから元に戻しても仕方がない」「漁業権を開放して、外資も含めた民間資本を動員すべきだ」というものであった。それらの議論はおおむね大手マスコミやビジネス雑誌、その他メディアなどに好意的に受け止められて拡散した。

他方、これらの改革論に対しては、被災地あるいは全国の漁協・漁民らが激しく反論・異議申し立てを行った。しかし彼らの議論は改革論と対等には受け入れられなかった。むしろ反論・反発すればするほど、漁協・漁民、あるいは水産行政のイメージを悪化させる方向で報道され、この機会に農地法・農協と一緒に改革すべきだと言わんばかりのキャンペーンも続いた。

こうした改革論を牽制する議論は学術界（日本学術会議）[2]や一部の論者からも出ていたが、発信力が弱いせいか、メディアはこれらの提言や議論をあまり取り上げなかった。[3・4・5]

こうした改革の議論には、混乱している地域社会やコミュニティを切り裂くような提言や言説、あるいは構想も少なくない。あらゆるものを失い、多数の尊い命が失われ、悲惨な状況のなかで立ち上がろうとしている被災地の復興を願うのなら、議論にはまず、「道理」「人道」または「品格」というものがあるべきではないか、と筆者は何度も被災地に通いながら感じてきた。

東日本大震災は「天災」であり、それに伴って発生した東京電力福島第一原発の事故は津波に対して無防備であったことから「人災」だと言われてきた。さらにその原発事故は、放射能汚染の広がりとその影響から東北各地の農林水産物が販売不振に陥るという未曾有の被害まで招いた。こうした風評被害と惨事便乗型の改革論の出現は、「社会災害」とも言える、いわば「第二の人災」ではないだろうか。

3　本当に必要な「減災」とは

漁民らは自然と向き合い、危険が伴う海という場で、自然に畏敬の念を抱きながら、漁村で働き、暮らしてきた。漁村やそれを取り巻く地域社会の復興は本当にありうるのか。復興のミスリードが行われはしないであろうか。もともと利害が複雑にからみ合い、微妙なバランスで維持されてきた漁民社会に亀裂が生じることはないのか。震災から二年が過ぎようとしている現在でも、そのような危機感は払拭されていない。

閣議決定で設置された東日本大震災復興構想会議においては、「絆」「コミュニティ」など社会の繋がりの重要性が謳われ、災害対策としては「防災」より「減災」の考え方が強調された。「減災」とは、自然災害すなわち「天災」に対する「減災」である。原発災害という「人災」に対する「減災」という意味も含まれているかもしれない。だが、「第二の人災」に対する警鐘はそこにはまったく記載されていない。「第二の人災」について防災ないしは減災をしない限り、漁業の復興はありえないというのが筆者の考えである。必要なことは、持続的再生産体制を追求することはもちろん、海で働く誇りを取り戻し、漁村で働き暮らす人々の関係、漁村と自然の関係、漁村と都市部との関係に関わる社会関係資本の復興を果たすことである、と考えるのである。

復興には、漁業や漁村に対する国民的理解、とくに都市部に暮らす人々の理解が欠かせない。国民的理解が深まらなければ、復興が都市目線・都市基準で進められてしまうからである。それでは現状や実態に伴わない未来志向の再開発が繰り広げられるだけである。当該地域の自然に立脚した伝統や歴史は捨て去られる可能性さえある。

このことは漁村や漁業という地域再生・産業復興の問題にとどまらない。日本らしさそのものが失われるという国土形成の問題にもつながってくる。だからこそ、われわれは、漁業だけでなくもっと広い視野を持ってこの問題と向き合わなければならないのである。

そのためにも、真の漁業再生に向けた道筋を見いだすことはきわめて重要であり、どの提言書にも記されていない「第二の人災」に対する「減災」の実践に取り組む必要がある。

4　漁業は漁民だけでは成り立たない

漁業を捉えるとき、漁民にスポットを当てるのが普通である。しかし、漁業の再生は漁民だけで達成しうるのであろうか。そうではないはずである。漁民の活動の背後には、なくてはならない二つの分業社会がある。一つ目が漁業内部にある分業社会であり、もう一つは漁業外部との関係から成り立っている分業社会である。漁業再生には、これらの分業社会への視座が不可欠である。

前者の漁業内部の分業社会を舞台にたとえると、主役はもちろん漁民である。そして舞台には脇役がおり、舞台裏には裏方がいる。たいへん失礼な表現であるが、脇役とは漁労作業や漁具仕立てを担う漁家の世帯構成員や臨時雇用者（手伝う親戚や漁家近隣の住民）であり、裏方とは漁協等の漁業者団体および水産行政並びに水産試験機関で働く職員である。なかでも沿岸漁業の場合、裏方である漁協が果たす役割は大きい。漁業の核である漁民の活動は、こうした脇役と裏方の仕事によって支えられているのである。

だが今、この社会関係が危うくなっている。とくに震災後はその傾向が顕著になっている。脇役が減少し[6]漁労が成り立ちにくく、第五章や第七章で詳述するが、尊重し合わなくてはならない主役と裏方の関係が悪化し、かつ裏方機能を支える制度が改革論の立場から批判されているからである。謂われのない漁協バッシングは今もなお続いている。

漁業を中心にもう一つの分業社会を産業連関で捉えると、漁業の前方にある産業は水産流通加工業であり、後方にあるのは漁業生産財供給産業である。前者は産地市場の卸業者、鮮魚出荷業者、水産加工業者、ミール業者などさまざまである。これらの業者は魚価形成に重要な役割を果たしている。

しかしながら日本における水産物市場は、海外からもほぼオープンアクセスの状態になっているうえ、デフレ不況のなかで商品が過剰状態になっていることから、小売業界では一時的に供給不足になったとしても、安易に価格転嫁ができない状況にある。魚食文化が衰退し、超過需要になりえない環境下で、末端で水産物は買い叩かれている。そのことから、地域によっては漁業以上に流通加工業の縮小再編が著しくなっている。このような地域では、漁業再生のためにも、産地の流通加工業の活力を取り戻す何らかの対策が必要となっているのである。

ところが昨今の漁業改革の議論は、こうした漁業内外の分業社会の問題を棚上げにしたまま、漁民自身が生産し、加工し、独自で販売する六次産業化を進めるべきだという論調が多い。[7]

もちろん、このような生産・加工・販売の一貫体制を実践している漁民あるいは漁業者集団は、わずかではあるが存在している。ただ、水産業界は「餅は餅屋」の世界であり、大多数の漁民が流通業者を上回る販売力などもちえないし、これまでの歴史を振り返ると、流通に手を出した生産者の多くは、流通業者の報復にあって、その後は厳しい経営を強いられてきたのである。[8]

ちなみに、漁業と異業種との連携により新たな流通に取り組むというケースであれば、全国で散見できる。これはそれぞれに不足している経営資源をマッチングするという取組みであり、生産者の六次産業化以上に現実的ではあるが、その可能性は未知であると言わざるをえない。[9]現状ではほとんどが部分的なものでしかないのは、経営リスクが小さくないからである。

一方、燃料価格、漁船の船価、網地などの漁具資材の単価は上昇傾向をたどってきている。これには石油価格の高騰が影響している。石油価格高騰による収益構造の悪化には、さすがに漁民も抗えない。

漁業不振の要因の主役は、いわゆるシェーレ現象[10]ともいえる構造不況である。マスメディアなどで最も目立つ議論では、漁業不振の要因があたかも漁業制度にあるかのように言われているが、それは現状分析に乏しい。

漁業の危機とは、漁民の背後にある漁業内外の二つの分業社会の危機であり、そして、そのことを認識できない危機である。東日本大震災以後に出てきた惨事に便乗した水産復興論は、まさにこの危機の象徴のようなものである。

5　本書の構成

被災地では、ようやく瓦礫撤去が終わり、漁業インフラの本格的な復旧が始まろうとしている。もちろん、漁業・養殖業は漁業インフラの復旧を待たずに再開しているが、復興に向けた本格的な取組みはこれからである。この復興を支えるための思想的根拠が今後必要になってくることは言うまでもない。そのためにはまず、認識の危機への対応を図らざるをえない。

本書はそのことを問題意識にして、「漁業再生」について考えたい。

第一章では、被災地の漁業・漁村の歴史を振り返りつつ、震災直前には一体どのような状況に置かれていたのかを論じた。東北の漁業は衰退の一途をたどっており、あたかも新機軸がなかったかのような評価が震災後は出回ったが、それは果たして本当だったのかどうかを確かめたい。

第二章では、明治および昭和の三陸地震を振り返りつつ、東日本大震災によって受けた水産業の被害について整理した。主に統計で概観するが、被害の実態をできる限り細かく描いた。われわれが考えなくてはならない被害とは何かについても言及した。

第三章では、漁村集落や漁港都市などがどのような地域特性をもっているのか、国土構造とコミュニティという二つの視点から漁村の復興の在り方について考えた。

第四章では、水産復興論を中心に、東日本大震災における復興方針の創出過程について記した。政府の復興方針、被災各県の復興方針などを眺めることで、現場不在の「上から目線」の創造的復興について批判的検証を行った。

第五章では、震災から一か月後に突如メディアで報道された食糧基地構想、および二か月後に東日本大震災復興構想会議で、村井嘉浩宮城県知事が提案した水産業復興特区構想の問題性について論じた。

第六章では、震災後、行政庁が復興に向けてどのような施策を展開したのかを追いつつ、現場での漁業や水産加工業の再開状況について整理した。また現場では何が問題になっているのかを論じた。

第七章では、漁業協同組合にスポットを当てた。国際協同組合年という記念すべき年を迎える直前に発生した東日本大震災のなかで、漁協はどのような状況か、協同の精神はどうなっているのか、復興への対応と協同組合の危機について論じた。

第八章では、認識の危機を助長したマスメディアによる報道について論じた。水産業復興特区構想に関連した報道など、認識力の乏しさから生じている問題を説いた。

第九章では、震災前、常磐の漁業が一体どのような状況であったのかを踏まえつつ、福島第一原発の事故に伴い漁業が被った災害について素描した。食品に対する放射能の含有規制値の取り決めや出荷制限、あるいは福島県で行われている試験操業について記した。

第十章では、震災前からの取組みを振り返りつつ、漁協の協同組合運動も含め、地域漁業のゆくえを追った。現場において進められてきた自主的な改革、漁業と異業種の連携、水産加工団地の形成などを見つつ、地域漁業の復興には何が必要かを考えた。

終章では、震災からの復興にとらわれず、日本漁業が置かれている状況を俯瞰しながら漁業再生に必要な議論は何かを論じた。

以上、本書では、漁業の歴史から実態、そして漁業をめぐる報道なども含めた社会現象を俯瞰した。執筆の内容のなかには、すでに公表したものもある。それらは注で示したので、初出一覧は作成しなかった。

1　水産業改革高木緊急委員会『緊急提言　東日本大震災を新たな水産業の創造と新生に』（日本経済調査協会、二〇一一年六月）。日本経済調査協議会ホームページ http://www.nikkeicho.or.jp/report/2011/takagi_fish/takagifish110603_all.pdf

2　提言『東日本大震災から新時代の水産業の復興へ』（日本学術会議東日本大震災対策委員会食料科学委員会水産学分科会、平成二十三年九月三十日）http://www.scj.go.jp/ja/member/iinkai/shinsai/pdf/110930t.pdf

3　宮入興一「東日本大震災と復興のかたち——成長・開発型復興から人間と絆の復興へ」『世界』（八二〇号、二〇一一年八月）。

4　河相一成『海が壊れる「水産特区」』（光陽出版社、二〇一一年十月）。

5　東北地方太平洋沖地震による被災漁業・漁村の復興再生に向けた有識者等検討委員会『中間報告書』http://www.zengyoren.or.jp/oshirase/pdf/tyukan_houkoku.pdf

6　震災前から、漁具の仕立てを担う労働力が減じていることから仕立てを漁村から中国に外注するケースや、乗組員や養殖作業員に外国人を実習研修生（外国人実習研修制度による受け入れ）として雇っているケースがあった。

7　六次産業化とは、一次生産者が生産だけでなく加工、販売まで行うことを言う。六次産業は今村奈良臣氏が提唱した造語であったが、二〇一〇年十二月に「地域資源を活用した農林漁業者等による新事業の創出等及び地域の農林水産物の利用促進に関する法律」（略称、六次産業化法）が成立し、今では政策用語として使われるようになった。この法律は、

(1)農林漁業者による加工・販売への進出等の「六次産業化」に関する施策、

(2)地域の農林水産物の利用を促進する「地産地消等」に関する施策

を総合的に推進することにより、農林漁業の振興等を図る　ことを目指している。今日の水産業をめぐる経済体制から脱皮を図る対策として注目されている。ただし、六次産業と呼ばれる取組みは今に始まったことではなく、少なくともこの施策を目玉施策として取り上げた民主党政権が誕生する以前からたくさんの事例があった。しかも、施策名は違えども、農商工連携や地産地消推進などそれを後押しする施策もすでにあった。あえて言うなら、六次産業化プランナーを導入するなど、これまでになかった推進方法が六次産業化法にあるというところが、この施策の売りではなかろうか。

8　六次産業化の議論は、生産者の手取りがよくなるという面だけを全面に押して、価格形成力を失っている市場流通や漁業協同組合が行う共同販売事業からの脱皮を促すものが多い。しかし、市場流通や共同販売事業が担ってきた代金決済機能、出荷物の規格がばらついていても必ず全量販売するというアソートリスク（サイズや品質が不揃いの産物を抱えるリスク）をカバーしてきた機能をどのようにして補うのかといった、リターンとリスク分担を明確にしたリアルなビジネスモデルを提示しなければ意味がないのである。

9　筆者が調査を行ってきた漁業と異業種の連携事例は、いずれも意欲的な優良事例であり示唆に富むものであったが、その取組みでさえ完全に軌道に乗ったとは言い切れないものが多かった。次の資料にそのエッセンスを記している。濱田武士・大谷誠「漁業と異業種の連携のすすめ」『沿岸漁業者経営改善促進グループ等取組支援事業報告書』（全国漁業協同組合連合会、六一―一二頁、二〇一〇年三月）。

10　工業製品と農作物の価格動向に開きが生じる現象。燃油、漁網、漁綱などの漁業資材や漁船、船舶機器の価格が上昇する一方で、魚価は低迷している。

東日本大震災直後の宮城県石巻市街

第一章　太平洋北海区の水産業と被災地

東日本大震災は日本の漁業に何を提起したのだろうか。新しい漁業の姿を創出させようとしているのか。その答えはこれからの歴史が証明してくれるであろう。

では、これからの歴史は東日本大震災という未曾有の出来事から出発するのであろうか。それは違うと思う。《上からの創造的復興》といったショック療法で歴史を断絶させようという動きもあり、新たに漁業に参入する個人や法人も出現しているが、復興の主体の大部分が被災地で暮らして働いてきた漁民である限り、これからの歴史も過去の歴史を背負った漁民あるいは水産関連業者がつくり上げるものである。

本章では二〇一一年三月十一日までの被災地はいったいどうだったのか、漁業を中心にして、被災地がたどってきた道のりを大づかみにトレースしたい。

被災地とは言うまでもなく、東日本大震災で被害を受けた地域である。地震だけの被害でも東北の太平洋側から関東圏までと広かったが、津波による水産業への被害は北海道から沖縄まで広範囲に及んだ。東北以外の地域でもかなりの被害が出た。震源地からダイレクトに津波が及んだ太平洋北海区に面している北海道太平洋沿岸部はもとより、太平洋中海区に位置する紀伊半島でも無視できない被害が発生した。三重県では養殖業の被害額だけで四〇億円を超えたのである。

だが、犠牲者が膨大な数に上り、壊滅的な被害を受けた岩手県、宮城県、福島県と比較すると、桁が二桁違う。漁港やその関連施設などのインフラ、冷蔵庫、水産加工場、造船業、その他水産関連企業まで漁業被害に含めると、比較の対象とはならない。

ここでは津波そして原発災害による放射能汚染の影響が強く出ている太平洋北部海域に面する三陸（青森県太平洋沿岸部も含む）から常磐地域を対象にして話を進めたい。

1　戦後からの漁業成長

北洋漁業の基地

戦後復興からの日本漁業の成長は、沿岸から沖合、沖合から遠洋へと外延的拡大による発展、とくに沖合・遠洋漁業など資本制漁業の発展に象徴される。漁業成長の極すなわち漁業投資の矛先は、「資源は無限にある」とされてきた沖合から遠洋へと向かっていった。

戦後に成長した被災地と関係する漁業はいくつかあるが、代表的な漁業種は北洋漁業であろう。北洋漁業とは、太平洋の北部、アリューシャン海域、オホーツク海あるいはベーリング海など、夏でも一〇度を下回る海域で操業する漁業のことを指しており、母船式サケマス漁や母船式底曳網《そこびきあみ》漁業など母船（排水量五千トン以上の大規模工船）を核にして数十隻の独航船（五〇～一〇〇トンクラスの漁船）が船団を組んで大規模に操業する漁業と、北方トロール、転換トロール、北転船《ほくてんせん》などといった大型トロール漁船（一〇〇トン以上）あるいは北洋延縄《はえなわ》漁業など船団を組まないで操業する漁業との総称である。

母船式サケマス漁業については日露漁業など大資本系企業が昭和初期に本格着手し、大産業に発展していた。しかし太平洋戦争に突入し、母船が徴用され、戦時は休止した。また戦後も、GHQの占領下で日本を取り囲むように設定されていたマッカーサー・ラインの外側に出漁することができなかったため、北洋漁業は再開できなかった。一九五二年、講和条約によりマッカーサー・ラインが撤廃されると同時に、母船式サケマス漁業は華々しく再開したのであった。母船で製造されるサケ缶詰は戦前と同様、わが国の輸出主力商品となった。

一九六〇年代に入り、北洋で底曳網漁業が急拡大する。カレイ類、タラ、スケソウダラ、キチジ、メヌケなどといった底魚類が漁獲されたが、漁獲量の大半を占めたのはスケソウダラだった。冷凍すり身技術が開発された一九六〇年以後、すり身原料としてのスケソウダラ需要が急拡大したからである。母船式底曳網漁業や工船トロールなど大規模漁業が発展し、スケソウダラの漁獲量は二〇〇万トンを超えた。また日本近海で過密になっていた底曳網漁船の北洋転換が一九六一年に制度化されたことも、北洋底曳網漁業の急拡大に大きく影響している。それらの漁業と比較すると、勢力は弱かったが、のちに北洋延縄漁業・北洋刺網《さしあみ》漁業といった漁業種も出現した。

北洋に出漁する漁船の母港すなわち北洋漁業の基地は、北海道よりも、東北太平洋側（青森県から福島県）に広く分布していた。とくに青森県八戸、岩手県宮古、宮城県気仙沼、石巻、塩釜、福島県小名浜といった都市部は、戦後は北洋漁業で栄えた都市と言っても過言ではない。ただし、北洋漁業を営む船主（漁民個人、漁業会社、漁協など）は、それらの都市部だけでなく、漁村部にも立地していた。

一九七〇年の統計（第四次漁業センサス）を見ると、例えば母船式サケマス漁業の独航船は北海道が一一五隻だったのに対して三陸・常磐では一九〇隻（青森一九、岩手二三、宮城六九、福島七〇、茨城九）と北海道を上回っており、北洋トロール漁船数（北転船「漁業・養殖業生産統計年報」一九七〇年）も北海道が四五隻であるのに対して三陸・常磐が一〇八隻（青森四〇、宮城五七、福島一一）と大きく上回っていた。これらの漁船の乗組員はもちろん多くが当地域から送り込まれていたのである。その意味で北洋漁業が三陸・常磐の地域経済に果たす役割は大きかった。

世界三大漁場での漁業拡大

このように講和条約から一九七〇年代初期までは北洋漁業への投資および雇用拡大が進んだが、一方で、三陸・常磐の沖合でも、資本制漁業が拡大発展する。旋網《まきあみ》漁業、底曳網漁業、サンマ棒受網《ぼううけあみ》漁業、カツオ・マグロ漁業、イカ釣漁業、大目流し網漁業などといった沖合漁業である。三陸・常磐沖の海域は、親潮と黒潮がぶつかり豊かな漁場が形成されることから、世界三大漁場の一つとも呼ばれ、カツオ、マグロ、サンマ、マイワシ、マサバ、イカ類、スケソウダラなど日本の水産業にとって重要な多獲性魚種が回遊してくる。当時の資源量はかなりのものであったのであろう。漁場には、東北・北海道の太平洋沿岸部に根拠地をもつ漁船のみならず、九州や四国あるいは北陸から出漁してくる漁船が集まっていた。例えば、中型イカ釣漁船は山陰・北陸地区などから、マグロ延縄漁船やカツオ一本釣漁船が東海地区、四国、九州などから多数遠征してくるようになった。そして八戸、気仙沼、石巻、塩釜、小名浜、銚子など主要漁港は遠隔地から出漁してくる廻来船《かいらいせん》の寄港地としても機能強化されるようになっていった。

こうした沖合漁業の生産力拡充は、わが国の水産物自給率が一〇〇パーセントを超えているなかで進んだのであるが、一九五〇年代から一九七〇年代初期までの高度経済成長がもたらした内需拡大すなわち「獲れば売れる」という右肩上がりの景気で、投資が進み、優良漁場の資源を狙った漁船が競って規模拡大を図り、漁業技術が高度化された結果と言えよう。

この間、漁船の船質（船体の材質）は木造から鉄鋼へと変わっていった。造船需要は拡大し、主要漁港では造船業が発展した。それと並行して、船舶機器、無線・通信機器、漁労機器、魚群探知器メーカーなど漁業技術に関係する軽工業部門の発展も著しかった。

この状況を受けて漁港都市部の地元金融機関は、漁船投資に急ぐ漁業会社への融資を活発化させた。減価償却をまたず漁船を買い換える船主が多く、その買い換えによって発生した被代船（中古漁船）を新規に購入して新たに漁業に参入する地元中小資本も多かった。それだけ三陸・常磐沖は投資に見合う豊かな漁場だったのであろう。

だが一方で、漁船数の増加と漁船の規模拡大はさまざまな問題を引き起こすことになった。資源の獲得競争により、漁場紛争が多発したのである。なかでも大量生産可能な旋網漁船や沖合底曳網漁船と、沿岸の小型船との衝突は絶えず、水産行政を介した漁業調整が頻繁に行われた。それでも日本経済の高度成長を背景に、漁船勢力は落ち込まなかった。それだけ水産物市場の成長が著しかったのである。ちなみに漁船数（小型船も含めた総数）は一九八〇年代中頃まで増加し続けた。

漁港都市と漁村部

沖合で展開する資本制漁業の拡大発展は漁港都市の機能拡充をもたらした。各漁港では、漁船の勢力と漁港の能力との間でインバランスが生じ、漁船の係船場所が不足したり、大量・集中水揚げ時には水産物が溢れかえったりして、市場取引に支障を来すようになっていた。ときには、せっかくの漁獲物が投棄されることもあったという。そのことから一九五一年から五年ごとに行われる漁港整備計画事業において漁港の拡大が図られ、また公設の卸売市場の機能強化が進んだ。それと並行して水産加工業者の立地・拡大が進み、営

沖合底曳網漁船　石巻漁港

サンマ棒受網漁船　気仙沼漁港

業冷蔵庫が立ち並ぶようになった。さらには大量かつ廉価な水産資源を原料にして魚粉・魚油を精製するフィッシュミールの工場も立地するようになった。資本制漁業の拡大が拠点漁港を水産加工基地に変貌させたのである。

こうして主要漁港の背後では、資本制漁業を核にした産業都市が形成されていった。しかし周辺の漁村においては近代化が進まず、沿岸域の小規模漁業を営みながら、ときには親戚や近隣の漁船に乗り込んだり、出稼ぎしたりすることにより漁家の経済を支える漁民が多かった。

漁業会社に雇われ、沖合・遠洋漁船に乗り、航海士や機関士などを目指す若手の漁民も少なくなかった。沖合に展開する漁船漁業に従事すると、月給を得ることができたからである。しかも、給与体系は歩合制であったことから、漁獲実績をあげればあげるほど、手取りが多くなる。サラリーマンとは言え、一定の漁獲をあげれば一般の給与水準を簡単に上回ることから、漁労長を目指す若い漁民が多かった。だが、それらの漁民すべてが、漁労長、船長、通信長、機関長など高給・幹部職に就けるわけではない。また、齢を重ねると徐々に沖合・遠洋漁船の重労働に耐えられなくなったりする。それゆえ、沖合・遠洋漁船の乗組員となった漁民には下船して漁村に戻り、沿岸漁民として定着する者が多かった。漁村で生まれ育った漁業後継者は沿岸漁業から沖合・遠洋漁業へ、そしてまた沿岸漁業へと環流していた。

漁業労働者の環流がはっきりとしていた時代、沖合・遠洋漁船が休漁する一定期間を除いては、漁村では若い漁民の姿をあまり見ることができなかったという。とくに冬場の漁村は閑散としていた。冬期は時化《しけ》が続き、小型漁船の出漁機会が極端に少なく、生活費さえままならなくなるから、高齢者でも男手は土木工や都市部の工場工員として地元を離れ、出稼ぎに行かざるをえなかった。

過剰人口を抱えていた漁村部は、沿岸から沖合、沖合から遠洋へという漁業の外延的拡大のなかで、漁業労働力の供給地として大きな役割を果たす一方で、都市開発や国土開発の現業部門へ労働力を供給する役割も果たしてきた。もちろん学歴社会が形成されるなかで、人材が都市部に吸収されることになった。漁村部は農村部と並び、国の高度経済成長を支える空間あるいはその犠牲として存立していたのである。

高度経済成長期に形成されてきた漁村経済の様態は、あくまで受動的なものであった。都市部の経済が急成長するなかで、地域にある精気は都市部に奪われていったのである。日本の国土は首都圏を中心としたヒエラルキー的地域間構造を強め、漁村部はその末端に組み込まれていった。

三陸・常磐の漁村部は、一九三三年の三陸地震、一九五二年の十勝沖地震、カムチャッカ沖地震、一九六〇年のチリ地震による津波の襲来、一九五八年の台風第二二号など大型低気圧や台風を跳ね返してきたが、都市部から押し寄せてくる経済の波には抗えなかった。東京電力福島第一原子力発電所など、漁村部に原発立地の話が進むのもちょうどこの時代であった。

漁村経済のこうした事情を受け、一九六三年に漁業政策の基本理念となる「沿岸漁業等振興法（沿振法）」が制定された。この法律の目的は、都市部の産業従事者に比べて低かった沿岸漁民の生活水準を向上させること、漁業の近代化を図ることである。この法の根底には、脆弱な地域経済の構造改革という狙いがあったと思われる。そしてこの立法から沿岸では《つくり育てる漁業》の開発が急がれることになった。

つくり育てる漁業

漁家の経済は、前浜で行われる自営の小規模漁業と《出稼ぎ》により支えられていた。だが、その経済は脆弱であった。自営としてではなく従事者として他の沿岸漁民の漁船に乗り組んでいたとしても同じである。資源の来遊状況や天候により漁獲成績が大きく変化し、周年通しては稼ぎが得られないからである。高度経済成長期、沖合・遠洋漁業など資本制漁業が発展する反面、沿岸漁業では前近代的な状況が続いていた。

他方、三陸沿岸域では、戦前からカキ養殖やノリ養殖が営まれてきた。養殖業を営む漁民は安定的な収入を得てはいたが、技術面に発展の余地を残していたため、漁場は静穏域に限られ、漁場の拡大、着業者数の増加を見込めない状況であった。さらには流通面に前近代性を残していたため、商人支配にあっていた漁民もいたという。

一九六三年、先に触れた「沿振法」が制定され、沿岸漁業の近代化を図る沿岸漁業構造改善事業が実施されることになる。漁港設備や共同利用施設の整備、流通対策に資する設備や制度などが整備されていった。なかでも注目すべき政策は、《つくり育てる漁業》の推進であった。

つくり育てる漁業とは、栽培漁業と養殖業のことを指す。栽培漁業とは、天然界にある水産資源を人工的に培養しようというものであり、具体的には稚魚放流や漁場造成を指す。三陸一帯では、アワビやウニの種苗生産・放流事業が活発化した。これらは磯根《いそね》資源と呼ばれ、漁村集落が始まった時代から浜ごとに守ってきた、集落にとって最も重要な資源である。

サケのふ化放流事業が大々的に行われるようになったのもこの時期である。岩手県では近世から、津軽石川などでサケ資源の培養と資源管理を実施してきたが、県下ほとんどの漁協で近隣の河川にサケマスふ化場を設置して、サケ増殖事業を推進した。サケは放流の四年後に母川《ぼせん》回帰する。そのサケを海面で最も多く漁獲するのが定置網漁業である。それゆえ岩手県では、漁協の施設で放流した資源は漁協が漁獲するのが望ましいとされ、県内の定置網の漁業権の多くを漁協に取得させた。県内ほとんどの漁協が自営定置網を事業として営んでいるゆえんである。

養殖業は栽培漁業とは異なり、種から成体になるまで人間の管理下で育成する漁業である。三陸では、それまでのノリ、カキに加え、ワカメ、コンブそしてホタテガイなどの養殖技術の開発が進んだ。宮城、岩手両県とも、漁協、漁連そして県の水産試験場などが連携して技術開発を進めた。

ワカメ養殖業は一九六〇年代中頃から急発展し、七〇年代には従来の生ワカメや干ワカメだけでなく、付加価値対策として湯通し・塩蔵ワカメまでもが漁家により製造されるようになった。その頃、三陸はすでに国内最大のワカメ産地となっていた。ワカメ養殖業は夏に種付けを始め、翌年の春に収穫することから、漁民は冬期に出稼ぎに出かける必要がなくなった。

高度経済成長が終焉する頃には、三陸の漁村部では、冬期に閑散とすることのない状況となり、前浜の漁業に依存して暮らしていけるようになったのである。また養殖業の発展を受けて、三陸沿岸域では小規模漁港の整備も一気に進んだ。船着場や浜がコンクリート建造物である漁港に容姿を変えた。養殖業を拡充するには、養殖物を運搬する漁船・積んだ漁船を受け入れる漁港の発展、すなわち係船、荷役、作業スペースなど漁港の機能・スペックの高度化が欠かせなかったからである。

漁港数は岩手県、宮城県ともに百を超える。たんにそれらの漁港が拡充されただけでなく、より使い勝手がよくなるように、漁港整備計画事業のなかで高度化が図られた。漁港整備は、財政投入に依存した公共土木事業であったことから、今となってはバラまき行為として非難されているが、三陸における養殖業の発展と漁港の整備・拡張は相互補完的な関係にあった。小さな漁港は「ワカメ漁港」とも呼ばれたという。

2　二〇〇海里体制以後

遠洋漁業の縮小再編

戦後からの資本制漁業の拡大再生が続けられるなかで、漁業への投資先は広範囲に及んだ。例えば、世界の海を制した遠洋マグロ延縄漁業、ニュージーランド沖合（その後はアルゼンチン沖）に展開した遠洋イカ釣漁業、南洋で操業する遠洋カツオ一本釣漁業や海外旋網といった遠洋漁業への投資である。北洋漁業や沖合漁業で蓄積した資本は新規投資先として遠洋漁業種に向かったのである。青森県、岩手県、宮城県、福島県の各漁港都市では、大規模な漁業会社が目立つようになった。とくに八戸、気仙沼、石巻、塩釜、小名浜地区である。

しかしながら一九七三年の第一次オイルショックを契機に、漁業投資は徐々に鈍くなっていった。漁船漁業は廉価な石油の大量消費に依存していたことから、重油の異常高騰が漁業の再投資を鈍化させたのである。漁業会社の負債は膨れあがり、政府は借り換え資金など制度資金を創設して金融対策を講じた。それにより多くの漁業会社が救われたが、その後の漁業投資は、「投資が投資を呼ぶ」といったものではなくなり、コスト節減の対応をしつつ経営安定化を進めざるをえなくなったのである。幸いにして物価高騰で魚価も上昇したことから、かろうじて経営危機を脱する漁業会社も多かったが、多くはこのときに累積した負債を引きずったまま継続するのであった。

一九七七年には米ソを皮切りに世界の沿岸国のほとんどが排他的経済水域設定を宣言し、海は海洋分割の時代に入った。いわゆる二〇〇海里体制である。しかも七八年には第二次オイルショックが発生し、遠洋漁業は完全に縮小再編に追い込まれた。

海外漁場への入漁が難しくなるなか、政府は減船事業などを実施し、漁船の間引きを行った。だが、「とも補償」という間引き制度により、残る経営はより厳しくなるという状況になった。「とも補償」は、撤退する漁業会社が残存する漁業会社から数億円分の減船補償金を受け取るという措置である。残存する漁業会社はこれにより新規に借入れをして、新たな負債を抱える。理論的には漁船が減った分、資源の割当が多くなるというものだが、外国漁船が増えていく国際漁場では、その意味はほとんどなかった。減船事業用の制度資金が準備されていたとはいえ、なんら利潤を生まない後ろ向きの負債を抱えることになったのである。その額は一経営体あたり数千万円であった。

こうして遠洋漁業は経営危機を伴いながら縮小再編に向かうのであるが、省エネ機器が導入され、漁船規模が拡大され、航海日数を延伸し、さらには遠洋マグロ延縄漁業などでは外地や洋上で漁獲物を運搬船に転載することにより効率化を進めるなどして、漁業危機をしのいだのである。漁場が世界の海に分散していた遠洋マグロ延縄漁業は、二〇〇海里体制後もかろうじて大きな縮減を免れていた。

だが、北洋漁業はそうはいかなかった。二〇〇海里体制後、北洋漁業では、否応なく米ソ海域からの撤退が進んだ。日本政府はこうした国際事情に鑑み、閉め出された漁船を狭いベーリング公海漁場へ向かわせたり、サケマス流し網漁船を太平洋公海での公海イカ流網漁業に転換させたりして対応を図った。だが、北洋の米国水域内で操業していた日本漁船は八八年に完全に閉め出されるし、ベーリング公海や北太平洋公海漁場も資源・環境問題を背景にした八九年の国連決議のもとでモラトリアム（一時停止）となり、母船式サケマス漁業は事実上、消滅に追い込まれた。ロシア海域に多額の入漁料を払い漁獲枠を得てきた北転船（トロール漁船）とサケマス流し網漁船などが残ったが、年々減少し、今では風前の灯となっている。

イワシバブル

こうして三陸・常磐経済を支えた一角が崩れていった。しかし二〇〇海里体制後、北洋漁業に代わって沖合の漁場で資本制漁業が拡大したのである。とくに、大規模な漁網を使って大量漁獲する旋網漁業である。旋網漁業の拡大は、マイワシ漁によってもたらされた。八〇年代は、全国のマイワシの生産量は四〇〇万トンを超えていた。それだけ大量のマイワシ資源が発生していたのである。この恩恵を最も受けたのが旋網漁業であった。ちなみに二〇一一年の日本の漁業総生産量が四七三万トンであることから、この頃のマイワシ生産量がいかに異常だったかが分かる。

太平洋北部の各拠点漁港も、このイワシバブルに沸いた。とくに大中型旋網船団が入港する八戸、石巻、銚子では年間二〇〜五〇万トンのマイワシが水揚げされ、太平洋北部全体で一〇〇万トンを超えた。

これだけのマイワシはどのように消費されたのであろうか。食用としては生鮮魚用、缶詰など加工用があるが、これらの利用は漁獲量全体の数パーセントである。ほとんどが養魚用の餌、飼料・肥料など非食用の原料として利用されていた。多獲性魚は非食用の用途があるため、大量に漁獲しても需要が広がるという特徴をもっているが、そのなかでもマイワシは魚類養殖やフィッシュミール原料として重宝されていたのである。それゆえ、大量に水揚げしてくるマイワシを当てにして、漁港都市には大規模な冷蔵工場とフィッシュミール工場の拡大投資が進んだ。冷蔵庫には養魚用の餌として冷凍マイワシがストックされた。フィッシュミール工場では、マイワシを使って養鶏や養魚用のペレット（配合飼料）原料となる魚粉と魚油が生成された。

一方、七〇年代から八〇年代にかけて西日本を中心に、ブリやマダイなどの魚類養殖が急拡大するが、その背景にはマイワシの大量生産が関係している。わが国の魚類養殖の発展にとって、太平洋北部の多獲性魚資源、とくにマイワシ資源は欠かせない存在だったのである。一六三―一六四頁で述べるが、こうした太平洋の旋網漁業と西日本の養殖業との関係は、原発事故により一時的に分断されることになった。

ともあれ、投資規模の大きい旋網漁業は、潤沢なマイワシ資源のおかげで、八〇年代は生産拡大基調であったが、九〇年代に入ってマイワシ資源が急激に減少、そこから縮小再編過程に入った。同時に大量のマイワシ資源をあてにしていた漁港都市の加工部門の縮小再編も始まったのである。

漁業再投資と乱脈融資

二〇〇海里体制を契機にして一九七〇年代から今日まで、漁船隻数は沖合・遠洋に展開する中型・大型の漁船を中心に減少し続けているものの、七〇年代後半には一時的に代船建造が増加し、八〇年代には代船建造数が安定していた。漁船数が総体として減少していても、省エネ漁船への切り替え需要や、北洋漁業からの撤退で得た資金の投資先として遠洋マグロ延縄漁業等（二〇〇海里体制の影響を強くは受けなかった遠洋漁業種）があり、また金融自由化により金融機関の間で顧客獲得競争が起こり、漁業会社にとって資金の借入れ環境が軟化していたからである。

八五年以後、三陸で最も顕著だったのは、遠洋マグロ漁船の増隻、建造ラッシュであった（全国で三〇〇トン以上の遠洋カツオ・マグロ漁船が年間五〇隻以上建造された）。高知県など遠洋マグロ延縄漁業の伝統的基地では、先行投資により漁場開発を進めてきたが、二度にわたるオイルショックで投資の回収が間に合わなくなり、経営不振に陥る漁業会社が多かった。こうした先行基地において遠洋マグロ延縄漁業から撤退する漁業会社の漁権（大臣許可・知事許可などを受けることで生じる一種の営業権、「のれん代」とも言われている）が三陸、とくに八戸や、気仙沼など宮城県の水産基地に流通してきたのである。北洋漁業やその他の漁業で資本を蓄積していた漁業会社は漁業投資の意欲を完全には失ってはいなかったのである。この時期に漁業投資に踏み込んだのは漁業会社だけではない。水産関連事業で資本を蓄積した漁業外の事業体も漁業に参入してきた。

「漁権」はそれ自体が担保物件として取り扱われ、権利を得る手段としてだけではなく、資金調達という視点からも重要な資産であった。この時期の漁権の単価は、漁船規模一トン当たり二五〇万円であったという。当時の遠洋マグロ延縄漁船は、三〇〇トンや三七四トンが主流であり、許可を手に入れるだけで七億円を超えていたことになる。漁船建造費は三億円台。一隻の遠洋マグロ延縄漁船を購入して稼働させるだけで、一〇億円の資金が必要だったのである。

時はバブル経済期である。不動産など有形・無形問わず資産価値が黙っていても増加していた時代であった。資産評価は甘かった。またクロマグロなど高級魚種の価格は高騰していた。とはいえ、一隻の年間水揚金額は、好成績の船でも五~七億円であった。そのことから、一〇億円という初期投資は明らかに過剰であり、どう考えても実体経済に見合わなかった。しかし、「米国の双子の赤字解消のために行われた先進五か国(G5)の為替市場介入(プラザ合意による対応)によるドル安円高誘導および内需拡大の誘導」「金余り現象→金融機関の貸し付け競争激化」という流れのなかで、こうした融資が成立していたのである。

当時、内需拡大のもとでバブル経済が発生し、消費が旺盛であったことから、輸入水産物に対してはあまり警戒心がもたれていなかったが、円高傾向が強まるなかで輸入は激増していた。マグロ類の輸入も著しかった。この頃、遠洋マグロ延縄漁業においては、漁業管理機関に属さない国に船籍を置く便宜置籍船や、日系商社から技術供与された台湾資本の漁船が急増した。そして世界のマグロ漁場には、国際ルールを顧みず無秩序な操業を繰り返す、IUU(Illegal, Unreported and Unregulated:違法・無報告・無規制)漁船がはびこり、それらの漁船が漁獲したマグロ類が日本のマグロ市場に流れ込んでいた。九〇年代に入り、その輸入圧が日本のマグロ漁業を危機に追い込むことになる。

他方、北洋漁業の縮小が進むにつれて、漁業会社の投資は漁業以外にも広がった。不動産購入、金融資産の購入だけでなく、冷蔵庫業、水産加工業、自動車学校、石油販売業などである。また漁業外産業からの漁業への参入も多かったので、見かけ上、漁業会社は多角経営となった。他事業を分社化して、関連会社を設立する漁業会社もあった。

三陸一帯の漁業投資は、漁業による資本蓄積が地元の他産業に波及していったため、さまざまな事業に分散していく。それは一見、漁業が三陸の一基盤産業としてあるだけでなく、地域経済の再生産を促す源泉になっていたという評価もできよう。しかしながら、漁業投資先がなくなり、次への投資がなくなれば、地域は動力源を失い、大海原を彷徨う船のようになってしまうという運命も背負わなくてはならなかった。

再編する三陸の養殖業

一九六〇年代、従来から行われてきたノリ、カキ養殖に加えてワカメ養殖、七〇年代になるとホタテガイ、コンブ、ホヤ養殖を営む漁民が急増した。ホヤ養殖は戦前から宮城県唐桑《からくわ》地区で細々と行われていたが、七〇年代中頃から岩手県、宮城県で、その後は宮城県で急増するようになった。他の養殖業と比較して、手間がかからないのが特徴である。コンブ養殖はワカメ養殖の裏作として行われるようになった。

ともあれ、従前のノリ、カキ養殖に加え、新業種が加わったことで、リアス式海岸の入り組んだ湾内の漁場利用は大きく変化した。まず挙げられるのが、ノリ養殖の衰退である。ノリ養殖産地は宮城県の中部地区と南部地区（松島湾から仙台湾の南部域まで）にほぼ絞られるようになった。岩手県や宮城県北部では急速にノリ養殖業者が減り、現在ではごくわずかになっている。ノリ養殖の漁場がワカメやホタテガイ養殖あるいはカキ養殖の漁場に取って代わったのである。そうした拡大は、各湾内の養殖漁場を過密にした。ホタテガイ養殖では大量斃死が発生し、大打撃を受けた地区もあった。それでも養殖規模の拡大志向が強かったことから、沖合でも耐えられる施設が開発され、養殖漁場の沖合化が進んだ。とくにワカメ養殖漁場の沖合化が顕著であった。

また、一九七六年に宮城県志津川地区で、大手水産である日露漁業と地元の漁民によりギンザケ養殖の企業化が試され、やがて実を結ぶようになった。志津川地区を中心に、ギンザケ養殖が宮城県内で拡大、八〇年には九七経営体、九〇年には三四二経営体にまで増加した。売上高は一四三億円と、宮城県一の養殖業に急成長したのである。岩手県、新潟県、三重県などでもギンザケ養殖が取り組まれ、岩手県が宮城県に次ぐ産地となった。宮城県におけるギンザケ養殖の拡大は、宮城県漁連など漁協系統団体の努力もあったが、日露漁業、大洋漁業、日本水産などの大手水産、またはニチモウ、日清製粉ほかの資材・餌料メーカーなど、いわゆる商系が三陸の漁民を競って系列化して、技術指導、資金供給、餌料供給、養殖魚の販売など、漁協に代わって養殖に必要な事業を一手にサポートしていたからに他ならない。各漁村は「つくれば売れる」状況に活気づいていた。しかしこうした養殖業の拡大は、さまざまな問題を引き起こすことになった。この点については後述する。

こうして三陸の養殖漁場は、その時々のブームや市況などにより激的に変化した。ノリかカキかという状況から、ワカメ、コンブ、ホタテガイ、ホヤ、ギンザケなど、バラエティに富んだ養殖漁場が形成された。

二〇〇海里体制以後、沖合・遠洋漁業の縮小再編が確実視されていた状況下で、三陸の沿岸域では養殖業が勃興し、しかも養殖業のなかで業種転換して再編を繰り返すという状況になった。バブル経済が崩壊するまでは、三陸の沿岸はさまざまな問題を蓄積しつつも基本的には華やかであった。

3　デフレ不況にあえぐ産地

進む円高と水産物輸入の拡大

プラザ合意以後、円高が一気に加速した。一ドル二七〇円台であった日本円は二年後には一二〇円台にまで落ち込み、九〇年代にはさらに進み、九五年には七〇円台になった。その後、米国経済が回復して、一〇〇円を上回り、一四〇円台に達するが、外国為替が変動相場制になってからプラザ合意までのような水準に戻る兆しはまったくなかった。

外国為替の変動が貿易に大きく影響することは言うまでもない。自国の通貨が高くなれば輸入は増加する。外国為替が変動相場制になって以来、円高が進行し、水産物輸入の増加傾向が強まったが、プラザ合意以後、その傾向はさらに加速した。水産物輸入量は、七〇年代初頭に三〇〇万トン台だったが、一九七七年に一〇〇万トンを超え、八七年に二〇〇万トンを超え、九三年にはついに三〇〇万トンを超えた。

このように、国際協調のために経済構造を調整すべきだという前川レポート（一九八六年）が日本経済の基本路線になって以来、日本は内需拡大、市場開放、金融自由化を進め、消費大国化し、そして世界の水産物が集中する国となった。二〇〇一年には三八〇万トンを突破した。

この間、デフレ不況が進行するとともに、水産物の流通構造は大きく変化した。第一に、大量生産・大量流通・大量消費型の流通形態が強まったことである。日本企業の海外直接投資が促進され、水産物の規格製品を量産する生産体制が外地で拡大し、冷凍マグロ・冷凍イカなど外国漁船からの輸入も増加、またその輸入品の受け皿であるチェーン・ストアや外食チェーンが急増した。しかも一九九一年に「大店法（大規模小売店舗法）」が改正されてから、事実上、大型店舗の出店を抑制する制度がなくなり、どの地域にも郊外に巨大店舗が建ち並ぶという状況になった。量販店の乱立は店舗間の集客競争を激しくし、商品の低価格化競争をもたらした。そのうえ、大口化する小売業者の購売力が強くなり、中間流通業者との取引価格だけでなく、産地価格も抑え込まれる傾向が強くなった。

第二に、水産加工品の原料が輸入原料に切り替わっていった。漁港都市に立地している水産加工業者はもともと地元あるいは近隣の漁港から魚介藻類を仕入れてきたが、仕入れが安定しない魚種については、規格・価格が安定している輸入原料を積極的に採用した。そのことから、地元の産地卸売市場に依存せず、海外原料に依存する水産加工業者が増加した。

三陸・常磐では、イカ類、タコ類、サバ類、サケ類、カニ類、マグロ類、イクラ、タラコ、ワカメ、カキなど地域特産の水産物まで輸入された。漁民にとっては歓迎できない状況であるが、水揚変動が激しいため、水産加工業者は思うような量、価格で原魚を仕入れることができず、また低価格指向を強める小売業界や外食チェーンなど大口取引先への対応としてそうせざるをえなかった。一方で、九〇年代から商品の産地偽装が問題化したことも忘れてはならない。例えば、中国産ワカメが三陸産として販売されたり、韓国から取り寄せたカキが宮城県産として安く売られたりしていた。

かつて水産物輸入は、サケマス、エビ、マグロが御三家とされ、それらの魚種が国内の水産物市場の不足部分を補っていた。しかし九〇年代の円高基調のなかで、世界最大であるわが国の水産物市場に輸入品が原料、半製品あるいは製品としてなだれ込み、国産品と競合、量販店の鮮魚売場の棚を支配するようになった。

全国的な傾向ではあるが、こうして三陸・常磐における漁業・養殖業も、九〇年代のデフレ経済期の輸入圧に大きく翻弄された。

沖合・遠洋漁業の衰退

八〇年代、沖合・遠洋漁業の衰退は進行した。しかしながら、バブル経済期が終焉するまでは、代船建造数は落ち込まなかった。その背景には、先にも触れたように、漁業を取り巻く金融環境がある。制度資金は充実していたし、内需拡大を図るための金融政策が金余り現象を発生させていたため、市中銀行、系統金融機関（農林中金）、政府系金融機関（農林漁業金融公庫）、すべての金融機関の貸し付け態度が甘かったと言われていた。実態はほとんど明らかにされていないが、系統金融と政府系金融の間ですら融資先の取り合いが頻発し、《乱脈融資》が横行していたとされている。多くの漁業会社が現状の債務を棚上げにしたまま、新規に多額の借入れをして、新しい漁船を建造したのである。その時点で自己資本比率がきわめて低位な状態になっている漁業会社が少なくなかった。それでもバブル経済期は、資産価格や高級魚種の価格は上昇ないしは高止まりしていたため、経営の危機が感じとられる状況ではなかったと思われる。

しかし「投資が投資を呼ぶ」といったバブル経済が崩壊すると、沖合・遠洋漁業は本格的に危機を迎えることになる。水産物の輸入増を背景に、魚価低迷が本格化するのは九〇年代中頃からだったが、代船建造のために調達した多額な借入れがデフレ不況で漁業会社に重くのしかかってくるのである。収入が増加しない状況下で、高額な負債は目減りしないし、それまで蓄えてきた有形・無形資産の価値も暴落する。ゆえに新規の借入も投資も行えない。魚価が好転するまで、コスト節減の努力をするしかない。実際に、沖合・遠洋漁業の漁業会社はさまざまな制度を利用しつつ外国人乗組員を雇用して対応を図った。遠洋マグロ延縄漁業では、それによりコストはバブル期より六〇パーセントまで引き下げられた。しかしそれでも、魚価低迷の勢いがコスト圧縮の程度を上回り、漁業経営は好転しなかったのである。

一九九八年から金融機関の早期是正措置が始まった。金融監督を強化する行政措置である。バブル経済期に乱脈融資に走った金融機関の不良債権処理が遅れ、経営破綻が続くなか、金融機関は自己資本比率が国際統一基準（ＢＩＳ基準）を満たさなくてはならないという規制がかけられ、また金融機関はマニュアルに従って取引先の債権区分をし、債権管理をしなくてはならなくなり、貸付態度を硬化させていった。こうした状況は協同組合金融機関も例外ではなかった。それどころか、漁協の信用事業は金融庁が発行した金融検査マニュアルよりも厳しい基準を設けたのである。

この金融措置は、デフレ不況に苦しむ漁業会社に追い打ちをかけた。経営環境が悪化するなか、漁業会社にとって資金調達は重要な課題であるが、金融機関の協力が得られなくなった。政府はオイルショック以後、漁業金融の充実化を図ってきたが、施策メニューにある低金利制度資金は金融機関の与信審査が厳しくなって利用が進まず、貸付残高が減少する一方であった。資金需要があるにもかかわらず、資金が供給されなかったのである。

そうしている間に、漁船の老朽化が進み、更新期を迎えた漁船が増加した。バブル崩壊以後、漁船建造は激減していたことから、平均船齢が年々上昇し、二〇一〇年には船齢二一年を超える漁船が全体の四七・一パーセントを占める状況となった。

漁船の寿命が漁業の寿命という状況が形成された。漁業政策としても、九〇年代に資源減少への対応として大中型旋網漁業、マグロ延縄漁業、中型イカ釣漁業などで減船事業を実施し、残存する漁船の競争環境を緩和してきた。三陸・常磐に拠点を置く残された漁船は、徐々に漁場を広く使えるようになっていった。しかし減船事業の実施もむなしく、残った漁船の経営はあまり好転しなかったのである。

政府は、二〇〇二年より「漁船リース事業」、〇七年から「もうかる漁業創設支援事業」など漁船更新を支える財政支援事業を実施している。だが金融機関からの融資を取りつけなければならないため、返済が遅延していたり、過去の負債を整理できていなかったりすると、これらの財政支援を享受できない。結局、この事業を活用できる漁業会社は与信力がある優良な社に限られた。漁船への新規投資は一部の優良漁業会社を除いては進まなかった。大手水産の傘下の漁業会社も所有船のかなりの数を減らした。

九〇年代はイワシ資源が激減したり、世界的にマグロ資源が低迷したりと、資源・ストックの問題が取りざたされてきたが、八〇年代までの旺盛な投資による負債が九〇年代中頃からの魚価低迷により固定化することで、漁船漁業は危機に陥った。すなわち漁船漁業はデフレ不況には抗えなかった。それは「漁場」問題よりも、「市場」問題が漁業を蝕んでいることに他ならない。構造不況からの脱却は景気循環に委ねるしかなかった。

養殖業者の階層分化

バブル経済崩壊後、円高傾向が強まり、ワカメ、コンブ、ギンザケ、カキなど三陸で養殖されている水産物輸入が急増した。韓国からはワカメ、コンブ、カキが、中国からはワカメ、コンブが、南米チリからはギンザケが輸入された。諸外国では日本より人件費が安いうえ、養殖規模も大きい。技術や種苗が日本から流出したというケースも少なくないゆえ、品質も一定水準のものとなり、しかもコスト競争力は抜群である。市場ではそれらの輸入品と三陸産の養殖生産物が完全に競合し、価格低迷の要因となった。九〇年代後半から二〇〇〇年代初頭にかけてワカメ、ギンザケの輸入品のシェアは国産を圧倒し、ワカメにおいては中国の

WTO加盟を受けて、セーフガード（国際ルール上許されている特定の品目に対する貿易救済措置）予備軍とされるほどであった。

こうしたなか、三陸の養殖業が再編した。カキについては、養殖業者が徐々に減り、残った経営体が空いた漁場を使って生産を拡大したため、生産量については維持あるいは拡大に繋がった。ギンザケ、ワカメ、コンブにおいては残る経営体が規模拡大を図った。しかし廃業の勢いがそれ以上に上回り、バブル経済以後、生産量は一貫して減少傾向を呈した。輸入品に国産品が駆逐されるという状況ができあがったのである。ギンザケ養殖では、餌料投資が回収できず、固定化した負債を整理できずに廃業する養殖業者が後を絶たなかった。

輸入圧に翻弄されなかった養殖種もある。ノリとホタテガイである。どちらも生産量を伸ばした。しかしノリ養殖の経営体数は大きく減少した。国内のノリ産地間の拡大競争が激化したためである。養殖ノリは、海面で育てられた後、陸上で数段階の製造工程を経て製品となる。その製造工程に大規模な全自動乾燥機を導入し、投資を回収できた養殖業者が規模拡大に成功し、事業継続できた。この産地間競争の背景には、歳暮・ギフト市場が縮小する一方で、デフレ不況下にコンビニエンス・ストアが急増し、そこで販売されているおにぎり需要が急増したことがある。ノリ養殖の縮小再編に拍車をかけたのは、九〇年代後半からのノリの輸入の急増もあるが、国内事情の方が強い。

他の養殖業が縮小再編するなか、ホタテガイ養殖は経営体の増加によって生産量を増加させた。宮城県では一九九〇年の生産量は二千三七〇トンであったが、九九年には一万二千四〇二トンになった。北海道や青森など国内の大規模産地が価格低迷で苦しむなか、三陸のホタテガイ養殖は成長した。加工原貝生産をベースにしている北海道、青森と違って、三陸地域は首都圏の生鮮市場を狙える立地条件にあったからである。

以上のように、三陸では養殖業の業種構成が再編しながら、養殖業者の間で階層分化が進んだ。担い手漁民の中には、投資を続けて規模拡大を図り、四千万～五千万円という漁業収入を得る者が出現したり、さまざまな業種を組み合わせて一千万円前後の漁業収入を得続ける者がいたり、齢をとり細々と続けるという選択肢を選び、零細なまま養殖を続けたりする者もいた。かつて漁村社会は、同質・同規模的な漁民が多かったが、現在では階層分化が進み、漁業所得の格差が生じた。地域ごとに傾向は異なるが、一千万円以上の漁業収入を得る担い手層と、漁業以外の仕事で収入を得ながら養殖業を営み、両収入で家計を維持する兼業者との格差が明確になったのである。漁村社会の高齢化が進み、もちろん後者の数が前者を大きく上回った。

4　産地再生の兆しだったのか

二〇〇〇年以後の輸入減・輸出増

二〇〇一年、産地表示が義務化され、輸入水産物がいっそう消費者にとって身近なものになった。実際に高度経済成長を通して水産物輸入は一貫して増加し続けた。だが輸入ほどの成長率はなかったが、水産物輸出も八〇年代が終わる頃まで増加し続けたのである。九〇年代には輸入増・輸出減になった。バブル経済崩壊以後、失われた一〇年と言われたが、デフレ不況で輸入は加速し、輸出は減退したのである。

ところが、この傾向が二〇〇〇年頃に反転した。これ以後、国内の水産物需要が縮小し、海外では拡大傾向が強まった。先進国では、ＢＳＥ（狂牛病）ショックや鳥インフルエンザの発生が、発展途上国では経済成長による内需拡大が、水産物の需要拡大をもたらしたとされている。米国経済の好調、ゼロ金利政策が影響して円安傾向が続いていたことも、輸入減・輸出増という傾向を後押ししたことであろう。ちなみに輸入数量のピークは二〇〇一年の三八二万トン（金額は一九九七年の一・九四兆円）であり、一〇年間で一〇〇万トン増加したことになり、輸出数量の底は九九年の二〇万トン（金額は二〇〇一年の一千三五二億円）であり、約一〇年間で七〇万トン減少した。

かつて水産物輸出は国の外貨稼ぎの一角を担うほどであった。主たる輸出産品は水産缶詰、真珠、寒天、水産油脂、鯨油、塩干品であり、丸魚を凍結した冷凍水産物もあったが、それも缶詰原料としてが多かった。缶詰としてはサケ（カラフトマスなどマス類）缶、ツナ（ビンチョウ、キハダ、カツオ）缶、イワシ缶、サバ缶、カニ缶などがあった。三陸・常磐からは、サバ缶、イワシ缶、水産油脂、干アワビ、冷凍サンマなどが輸出されていた。

だが、二〇〇〇年以後に増加傾向をたどった水産物輸出は、かつての輸出とは状況が大きく異なっている。第一に水産缶詰、寒天、水産油脂といったかつての主要輸出産品は依然低調なままであること、第二にかつて輸出産品として認識されていかなかった秋サケ、ナマコ、スケソウダラなどが急増したこと、第三に多獲性魚を中心とした冷凍魚の輸出が数量、金額共に加工製品の輸出を大きく上回り、その多くが東南アジアの缶詰原料に向けられるようになったこと、第四に中国、タイ、ベトナムといった加工貿易国への輸出が急増し、しかもその輸出した原料が加工されて、第三国へ輸出されるだけでなく日本に再輸入されるケースが少なくなかったことである。再輸入された半製品は国内で再加工されてチェーン・ストア、業務筋、コンビニエンス・ストアなどに流通した。

一方、水産物輸入は二〇〇〇年代に大きく減少し、〇七年には三〇〇万トンを割った。日本の商社や水産加工メーカーは、世界各国の生産拠点とチェーン・ストアや外食チェーンを結ぶ、大量生産・大量流通・大量消費に対応したサプライチェーンを開発したが、円高傾向が緩み、そのうえ諸外国の水産物の買付意欲が高まり、買い負けを起こすようになった。末端流通の集客競争の激化が低価格化傾向を強めたせいであるが、チェーン・ストアの店舗展開、売場面積の拡大は二〇〇〇年代に入ってからも続いたため、商品の低価格化傾向は弱まることはなく、流通業界におけるパワーバランスは崩れなかった。チェーン・ストアなど量販店の購売力は衰えなかったのである。

他方、輸入水産物や定番品の特売セールなど集客競争のやり方がマンネリ化し、鮮魚売場の集客力が弱まったため、あらためて鮮度のよい国産の魚介類の仕入れが重視されるようになっていった。産地の囲い込みというほどではないかもしれないが、漁協とスーパー間の直接取引が活発化したのである。直接取引は全国的な傾向ではあったが、大手量販店や大手通販業者との取引が岩手県、宮城県、福島県でも活発化した。

底を打った三陸の養殖業

三陸の養殖業は九〇年代のデフレ不況で縮小再編が続いたが、二〇〇〇年以後もその状況は続いた。しかしながら、漁場では淘汰が進み、残る経営体が規模拡大を図るという状況が続いたことから縮小再編の速度は弱まったのである。

ギンザケ養殖について見ておこう。養殖業では、養殖経営体を系列化してきた企業の撤退が相次ぎ、養殖業者の淘汰が進んだ。岩手県では完全に淘汰されたが、ギンザケ養殖の最大県である宮城県では構造再編が進んだ。九〇年代初頭に経営体数三〇〇、生産量二万トン、養殖生簀《いけす》数は一千を超えていたが、二〇〇三年には経営体数七四、生産量九千一二〇トン、養殖生簀数が二二四にまで落ち込んだ。

だがその後、逓増傾向となり、二〇一〇年には経営体数八二、生産量一万四千七五〇トン、養殖生簀数は二六九にまで回復していたのである。もちろん、輸入ギンザケの増減との関係もあり、一概にギンザケの市場環境が好転したとは言えないが、宮城県漁連（現在は宮城県漁協）と全漁連が「伊達ギン」としてギンザケのブランド化を図り、販路を拡大して供給網をつくり、他の商系でも輸入品との差別化を図る供給体制を確立した。そのことで、輸入圧に絶えうる生産構造に再編したのである。

また二〇〇一年のBSEショック以後、安心安全志向と産地表示などのコンプライアンス（法令遵守）が強まり、水産加工業者による産地偽装の摘発が徹底され、ワカメ、カキなどで輸入製品と国産ブランドの差別化がかなり進んだ。宮城県ではカキの流通ではトレーサビリティ（産物の出所の追跡可能なシステム）が導入され、生食用カキの産地としての地位を築いた。

岩手県では、従来、地元で食されていた収穫前の間引きしたワカメを生鮮品「早採れワカメ」として広域流通させる取組みを行ったり、春期に集中的に塩蔵・加工して販売するワカメを塩蔵してからいったん冷蔵保管して一年を通して加工・販売する方策をとったり、また九州方面で盛んに行われている「カキ小屋」を運営したりした。

いずれも漁協による取組みであるが、このような流通対策を図ることにより、三陸ワカメ、三陸カキは九〇年代のような輸入圧に屈するという状況からは脱することができた。さらには、中国産・韓国産ワカメの生産量が減少傾向にあったことから、漁民が減少しても、担い手層のワカメ養殖経営は上向き傾向にあったのである。ただし、宮城県のカキ養殖は主に地元のパッカー（水産加工業者）を介して量販店に流通するものが主体であったうえ、ノロウイルスの発生が続いたことにより、値段が出る生食用の出荷に制限がかかり、震災前の数年は価格低迷が著しく、養殖経営は厳しかった。

多くの養殖業種が輸入品との差別化対策を進めざるをえなかったのに対して、ホヤ養殖業は輸入圧はなく、輸出ドライブで好調を保った。その背景には、韓国への輸出増がある。韓国国内でホヤがキムチ具材としてよく使われるようになり、しかも韓国の産地において「ひ嚢軟化症」という病が発生して生産不振が続いていたことが、ホヤの輸出拡大に繋がった。一時期、韓国に買い占められるのではないかという危機感が漂うほど、産地価格は堅調に推移した。ホヤ養殖は三陸養殖業の稼ぎ頭の一角になっていたのである。三陸におけるホヤ養殖業は、ノリ養殖業やホタテガイ養殖のような他の産地との競争がない業種である。それゆえ養殖業は、輸出好調のなかで、より好調な傾向を強めたのであろう。

三陸の養殖業は、以上のように好転傾向あるいは底を打ったという状況であるが、漁場条件が悪い漁村では依然低調である。また、高齢化が進み、漁民の総数が減少傾向にあったことには変わりない。ただし、どの漁村でも、養殖業に依存して生計を立てている漁民と、年金と併せて養殖業を細々と営んでいる漁民がおり、後者の漁民が徐々に廃業していくといった状況にあり、必ずしも担い手層が減少しているのではなかった。この傾向は、養殖業を営まない刺網漁や延縄漁あるいは船曳網などといった沿岸の漁船漁業を営む漁民にも言えることである。

輸出ドライブに沸く産地

三陸・常磐からは、秋サケ、サバ類、イカ類、スケソウダラ、サンマ、カツオ、干アワビ、ナマコ、ホヤなどが輸出されている。いずれも、三陸・常磐に限らない魚種である。

三陸一帯は、定置網漁業が盛んである。定置網漁業ではさまざまな魚種が漁獲されるが、最も多いのは秋サケである。そのほかサバ類やイカ類などもまとまって漁獲される。九〇年代、秋サケは、堆肥用の原料にも廻されるような状況になるほど過剰供給状態になっていた。価格低迷は著しく、漁業経営は厳しくなった。

だが、二〇〇四年頃から中国への輸出拡大が著しくなった。中国には秋サケを消費する食文化がほとんどない。輸出された秋サケはいったん中国でフィーレ加工され、EUや米国そして日本へ再輸出されてきた。BSEショック以後、欧米諸国では天然のサーモン需要が拡大したことから、そのようなサプライチェーンが形成されたのである。日本へ再輸入された秋サケの多くは業務筋に向かい、牛丼チェーン店のサケ定食や給食などに用いられた。

サバ類は、太平洋北部における旋網漁業の主要対象魚種の一つであり、マイワシと同じく、資源の増減が激しい魚種である。旋網、定置網などで漁獲されたサバ類は、大きいサイズから、鮮魚、サバフィーレなどの切り身加工製品の原料、缶詰原料として産地で流通する。それらの用途向けの魚体は、鮮魚向けと切り身加工向けが四〇〇グラム以上、缶詰原料が三〇〇グラム以上とされている。しかし、漁獲されたサバ類の大部分は四〇〇グラムあるいは三〇〇グラム以下の小型魚であり、それらは魚類養殖用餌料やミール原料に仕向けられる。非食用の小型魚の取引価格は食用向けと比較すると極端に低い。そのため、いくら大量漁獲しても水揚金額は伸び悩む。ところが、海外では小型魚でも食用需要が高いことから、二〇〇五年頃から中国、韓国、東南アジア、アフリカなど先進国以外の各国への輸出が急伸長した。中国へは切り身加工原料として輸出され、日本へ再輸入されるサプライチェーンが形成され、それ以外の国へは缶詰原料やさまざまな魚食資源として輸出された。

この頃、サバ資源大国のノルウェーが漁獲制限し、世界的にサバ類の供給不足が発生していたことも日本からの輸出ドライブを後押しした。このことにより、非食用だった小型魚の需要が高まり、産地の買受人の買付意欲が一気に高まり、旋網漁業の経営は好転した。〇八年には、太平洋北区の旋網漁業だけで漁獲したサバ類の水揚金額が一七四億円となった。ちなみに、〇四年のサバ類の水揚金額は五九億円であった。

しかしこうした輸出ドライブの蔭に隠れて、流通加工業界や養殖業界の間でさまざまな問題も生じていた。輸出向けサイズと競合する缶詰原料や養殖餌料の原価が上昇したため、缶詰製造業の経営および支出の七割が餌料代に占められている魚類養殖経営が厳しくなった。

ともあれ、秋サケ、サバ類に限らず、輸出が急増した魚種については価格が堅調に推移した。旋網漁業、定置網漁業、沖合底曳網漁業など輸出に向かう魚種の水揚金額は上昇傾向となった。だがこの時期、世界的に燃油価格が高騰したことから、漁民は自主休漁などを実施しつつ慎重に漁をせざるをえなかった。

先述したように、この頃、世界では日本商社の水産物の買い負け現象が起こり、水産物の卸価格や小売価格はほぼ全面的に上昇していた。世界的な需給逼迫がダイレクトに産地に影響するようになっていた。もちろん水産物価格が上昇しても、燃油消費が多い漁業種は厳しい状況ではあった。しかし燃油消費が少ない漁業は、経営収支が好転していた。また燃油消費が多い漁業でも、省エネ対策が進めば、経営改善が図れる状況だったのである。

当時の水産物輸出の拡大基調は、老朽化した漁船の寿命が漁業の寿命とまで考えられていた状況を一掃するきっかけになるものと期待された。卸売市場を開設している漁港都市の各自治体は、輸出拡大を地域経済回復の契機にしようと、漁船誘致対策を進めた。旋網漁業やサンマ棒受網漁船あるいはカツオ一本釣船などの船主に自治体が入港を働きかけたのである。しかも青森県八戸、岩手県釜石、大船渡では、二〇一一年度の開業に向けて漁港の流通機能の再開発整備事業が進められていた。しかし、東日本大震災による大津波は完成間近の構造物をいとも簡単に破壊した。

リーマンショックと輸出

二〇〇八年九月十五日、米国第四位の投資銀行リーマン・ブラザーズが経営破綻し、それを受けて各国の金融機関が経営危機に陥り、世界的に金融不安が深刻化した。瞬く間に世界が経済危機に陥り、それまで好調であった水産物需要が一気に縮小した。もちろん日本国内への影響も強く、消費が落ち込み、それまでのインフレ機運が反転して、デフレ基調となった。さらに、リーマンショックを受けて、為替市場ではドル売りが続き、急激に円高傾向が強まったことから、水産物輸出も一気に減少し、一方で水産物輸入は増加基調となった。水産物輸出の増大には大きな期待がかけられていたが、その期待は外れたのであった。日本水産業は輸入圧に苦しむ従前の状況に逆戻りするかと思われた。

しかし、海外の水産物需要が徐々に回復することにより、水産物輸出も回復していった。円高基調であることから金額こそ伸び悩んだが、数量としては戻っていったのである。二〇〇〇年以後の輸出量のピークは〇七年の六一万トンであり、〇八年に五二万トン、そして〇九年に五〇万トンと落ち込んだが、二〇一〇年には五七万トンまで回復したのである。リーマンショック以後、米国だけでなくギリシャ、スペインなどEU諸国の金融危機が続き、円買い傾向が強く、円高傾向は弱まらなかったにもかかわらず、である。

少子高齢化と人口減少が進むなかでは、大量漁獲タイプの漁業では外需への依存が高まってくるのは当然の流れであろう。それを担っているのは、外需向けに販売を手がける地元の流通加工業者である。二〇〇〇年以後、彼らが競って海外マーケットを開拓してきたのである。リーマンショック以後も彼らの世界へのマーケティング活動は続いた。むしろ、リーマンショック以後の方が精力的であったとも思える。グローバルな販売ネットワークを築いておけば、円高から脱却したときにより収益をもたらすからである。

一方、三陸・常磐各地では産官が連携して、漁業・水産業に内在していた矛盾を克服し、浮上のきっかけを摑むためにさまざまな事業や取組みが行われていたのである。それらは国際競争力の強化という物量にものを言わすものでも、水産業の飛躍的拡大発展を図るものでもない。あくまで産業に従事する人間の発展を促し、閉ざされていた漁村を開放し、地域のアイデンティティを確立しようとする、緩やかに発展を遂げていくための取組みであった。

東日本大震災は、こうしたリーマンショック以後の円高傾向からの脱却時に向けて、再々生を果たす準備が進められている時に発生したのである。この地震で発生した大津波は、漁港や水産関連施設を破壊し、以上のようなさまざまな取組みを休止に追い込んだ。漁村は更地《さらち》となり、すべてがストップした。震災前に何が行われていたのか、その記憶さえ失われてしまったかのような状態となった。そして中央メディアの多くは、水産業に対して「元に戻しても衰退するだけ」と判を押したような論説を掲げ、「復旧ではなく復興」という言動を連打した。震災前に何が行われていたかを思い出させる前に、過去はダメなものと決めつけて、あたかも過去を解体し、改革を押しつけようとするかのようであった。

第二章　被災と被害

東日本大震災で発生した巨大津波は多くの尊い人命を奪い、建物、住宅、さまざまな施設を破壊した。この被害が、阪神大震災を超える未曾有の規模であったことは言うまでもない。阪神大震災の被害は、直下型地震の大きな揺れによる建物・施設の崩壊と、その後発生した火災により人命が奪われるというものであった。両震災とも大規模震災であったことに変わりはないが、被害状況も、地域、産業への影響も大きく異なっている。

本章では過去の三陸地震による漁業被害を概観したうえで、東日本大震災がもたらした漁業被害を捉えていきたい。

漁業はさまざまな産業と連関していることから、漁業被害の捉え方は難しい。そこで漁業被害を直接的被害と間接的被害に分けてみよう。直接的被害とは、漁業者やその家族そして漁業関係者が受けた被害であり、漁船など漁業生産手段あるいは漁港や荷さばき場などインフラを含めた水産関連施設等への物的被害のことを指す。すなわち漁業者が生産活動で利用する生産財や生産基盤の被害である。間接的被害とは、漁業が休止に追い込まれたことで関連産業が被った被害や関連産業が被災したことで漁業が受ける被害である。もっぱら復興過程に生ずるものであり、その範囲はきわめて広く、捉えきれないが、おおむね天災と人間社会によりもたらされた人災とに分けられる。

さらに人災には、原発災害から派生するものとそれ以外の人災がある。これらは被災地のコミュニティや自治の分断を招きかねない行為・構想・政策であり、今日の日本の社会構造から生まれてくるので冷静に分析しなければならない。そこで本章では直接的被害に絞って被災・被害状況を見ていきたい。

1　過去の震災からの復興

明治・昭和三陸地震

太平洋北海区の沿岸は、過去何度も津波の被害を受けている。津波を発生させた地震は、一六一一年（慶長十六、M8・1）、一六七七年（延宝五、M8・0）、一八九六年（明治二十九、M8・5）、一九三三年（昭和八、M8・1）、一九六〇年（昭和三十五、チリ地震）、一九七八年（昭和五十三、M7・4）、二〇一〇年（平成二十二、チリ地震）などである。東日本大震災のちょうど一年前、チリ沖で発生した地震による津波の影響で三陸一帯の養殖施設が破損、流失したことは記憶に新しかった。養殖施設が復旧して一年もたたないうちに東日本大震災が起きたのである。

過去の被災経験の中で東日本大震災と匹敵する被害をもたらしたのは、一八九六年に発生した明治三陸地震である。この地震・津波による死者・行方不明者は約二万二千人（うち八二パーセントは岩手県）であったことから、犠牲者数では東日本大震災の一万九千九人（二〇一二年三月十一日現在）を上回っている。また流失した家屋は約七千戸、流失した船舶は約六千九〇〇隻（うち約八〇パーセントは岩手県）に上った。[1] 漁船・漁具被害額は約八四万円（うち約九〇パーセントは岩手県）、漁網被害額は約四六万円（うち約九〇パーセントは岩手県）に及んだ。一八八五年における岩手県と宮城県の漁業生産額が約一一〇万円であったことから、漁業被害額は両県の一年の漁業生産額を上回っていたことがわかる。

一九三三年に発生した昭和三陸地震による津波被害も、明治三陸地震ほどではないが甚大であった。死者・行方不明者数は約三千人（うち九〇パーセントは岩手県）、流失した家屋数は約四千八〇〇戸である。死者・行方不明者数は東日本大震災や明治三陸地震より少ないが、この地震で損壊した漁船は約一万三千隻（うち約四〇パーセントは岩手県）に上り[2]、明治三陸地震を上回った。その多くは東日本大震災と同じく小型漁船であったと思われる。漁業被害総額は約三千一〇〇万円とされている。震災発生前年（一九三二年）の岩手県における漁業生産額は約一千一〇〇万円であった。

被害者数は明治三陸地震の時よりも少なかったものの、昭和三陸地震による津波は岩手県の漁村経済を直撃した。それは言うまでもなく、漁船・漁具がほとんど流失し、生業が成り立たなくなったからである。それゆえ、震災からの漁村経済の復興はとにかく漁船を調達することであった。岩手県気仙郡の広田半島にある広田村漁業組合では、組合として復興計画を策定し、まずその一つとして津波復旧造船組合を設立し、「船大工を新潟県、福島県、三重県等の各地から招聘して小型漁船の製造から始めた」という。この造船計画によって三年間で小型漁船六〇〇隻、二〇隻のモーター船（動力船）を建造。この計画は岩手県から約一一万円、一般寄付として約一三万円、そして八万三千円の調達資金を元手に行われた。さらに、広田村モーター組合を立ち上げて、北海道（渡島半島）や青森（下北半島）の漁村に視察団を送り込み、その後、一〇地区に広田村のモーター船が出稼ぎにいくという事業を実施したのである。このような計画を実施したことにより、早期復興を果たし、漁村が震災前よりも勢いづいたという。これは一部の例に過ぎないが、明治三陸地震、昭和三陸地震後の漁業はその後、漁獲高において見事に回復し、数年で震災前の水準を超えた。

上：昭和八年・三陸大地震の津波を伝える石碑。気仙沼市唐桑町宿浦の早馬神社下。
撮影　瀬戸山玄

下：同　津波被害。大船渡漁港（細浦）『岩手県漁港史』より

他方、こうした過去の経験を通して、三陸沿岸域の漁村部では過去の津波がどこまで達したのかなど、標識で示して、地震時の防災意識を高める努力がなされてきた。漁村部では津波発生時のために高台に逃げる小道なども設けられ、その小道を駈け上って難を逃れた漁村住民は多い。津波被害を受けた経験から集落を高台に移して被害をまったく受けなかった地区もある。また東日本大震災では九割の漁船が流失したとは言え、沖出しして漁船を守った漁業者も少なくなかった。地震後すぐさま漁船を沖出しして被災を回避するという考え方は、明治・昭和三陸地震の経験から根づいたことであろう。

しかし世代交代が進むと、こうした防災意識は徐々に薄れるのかもしれない。結果的に東日本大震災では、漁業者や漁業者の家族においてかなりの数の被害者が出た。詳細は後に譲るが、被災した漁業者の多くは過去の津波災害を言い伝えられていた高齢者である。また行方不明になった漁業者のなかには、地震後、漁船を守るために漁船に乗って沖合に出ようとしたが、波にのまれた者も多いと言われている。明治・昭和三陸地震の教訓が活かされたところもあれば、そうではないところもあったようである。

2 拠点漁港の津波被害

明治・昭和三陸地震および東日本大震災では津波による被害範囲は沿岸域一帯に広がった。そのことから、津波被害は、漁村部に暮らす住民や家屋、建物、施設、漁船に及んだ。明治・昭和三陸地震については詳細な記録が見当たらないため、正確に捉えることはできないが、この津波被害により水産加工場や造船所など水産関連産業もかなりの被害を受けたであろう。被災範囲という意味では、明治・昭和三陸地震も東日本大震災もほとんど変わりないと思われる。

しかしながら明治・昭和三陸地震と東日本大震災とでは被害の状況は明らかに違う。それはとくに宮城県気仙沼市、石巻市、塩釜市あるいは岩手県宮古市、釜石市、大船渡市など、拠点漁港（**図1**）がある都市においてである。

こうした漁港都市では、漁船の寄港地として機能しているだけでなく、水産物の取引機能、加工機能、物流機能などが備わっている。カツオやマグロあるいはサバやイワシなどの魚群を追いかけて漁獲した漁船が寄港し、漁獲物を水揚げし、卸売市場に出荷し、また一方で次の漁に向けて燃料や食料の積み込みなどを行

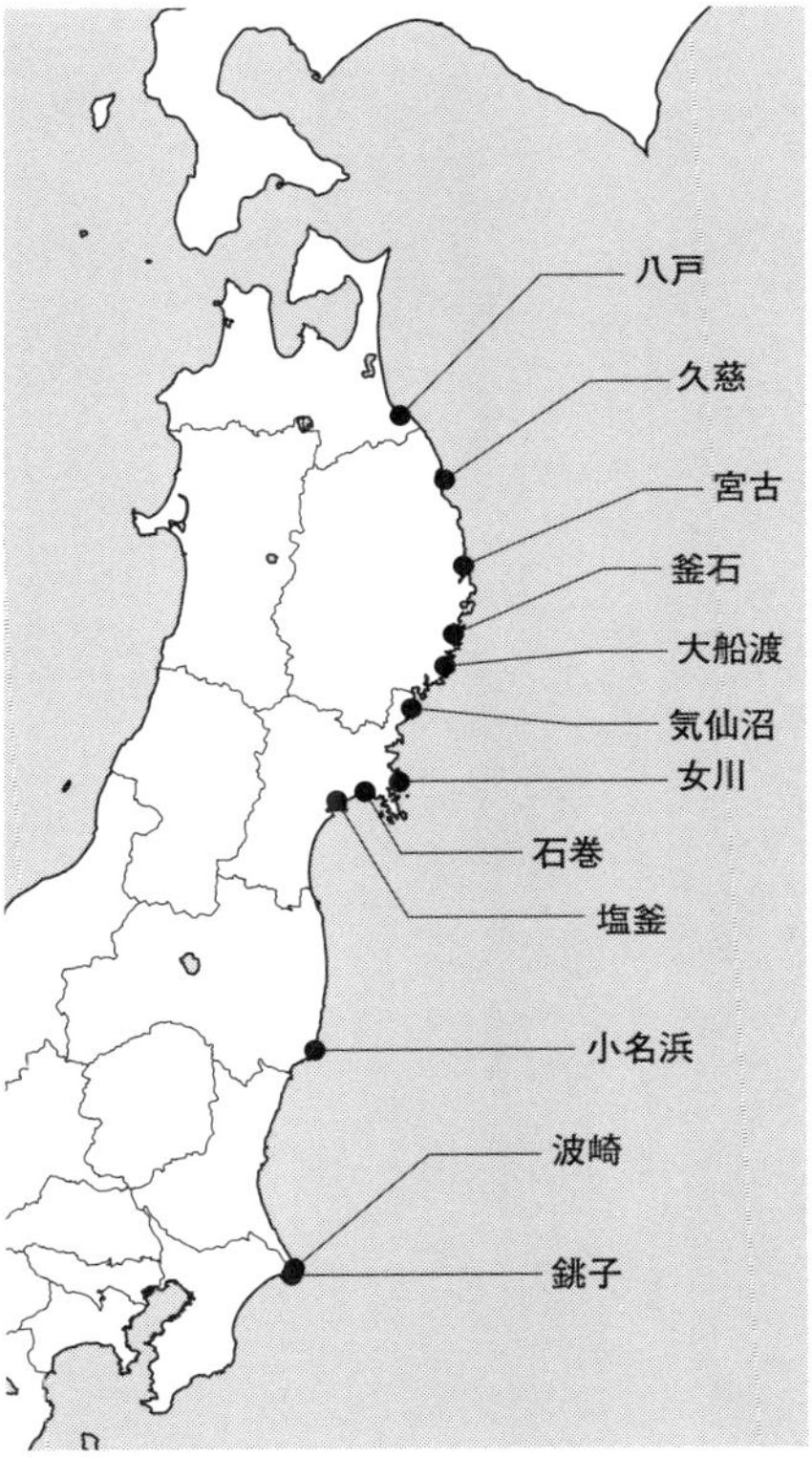

図1　三陸と常磐の拠点漁港

う。卸売市場に水揚げされた漁獲物は流通加工業者が買い付ける。そして買い付けた魚介類に選別、下処理、箱詰め、冷凍、塩蔵、乾燥などの加工処理を行い、消費地へ流通させる。原料や製品は保管することもある。

漁港都市には流通加工業者が立地しているがゆえに漁船が寄港し、漁船が寄港するから流通加工業者が立地するという相互関係がある。相互関係と同時に漁港都市間の競争が発生し、各漁港都市は発展した。さらに、漁業者と流通加工業者は漁獲物の価格をめぐって利害が相反するため卸売市場の機能が重要となり、漁船に航海に必要な燃料や食料などの積み込みを手配する廻船業者が存在する。それだけではない。漁船が寄港するから、船の建造・点検・修繕を行う造船業者や船舶機器・機関のメンテナンスを行う鉄工業者が立地する。

こうして漁港都市は高度な産業集積地へと発展していった。漁港の背後には、卸売市場施設、冷蔵庫、製氷工場、水産加工場など水産流通加工関係の建屋・建物や、造船所、鉄工所、漁具倉庫、配送センターの車庫、船舶機器や漁具メーカーの代理店、廻船問屋なども立ち並んだ。これらの都市のなかには、漁港背後に水産加工団地や造船団地あるいは工業団地を整備してきた地区もあり、やがて漁港都市は水産基地と呼ばれるようになったのである。

東日本大震災により発生した津波は、戦後の漁港整備により拡充されてきた漁港用地内の防波堤や漁港岸壁・施設をことごとく破壊し、明治・昭和三陸地震発生時にはなかった高度な産業集積地を襲った。関連産業まで含めた被害総額は正式に調査されておらず、概算額でさえ把握されていないが、その被害規模は明治・昭和三陸地震と比較にならないものであろう。なぜなら、明治・昭和三陸地震での漁業関連の被害額は被災地の一年間の漁業生産額を上回るか下回るかという水準であったが、東日本大震災の被害額は、漁業・養殖業に関わる施設（漁船、漁港、陸上の共同利用施設や市場施設も含む）のみで、二〇一〇年の国内海面漁業生産額約一兆四千万円に近い、約一兆二千五〇〇万円に至ったからである。

東日本大震災により受けた被害は、犠牲者の数においては明治三陸地震を下回ったが、物的被害面においては比較にならない規模であった。さらに原発災害もそこに加わっている。財政事情が芳しくなく、経済発展の余地を失っている今日の日本社会において復興を考えるとき、物的被害面をどう認識するかが、復興の道筋が隘路に入ってしまわないためにも重要であると思われる。

3　人への被害

東日本大震災における犠牲者の多くは沿岸地域で暮らす人々であった。職業別の犠牲者の数は集計されていないため漁業関係者の被害状況について正確には把握できないが、沿岸漁業、沖合・遠洋漁業、水産加工業に分けて人への被害について概観しておこう。

沿岸漁業に関わる人への被害

被災三県（岩手県、宮城県、福島県）における漁業協同組合あるいは漁協系統団体が集計した**表1**を見よう。岩手県、宮城県、福島県における組合員の犠牲者数は三七五人、四五二人、一一一人となっている。組合員数との比率で見ると、岩手県三パーセント、宮城県四パーセント、福島県七パーセントである。

犠牲者の数を見ると宮城県が最も多いが、それは母数も多いからである。比率で見ると、福島県が目立つ。宮城県南部から福島県にかけての海岸地形はリアス式海岸ではなく、高台が少ないため避難できなかったことや、漁船に乗って沖合へ逃げようとしたが遠浅の海域であるため津波が高く、波にのみ込まれたケースが多かったのかもしれない。いずれにしても、津波の犠牲者になった漁業者の割合は福島県が最も多かったと言える。

次に、宮城県漁協が集計したデータのみしか入手できなかったが、年齢別の死亡・行方不明者数を確認しておきたい（**図2**）。七〇代が最も多く、次いで六〇代そして八〇代が多い。七〇代、八〇代については准組合員が多い。今日では、六〇代の漁業者は体力があり、相対的には高齢者と言えないが、被害は高齢者および准組合員に偏っていたことがわかる。

これらの数値からは、「漁家」という経済主体がどのような被害を受けたかはわからない。岩手県、宮城県の両県では、組合員の家屋の被害状況が示されており、この数値を見る限り、家族構成員への被害が想定される。三陸地域ではカキ、ワカメ、ホタテガイ、ノリなど、仕立てに手間を必要とする養殖業が盛んで、しかも倉庫や作業小屋を家屋のある自己所有の土地に建てて、職住一体型の空間で家族労作が行われてきた。それゆえ漁業者の家屋の流失は、漁家が産業の担い手として継続するかどうかに大きく影響するであろう。

被害は漁協の役職員へも及んだ。二四名の役職員が津波にのまれた岩手県の被害が顕著である。多くは地元消防団に属する職員であり、震災直後、水門を閉めるために防潮堤に向かい、その使命を果たすために犠牲になったのである。

激しい地震の後に、宮城県漁協志津川支所、岩手県田野畑村漁協のように、沖合で操業している組合員への無線連絡や諸業務を済ませるために漁協の事務所に残り、事務所ごと津波を受けて犠牲となった漁協役員・幹部職員もいた。漁協の組合員と漁協の役職員の犠牲者数は九六五人であった。この数だけで東日本大震災の全犠牲者の約五パーセントである。その家族や漁協の組合員になっていない漁業従事者はその数に含

表１　漁協が集計した被害状況

		岩手県	宮城県	福島県
組合員数（被災前2010年末）	正	10,667	10,437	1,267
	准	3,581		328
死亡・行方不明者数（組合員数に占める割合）		375 3%	452 4%	111 7%
家屋（戸数）	全壊	4,349	4,827	
	半壊		724	
役職員への被害	死亡	16		2
	行方不明	8	1	

資料：全国漁業協同組合連合会

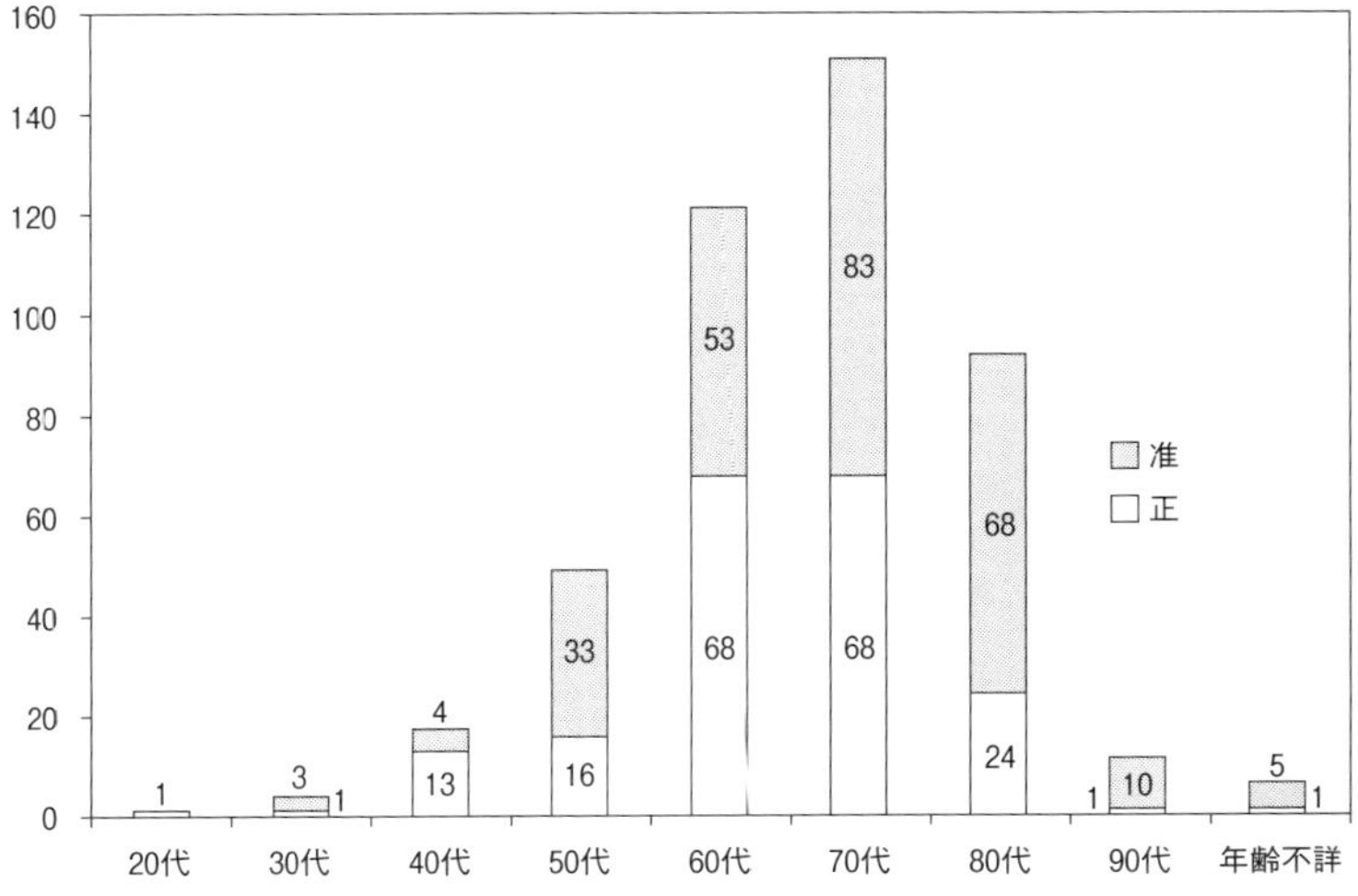

資料：JF みやぎ

図２　宮城県漁協の組合員の年齢別被害者数

表2　宮城県漁協所属組合員の継続意志調査の結果（2011年5月時点）

	正組合員	准組合員	員外	合計
継続意志(a)	3576	2339		5915
継続意志保留	359	521		880
廃業	1073	1633		2706
調査票回収合計(b)	5008	4493		9501
継続意志者数の割合(a)/(b)	71%	52%		62%
2010年の水揚実績(c)	237.7億円	3.7億円	22.2億円	263.6億円
継続意志者の水揚合計(d)	194.4億円	2.3億円	0	196.8億円
(d)/(c)	82%	62%		75%

資料：JF みやぎ

まれていない。

漁業関係者への被害は今後漁村の活力と漁業生産力をどれだけ取り戻せるかという議論のなかで重要な事柄になるであろう。同時に復興のプロセスを考えるとき、重要になってくるのは漁業者の再開意欲ではなかろうか。震災直後、津波のエネルギーの驚異に晒された漁業者の多くは、海に近づきたくないと口にしていたし、これを機会に漁業を廃業するという漁業者も少なくなかったからである。

そこで、宮城県漁協が二〇一一年五月に行った組合員への意識調査を見よう（**表2**）。継続意志のある漁業者は、正組合員七一パーセント、准組合員五二パーセントであった。これらの組合員の割合を二〇一〇年の水揚金額シェアを基準にしてみると、正組合員八二パーセント、准組合員六二パーセントであった。すなわち再開しようとしている漁業者は、一定の生産力を備えた組合員だったのである。逆に廃業しようと考えていた漁業者は高齢者か、兼業の仕事として細々と漁業を行ってきた組合員であった。この数値は復興を進めていくうえで、決して悲観的なものではなかった。

時間がたつにつれ、漁業者の継続意志は変化していった。二〇一一年八月から九月にかけて行われた調査によると、継続意志のある組合員数は、正組合員八一パーセント、准組合員三九パーセントになった。正・准で格差が生じるものの、廃業を選ぶ者は高齢者や兼業漁業者であったという。専業的に漁業を営んできた漁業者の継続意志は強かったようである。そして漁協および漁業者らの懸命な再開準備により、徐々に水揚ペースをあげている。

沖合・遠洋漁業関係者の被害

次に沖合・遠洋漁業についても確認しておきたい。数値としてははっきりとしたものがないため、一例だけ取り上げておこう。

遠洋マグロ延縄漁船を所有していた北海道釧路市の船主が気仙沼市で犠牲者となったという事例である。船員は無事であったが、経営陣の二人（親子）が津波にのみ込まれたという。彼らは、所有マグロ延縄漁船の修理・点検で大震災発生当日、気仙沼市に来ていたのである。

他方、気仙沼市の魚町には遠洋漁業を営む地元の船主の会社事務所の建屋が立ち並んでおり、それらはほぼ津波により流失した。船主陣は無事であったと聞く。

沖合・遠洋漁船の基地である気仙沼市や石巻市の近隣は、優れた乗組員を輩出してきた地域である。沖合にいた漁船に乗船していた乗組員はもちろん被災していない。だが、船員の家族は被災地で暮らしているケースが多いため、沖合ではその安否が心配されていたことは言うまでもない。

また沖合・遠洋漁船の船主と気仙沼や石巻などの水産関係業者との縁は深い。震災後、海外旋網《まきあみ》漁船二六隻が操業を中止し、焼津で支援物資を積み込み、救援のために被災地石巻に向かった。気仙沼を母港とするマグロ延縄漁船は神奈川県三崎漁港で救援物資を積んで気仙沼市に向かい、支援活動を行った。

遠洋漁業とは言っても、漁船と母港・水産基地との関係は深い。人への被害はこうした関係を壊すものとなる。詳細な調査は行っていないが、今後、沖合・遠洋漁業にどのような影響がでるのかを注視していきたい。

水産加工業関係者の被害

三陸各地の水産加工業界における従業員への被害状況は公表されていない。それゆえ、はっきりとした内容は分からない。筆者が行った取材では、石巻などの水産加工場内は、地震による強い揺れにより機械設備が倒れるなど、津波前に危険な事態が起こっていたようであるが、揺れによる人への被害はとくになかったようである。水産加工業者は地震発生後、従業員を高台などに避難させたようである。現時点では、避難指示を出さずに被災した、犠牲者を出したという水産加工場があったとは聞いていない。研修・実習制度事業により三陸の各水産加工場で仕事をしていた外国人労働者（中国人）も全員無事避難し、その後帰国した。しかしながら、避難後、自宅に戻ったり、家族を探しに行ったりして津波の被害者になった従業員はいたようである。

震災後、多くの企業がとった対応は、従業員の解雇であった。給与が支払えない状況で従業員が金銭を受け取るにはそのような措置しかなかった。金銭とは、失業手当の給付金のことである。なかには、雇用調整助成金で従業員をつなぎ止めた企業もあるが、そのような企業はリーマンショック以後に創設されたこの助成金事業を活用していた少数の企業であった。従業員を解雇した企業とつなぎ止めた企業とでは、工場再開にあたり大きな差異が生じた。この点については第六章で触れることにする。

4　物的損害

東日本大震災による農林水産業への直接的被害は二兆三千八四一億円（二〇一一年七月五日、農林水産省公表）とされている。うち水産関係が一兆二千六三七億円、農地・農業用施設が八千四一四億円、農作物が六三五億円、林野関係が二千一五五億円である。水産関係が最も被害が大きい。太平洋北区に面する東北・常磐地域の津波による物的損害が甚大であり、かつ津波による被害が北海道から沖縄まで全国に及んだからである。

表3は農林水産省が集計したその損害状況を示している。漁業関係施設として漁船、漁港施設、養殖施設、養殖物、市場・荷さばき場など共同利用施設が被災したのである。以下では、漁船、漁港施設、養殖業関連、市場・共同利用施設そして水産加工業の被害を見ていきたい。

漁船

被災した漁船は二万八千六一二隻である。この数はじつに全国の漁船の一五パーセントに当たる。漁業における漁船の重要性はあらためて述べるまでもない。この被害からすると、漁業の本格復興に時間を要することは想像に難くない。それだけの数の漁船をすぐに供給できる能力が国内にないからである。

次に被災した漁船の都道県別分布を示した**表4**を見よう。最も多いのは岩手県、次いで宮城県である。この二県のみで二万五千三〇〇隻となっており、全体の八八パーセントを占めている。

岩手県、宮城県の漁船被災数がこのような数に及ぶのは、そもそも両県に及んだ津波のエネルギーが強か

表 3　東日本大震災による水産業の被害状況

<table>
<tr><th>区分</th><th>主な被害</th><th>被害数</th><th>被害額
（億円）</th><th>主な被害地域</th></tr>
<tr><td rowspan="5">水産関係</td><td>漁船</td><td>28,612隻</td><td>1,822</td><td rowspan="5">北海道、青森県、岩手県、宮城県、福島県、茨城県、千葉県、東京都、神奈川県、新潟県、静岡県、愛知県、三重県、和歌山県、徳島県、高知県、大分県、宮崎県、鹿児島県、沖縄県（富山県、石川県、鳥取県の漁船が被災地で係留中、上架中に被害）</td></tr>
<tr><td>漁港施設</td><td>319漁港</td><td>8,230</td></tr>
<tr><td>養殖施設</td><td></td><td>738</td></tr>
<tr><td>養殖物</td><td></td><td>597</td></tr>
<tr><td>共同利用施設</td><td>1,725施設</td><td>1,249</td></tr>
<tr><td>合計</td><td></td><td></td><td>12,637</td><td></td></tr>
</table>

注：被害数及び被害額は、現時点において各県から報告のあったもの。
注：他にも民間企業が所有する水産加工施設や製氷冷凍冷蔵施設等に約1,600億円の被害がある（水産加工団体等からの聞き取り）。
出典：農林水産省公式ウェブサイト内
http://www.maff.go.jp/j/kanbo/joho/saigai/higai_taiou/index.html 2012/9/6

ったというだけでなく、漁業経営体数（二〇〇八年漁業センサス調査時）が岩手県五千三一三、宮城県四千六と他県（例えば、青森県太平洋側は二千五〇三、福島県は七四三、茨城県は四七九）と比較して多く、そのうえ、沿岸漁業者のほとんどが複数の漁業を営み、漁船を複数隻所有していたからである。

地元漁協の組合員資格をもっているほとんどの漁業者は、サッパ船、イソブネといった小型の和船類を使って、ウニ漁、アワビ漁、ワカメ漁、コンブ漁など岩礁場で行われる採介藻漁業に従事してきた。この採介藻漁業に加えて、ノリ、ワカメ、コンブ、カキ、ホタテガイ、ギンザケなどの養殖業や、刺網、曳網、一本釣、掬い網漁などの漁船漁業あるいは定置網漁業を営んでいたのである。しかも採介藻漁業は隠居生活に入るまで行われる傾向にあり、高齢漁業者

表４　漁船の被害状況

	漁船保険加入隻数（隻）	被災漁船数（隻）（県からの報告）	被害報告額
北海道（根釧、日振勝、道南）	16,293	793（5トン未満　659／5トン以上　134）	8,723百万円
青森県	6,990	620（5トン未満　524／5トン以上　96）	11,378百万円
岩手県	10,522	13,271　＊漁船総隻数14,501	33,827百万円
宮城県	9,717	12,029（5トン未満　11,425／5トン以上　604） ＊漁船総隻数13,776	116,048百万円
福島県	1,068	873（5トン未満　740／5トン以上　133）	6,022百万円
茨城県	1,215	488（5トン未満　460／5トン以上　28）	4,363百万円
千葉県	5,640	405（5トン未満　277／5トン以上　66／不明　62）	851百万円
東京都	897	3（5トン未満　1／5トン以上　2）	—
新潟県	3,342	5（5トン未満　4／5トン以上　1）	0.1百万円
富山県	1,038	8（被災地で係留中、上架中に被害）（5トン以上　8）	839百万円
石川県	3,500	1（5トン以上　1）（被災地で係留中に被害）	—
静岡県	5,473	14（5トン未満　13／5トン以上　1）	5百万円
愛知県	4,991	8（5トン未満　8）	6百万円
三重県	7,536	26（5トン未満　26）	22百万円
和歌山県	3,855	6（5トン未満　3／5トン以上　3）	2百万円
鳥取県	1,219	2（被災地で係留中に被害）（5トン以上　2）	10百万円
徳島県	3,551	10（5トン未満　10）	5百万円
高知県	4,088	25（5トン未満　23、5トン以上　2）	14百万円
大分県	5,258	2（5トン以上　2）	65百万円
宮崎県	2,442	20（5トン未満　16／5トン以上　4）	29百万円
鹿児島県	7,404	3（5トン未満　3）	5百万円
計		28,612	182,214百万円

注：「漁船総隻数」は、漁船統計表（2010）における漁船の総隻数。
注：「漁船保険加入隻数」は、漁船総隻数の内数であり、実働動力漁船を最もよく反映した数字。
注：「—」は、各県において調査中等。
出典：農林水産省公式ウェブサイト内
http://www.maff.go.jp/j/kanbo/joho/saigai/higai_taiou/index.html　2012/9/6

は他の漁業を廃業したとしても採介藻漁業は継続する。また漁業から引退したとしても、そのような小型漁船をもち続けていたこともあろう。そのことから、岩手県、宮城県では、漁業経営体数をはるかに上回る漁船が所有されていた。津波はこうした漁船のほとんどを流失させた。

ただし、被害金額ベースで見ると状況が異なる。もう一度**表4**を見よう。被害報告額は宮城県が一千一六〇億円とダントツであり、次いで岩手県の三三八億円、青森県の一一三億円、北海道の八七億円と続く。これには被災した漁船の規模の問題がある。

漁船保険中央会が調べた被災漁船の階層別被災隻数を見よう[3]（**表5**）。金額で圧倒した宮城県は、船外機船や五トン未満の漁船の数こそ岩手県を下回っているが、五トン以上の漁船数についてはすべて岩手県を上回っている。とくに、五トン以上一〇トン未満、一〇〇トン以上の被災隻数の差が顕著である。

ちなみに五トン未満の漁船の建造費は数十万円から二千万円以内であり、五トン以上二〇トン未満漁船の建造費は数千万円から二億円である。これらの漁船のほとんどは船体にＦＲＰ（ガラス繊維性強化プラスチック）素材が使われている。また二〇トン以上の漁船のほとんどは沖合・遠洋に展開する鉄鋼船である。建造費数は数億円する。

宮城県は小型漁船の被災隻数が岩手県に次いで多かっただけでなく、大型船の被災隻数も多かったため、被害額が最上位となった。

被害隻数が岩手県や宮城県と比較すると二桁落ちる青森県では、小型船の被災は相対的に目立たないが、一〇〇トン以上二〇〇トン未満船が四四隻と群を抜いていた。そのため、青森県の被害額が岩手県に次いで大きかったのである。一〇〇〜二〇〇トン未満漁船の被災隻数が三一隻であった北海道も、同じ状況で被災隻数の割には被害額が大きい。ただし、この被災はあくまで船主の所在地別にカウントされているので、被

表 5　被災した漁船の県別階層別隻数及び支払い保険額

	北海道	青森県	岩手県	宮城県	福島県
無動力船			25	1	
船外機船	256	71	7,612	5,867	251
0 トン以上 5 トン未満	131	209	1,699	1,429	416
5 トン以上10トン未満	113	38	173	355	278
10トン以上20トン未満	81	58	184	198	79
20トン以上50トン未満	5			3	15
50トン以上100トン未満	2	3	4	6	15
100トン以上200トン未満	31	44	4	25	4
200トン以上	5	4		6	4
合計	624	427	9,701	7,890	1,062

	茨城県	千葉県	その他	合計	支払保険額（百万円）
無動力船			0	26	29
船外機船	82	111	34	14,284	9,381
0 トン以上 5 トン未満	242	175	63	4,364	12,488
5 トン以上10トン未満	5	35	14	1,011	4,901
10トン以上20トン未満	26	49	8	683	6,269
20トン以上50トン未満		3	1	27	231
50トン以上100トン未満	9	3	(9)	33	1,583
100トン以上200トン未満	2	2	17	129	7,793
200トン以上	5	2	7	33	3,412
合計	371	380	135	20,590	46,087

資料：漁船保険中央会

災場所の被害でないことには注意されたい。

一〇〇トン以上の漁船の内訳については、詳細なデータを入手していないため、ここでは業種別の被災隻数を記すことができない。おおむね次のようなことは言える。一〇〇トン以上二〇〇トン未満階層の漁船の多くは、中型イカ釣漁船、サンマ棒受網漁船、大中型旋網漁船（網船）であり、二〇〇トン以上の漁船は、遠洋マグロ延縄漁船、遠洋底曳網漁船、旋網漁船の運搬船などである。確かに、八戸漁港、気仙沼漁港、石巻漁港、小名浜港といった大規模漁港では、中型イカ釣漁船、旋網漁船の運搬船、遠洋マグロ延縄漁船、サンマ棒受網漁船が岸壁に乗り上げたり、座礁したり、沈没したり、炎上被災していた。[4] その状況は震災後、テレビなどの映像で映し出されていた。

このような被災した漁船は、震災後しばらく危険な状態にあった。乗り上げた漁船は余震が続くなかで横倒れしたり、漁船から船舶の燃料である重油が漏れたりする可能性があったからである。震災後、乗り上げた漁船の応急措置として、船体の横倒れがないように造船所の技師が盤木で固定するなどした。その後、これらの漁船は巨大クレーンで吊り上げられ、またマックスキャリアと呼ばれる移送重機により海面に戻されて、造船所や解体業者の処理場に曳航された。その多くは漁船保険組合の保険金により実施されたのである。

漁港

表6から見て取れるように、震災の被害が甚大であった岩手県、宮城県、福島県の漁港はほぼ全滅である。地震による強い揺れと津波の破壊エネルギーによってこれら漁港の多くは原形を止めていなかった。

例えば、岩手県宮古市田老地区では、震災前漁港の沖合に大波を防ぐ防波堤が敷設されていたが、津波により完全に破壊され、防波堤の巨大なコンクリートブロックが散在していた。また漁港用地の大部分が地盤

表6　漁港の被災状況

	全漁港数	被災漁港数	被害報告額
北海道	282（249）	12（1）	1,259（30）百万円
青森県	92（90）	18（1）	4,617（7）百万円
岩手県	111（58）	108（54）	285,963（26,700）百万円
宮城県	142（72）	142（65）	424,286（44,613）百万円
福島県	10（10）	10（10）	61,593（20,978）百万円
茨城県	24（9）	16（5）	43,118（1,132）百万円
千葉県	69（40）	13	2,204百万円
計	730（528）	319（136）	823,040（93,460）百万円

注：被害報告額は、漁港施設、海岸保全施設、漁業集落環境施設、漁業用施設の各被害額の合計。
注：（　）は内数で、海岸保全施設がある漁港数および当該海岸保全施設の被害報告額。
出典：農林水産省公式ウェブサイト内
http://www.maff.go.jp/j/kanbo/joho/saigai/higai_taiou/index.html 2012/9/6

沈下し、凹凸状態になっていた。大潮の時には漁港用地を超えて冠水する状況で、岸壁がつねに冠水している漁港も少なくなかった。

漁港は地元漁船のみしか利用できない第一種漁港、県内の漁船なら利用できる第二種漁港、県外の漁船も利用できる第三種漁港、遠洋漁船も利用できる特定第三種漁港、離島などに建築される第四種漁港に分類されるが、水揚げどころか、係船場所としても機能しない漁港も目立った。実際、震災後、岸壁に係船できず、係留綱によって港湾の真ん中に漁船が浮かんでいるという光景をよく見た。とくに復旧が後回しにされている第一種漁港である。その後、各漁港とも岸壁の仮復旧が進み、係船できる岸壁が一年半過ぎた時点で徐々に増えているものの、震災前の状況にはほど遠い。

漁港は、漁業と漁村にとって最も重要な生産基盤である。それは海の航路から陸路へと結節する物流拠点だからである。その漁港がこのような壊滅的状態になったのだから、この三県の漁業の立て直しにはかなりの時間を要するであろう。今後、漁船が徐々に増えてくると、漁港の早期復旧の要望が強くなるであろう。

養殖業関連

東日本大震災による養殖業への津波被害は全国に及んだ。三陸だけではない。**表7**を見よう。北海道から沖縄まで全国規模である。津波の影響で養殖施設が流失したり破損したりするだけでなく、育成中の多様な養殖物が津波の影響で流失、あるいは斃死《へいし》したのである。

例えば、北海道の噴火湾では、ホタテガイ、コンブ、厚岸湾ではカキが、茨城県の霞ヶ浦ではコイ、真珠が、東京湾ではノリ、ワカメが、伊勢湾から紀伊半島にかけては、マダイ、クロマグロ、カキ、ノリ、ワカメ、真珠が、徳島県・高知県・大分県・宮崎県では、ハマチ、カンパチ、マダイ、シマアジ、ノリ、ワカメが、沖縄県ではモズク、スギが被災した。

養殖施設類の被害総額は約七三七億円に、養殖物の被害額は五九七億円に至った。これらの被害額の約八割は宮城県と岩手県が占めるが、全国への津波の負の波及は無視できない額である。例えば、三重県を見ると、施設と養殖物の被害が三五億円を超えている。この被害で廃業する業者もいたという。

では、最も被害が大きかった被災三県はどのような状況であったのであろうか。まず被災三県の震災前の養殖業の状況について触れておきたい。

岩手県、宮城県におけるリアス式海岸では、カキ、ホタテガイ、ワカメ、コンブ、ギンザケ、ホヤ類、ノリなどが主に養殖されてきた。その他、宮城県ではクロソイというメバル類、岩手県ではアワビやウニの他、エゾイシカゲガイというハマグリのような二枚貝（広田湾）、マツモという海藻、マツカワというカレイ類

表7　養殖業の被害状況

県名	被害を受けた養殖種類	施設被害報告額	養殖物被害額
北海道	ホタテ、カキ、ウニ、コンブ、ワカメ等	9,356百万円	5,771百万円
青森県	コンブ、ホタテ	43百万円	19百万円
岩手県	ホタテ、カキ、コンブ、ワカメ等	13,087百万円	13,174百万円
宮城県	ギンザケ、ホタテ、カキ、ホヤ、コンブ、ワカメ、ノリ類	48,700百万円	33,189百万円
福島県	ノリ類等	297百万円	536百万円
茨城県	コイ、真珠等	27百万円	—
千葉県	ノリ類	428百万円	737百万円
神奈川県	ワカメ等	33百万円	32百万円
新潟県	ニシキゴイ	4百万円	—
三重県	マダイ、クロマグロ、カキ、ノリ類、真珠等	1,274百万円	2,355百万円
愛知県	ノリ類	2百万円	—
和歌山県	マダイ、クロマグロ	141百万円	834百万円
徳島県	カンパチ、ハマチ、シマアジ、ワカメ等	65百万円	508百万円
高知県	カンパチ、マダイ、ノリ類等	228百万円	2,377百万円
大分県	マダイ、ハマチ、シマアジ、ヒラメ	85百万円	175百万円
宮崎県	ハマチ、アジ、オオニベ等	0.28百万円	6百万円
沖縄県	モズク、スギ	6百万円	32百万円
計		73,776百万円	59,745百万円

注：他の記載のない県は現在情報収集中。
注：共同利用の養殖施設に係るものは含まない。
出典：農林水産省公式ウェブサイト内
http://www.maff.go.jp/j/kanbo/joho/saigai/higai_taicu/index.html 2012/9/6

が見られた。養殖産品は一般に知られている以上に多様だったのである。

また、養殖地帯はリアス式海岸だけでなく宮城県南部（塩釜周辺より南部の仙台湾沿岸）にも広がっていた。この地域ではノリ養殖が盛んに行われてきた。さらには、福島県相馬市にある（海水と淡水が混じりあう）汽水湖・松川浦でもノリ、アサリが養殖されていた。

津波により養殖施設は完全に流失した。養殖施設とは、養殖用筏《いかだ》、延縄《はえなわ》式養殖施設あるいは小割式生簀《いけす》などのことを言う。養殖用筏では主にカキが吊るされて養殖されている。筏は、先端にアンカーを結わいた係留用ロープを使って海面に固定されている。延縄式養殖施設は、いろいろなタイプがあるものの、カキ、ホタテガイ、ワカメ、ホヤなどの海中に垂下して養殖するものに利用されている。この施設は、浮子《あば》と綱からなり、数トンのコンクリートブロックを海底に設置し、そこに係留用綱を結わえて海中に固定したものである。ノリ養殖については、ひび建て方式やベタ流し方式という技術が使われているが、いずれにしてもノリの胞子をつけた網を海水面に浮かせて育成する。小割式養殖生簀は、ギンザケ、クロソイ、マツカワなどの魚類養殖に用いられ、筏と同じように係留用綱で固定されている。

養殖施設は海面や海中に固定されるものであるため、多少の移動はできても、津波が来るからと言って回収できないし、通常の波浪や急潮流には耐えうるが、防波堤を破壊するほどの津波にはまったく耐えられない。それゆえに、被災三県では、養殖施設が津波に流され、陸上で構造物に引っかかったり、津波の引き波で海中に流されたのである。

同時に養殖物も流失した。三年サイクルで養殖されるカキやホタテガイについては、三年目の出荷サイズの貝が一定程度出荷されたものの、二年目や一年目の貝はすべて流失した。そのことから、再開したとしても収入を得るまでに三年間かかることになる。

他方、ワカメやギンザケは単年度で育成される。収穫期が終わっていればあまり問題なかったが、どちらも収穫期前に被災した。悲惨なのはワカメ養殖である。地震の前日に収穫が始まったばかりだった。二〇一一年に出荷に向けて育ててきたワカメは、ほぼ養殖施設に垂下したまま流失した。近年の実績からすると六〇億円から八〇億円の損失となろう。

また、夏季から出荷予定だったギンザケも同じ状況である。震災前の実績からすると、六〇億円以上の損失ということになろう。しかも、被災した養殖生簀から大量のギンザケが海面に放出されたため、三陸各地で七月頃から復旧した定置網漁において大量漁獲され、彼らの売上げとなった。岩手県では二〇一一年八月までに八〇四トンのギンザケが水揚げされた。たとえ養殖物であったとしても、一度海面に放出されるとその魚介藻類は法的には無主物になる。本来、ギンザケは日本沿岸域に生息していない。漁獲されたギンザケが宮城県のギンザケ養殖業者により育成されたものであることは明らかであるが、それは漁獲した者の所有物となる。ギンザケ養殖業者は、ギンザケを買い戻すことはできても、取り返すことはできない。

定置網漁を復旧させた業者は、夏場に予定外の収入を得ることができたのである。震災の影響で養殖ギンザケが市場に出回らない状況下で、ギンザケを出荷できたからである。

とは言え、同じ被災者としてなにも対応しないわけにはいかなかったのであろう。岩手県の定置網漁業協会は、宮城県の定置網漁業協会に六〇〇〇万円の見舞金を送った。その見舞金はギンザケ養殖業の復興のために使われることになったという。

産地市場

水産業においては、漁業と水産加工業は車の両輪のような関係だとよく捉えられている。どちらが欠けて

表 8　産地市場の被害状況

（7道県の太平洋側）

	全市場数	被災状況（県等からの報告）	被害額
北海道（根釧、日振勝、道南）	52	被災15か所程度（浸水、設備破損等）	97百万円
青森県	7	被災2～3か所（浸水、設備破損等）	2,503百万円
岩手県	13	すべて被災 全壊11、大半は壊滅的被害。宮古・久慈・大船渡は建屋等が残存	14,266百万円
宮城県	10	すべて被災 壊滅的被害（全壊9、浸水、設備破損等）。	10,577百万円
福島県	12	すべて被災 半壊4、建屋・機器の流出5、原発避難地区2	3,188百万円
茨城県	9	大半が被災 全壊2、水没1、浸水3など	1,122百万円
千葉県	2	一部で被害	1,000百万円
計	105	計	32,753百万円

注：被害額は共同利用施設に係るもののみで、前記の共同利用施設の被害額の内数。
出典：農林水産省公式ウェブサイト内
http://www.maff.go.jp/j/kanbo/joho/saigai/higai_taiou/index.html 2012/9/6

も水産業は成り立たない。両者は利害が相反する関係にあるが、その関係を繋いできた場が、荷さばき場がある産地卸売市場であった。

表8で流通関連の施設の被害を確認しておこう。被災三県は全滅であり、茨城県でも大半が被災し、青森県、北海道では太平洋側に面する産地市場が被災した。千葉県でも一部損壊した。被害の状況はさまざまではあるが、おおむね、地震による地盤沈下、津波による市場の建屋や荷さばき場の屋根・壁の損壊である。全壊状態となった市場も目立った。その被害総額は三二七億円であった。

その後、仮設の建屋が建築され、各県のほとんどの市場は秋には再開されるに至った。一三市場ある岩手県で出遅れたのは田老町漁協が運営している市場（再開は二〇一二年九月一日）のみであった。

福島県については、東京電力福島第一原発の事故の影響により福島海域での操業自粛が続いていたことから、ほとんどの市場は再開するに至らなかったが、他県海域で操業する漁船の基地である小名浜市場のみ、試験出荷を踏まえ、十月に再開した。

もちろん、水揚げされるのは福島第一原発の事故の影響を受けない海域で操業する漁船に限られていた。地元漁船でありながら伊豆諸島海域でカツオなどを漁獲する旋網漁船や、北海道海域や三陸の沖合に漁場が形成されるサンマを漁獲するサンマ棒受網漁船である。

しかし、ほとんどの市場で取扱い数量・金額ともに例年を大きく下回る状況となった。**表9**を見よう。塩釜を除く宮城県の主要漁港、気仙沼、石巻、女川、志津川では二〇一一年／一〇年の数量比が前年度の四〇パーセントを下回った。石巻では三〇パーセントを下回っている。釜石を除く、岩手県の主要各市場が五〇パーセントを上回っているのに対して見劣りする。岸壁が地盤沈下して接岸できる箇所が少ない、製氷施設が被災して氷の供給能力が低い、カツオ一本釣漁に必要な餌料であるカタクチイワシを供給できない、凍結庫・冷蔵庫が復旧していない、などが原因である。もちろん、それらの要因が複合し、市場の漁船受け入れ機能が麻痺したとも言える。

他方、比較的被災を免れ、早期に市場を再開した青森県八戸、宮城県塩釜、千葉県銚子の産地市場では、前年度を上回る水揚実績になった。塩釜の市場においては、金額ベースでも二〇一〇年を上回る結果となった。

サバ類、カツオ・マグロ類、サンマなど多獲性魚種の他、タラ類やカレイ類など、三陸沖に漁場が形成される魚種を漁獲する沖合漁船（沖合底曳網漁船、旋網漁船、サンマ棒受網漁船など）は、寄港していた漁船に被害が出たものの、そのほかの漁船は地震発生の連絡を受けて沖合で待機していたことから、多くが被災を免

表 9　震災前後の産地市場の取扱い高の変化

数量：トン、金額：百万円

市場		2010年	2011年	2011年 /2010年
三沢	数量	4,406	4,374	99%
	金額	1,407	1,395	99%
八戸	数量	119,470	121,511	102%
	金額	23,405	21,000	90%
久慈	数量	12,774	11,459	90%
	金額	2,913	2,764	95%
宮古	数量	48,956	35,262	72%
	金額	7,649	6,313	83%
釜石	数量	17,387	8,440	49%
	金額	7,080	1,571	22%
大船渡	数量	49,361	27,926	57%
	金額	6,629	3,731	56%
気仙沼	数量	103,609	28,599	28%
	金額	22,502	8,527	38%
志津川	数量	6,194	2,444	39%
	金額	1,511	1,047	69%
女川	数量	63,413	19,739	31%
	金額	8,160	1,736	21%
石巻	数量	128,592	26,683	21%
	金額	17,973	4,153	23%
塩釜	数量	16,566	22,593	136%
	金額	9,817	10,375	106%
小名浜	数量	11,453	4,085	36%
	金額	1,789	382	21%
銚子	数量	214,239	225,618	105%
	金額	25,366	24,837	98%

資料：漁業情報サービスセンター

れた。そのような沖合漁船は、本来なら石巻、気仙沼、女川などに大量水揚げするが、復旧が進んでいないため寄港を控え、ほぼ市場機能を取り戻していた八戸、塩釜、銚子に水揚げを集中させたのである。

共同利用施設

共同利用施設の内訳は共同作業場、荷さばき場、種苗生産施設、給油施設、資材倉庫など多様である。個別に所有するよりも共同で利用する方が合理的であると判断される、ほとんどが漁協の所有施設であり、一九六三年に始まる沿岸漁業構造改善事業により整備された。漁業の近代化、合理化推進を支えてきた施設と言える。

これらの施設は漁港用地内や沿岸部に立地していたことから、地震および津波により損壊した。**表10**を見よう。全壊、半壊含めて被災施設数は一千七二五、その被害額は一千二四八億円に達している。

被災状況は県で格差が生じているが、やはり被災三県の被害が目立つ。なかでも、養殖業が盛んな三陸地域の被害が際立っている。岩手県は五八〇施設が被災し、被害額が五一二億円、宮城県は四九五施設が被災し、被害額が四五七億円である。

これに対して福島県は二三三の施設が被災し、被害額は一三九億円であった。福島県は、漁業者の数や漁港数では宮城県、岩手県を大きく下回るにもかかわらず、共同利用施設の被害は意外と大きい。理由として挙げられるのは、福島県内の産地市場の数が一二市場と、宮城県の一〇市場を上回っていることがあげられる。産地市場周辺には、さまざまな共同利用施設が設置されるので、それらの被害が被害額一三九億円という状況を生み出したのであろう。

共同利用施設の被災は、漁業の復興に大きく関わることであるが、最も問題となるのは種苗生産施設であ

表10　共同利用施設の被災状況

	被災施設数	被害額
北海道	83	634百万円
青森県	73	3,403百万円
岩手県	580	51,270百万円
宮城県	495	45,767百万円
福島県	233	13,915百万円
栃木県	2	2百万円
茨城県	172	8,463百万円
千葉県	78	1,265百万円
三重県	4	96百万円
兵庫県	3	5百万円
高知県	2	55百万円
計	1,725	124,875百万円

出典：農林水産省公式ウェブサイト内
http://www.maff.go.jp/j/kanbo/joho/saigai/higai_taiou/index.html 2012/9/6

る。秋サケ、アワビ、ウニ、ヒラメ、マツカワなどの種苗施設が被災県の各地に設置されていたが、ほとんどが被災した。これらは各産地における重要魚種である。しかも共同利用施設は魚類のふ化から放流、そして漁獲までのライフサイクルを支え、栽培漁業推進にとって重要な存在である。そのため種苗生産施設の損壊が今後の漁業生産に何らかの影響を与える可能性は否定できない。

とりわけ、放流後回遊して四年後に沿岸に回帰する秋サケ（シロサケ）は、三陸における栽培漁業の最重要資源である。そのふ化場の多くが震災で被災した。最もふ化場の数が多い岩手県の例を見てみると、二七ふ化場の四八施設のうち、二一ふ化場三三施設が被災し、半分以上が被災により十分に放流できないという状況となった。もちろん、秋サケが回帰してくる二〇一一年秋期までに復旧が間に合ったふ化場もあった。しかし、放流できる能力が完全に回復したわけではないし、二〇一一年の秋サケの回帰状況が不振だったことも加わり、結果的にふ化放流尾数は例年の三分の一となった。

水産加工業の被害

市場の背後に立地している水産加工業の業態は、選別・凍結・魚粉生産などのレベルから調味加工食品のレベルまで多様である。また水産加工業ではないが、製氷業や冷蔵庫業など水産加工と付随する業態もあり、水産加工業者がこれらを兼業しているケースが多い。水産加工業の被害状況は正確に捉えられていないのが現状である。公表されたのは、全国水産加工業協同組合連合会が集計した**表11**が唯一である。

水産加工業の被害額は一千六三八億円ということになろう。ただしこの集計は、全国水産加工業協同組合連合会参加の水産加工業協同組合に問い合わせて集計されたものなので、どこまでを被害として集計されたのかは明らかではない。全壊や半壊または浸水した工場の数値が記載されているところからすると、おおむね、施設の被害に限られていると思われる。

ところで、水産加工業界の物的損害は、施設・設備などストック部分だけにとどまらない。原料、半製品、製品などフロー部分もある。これらの数値は公表されていないし、おそらく正確には状況把握さえされていない。冷蔵庫に保存されていた数万トンにも及ぶ原料在庫・製品在庫は冷蔵庫ごと被災し、腐敗して廃棄処分された在庫がかなりの数量に上った。被災した水産加工業者への聞き取りによると、ワカメの加工業者はこれから収穫期に入るところだったので在庫量は少なく被害額は少なかったものの、魚類を取り扱っている水産加工業者では、原料を買い込んでいたため、各社とも被害額は数億円、多いところでは二〇億円以上にも上った。原料の被害額が施設の損害額以上に大きかった、という水産加工業社が目立った。

冷蔵庫に保管される原料の在庫量は季節によって増減する。三陸において原料や製品の在庫量が最も高水準になるのは、冬から春に向かう頃、まさに震災発生時期であった。秋から冬にかけては、旬の魚であるサバ類、サンマ、秋サケなどの多獲性魚種が買い込まれて、秋サケのシーズンが終わった二月から三月頃にかけて、漁閑期の市場供給に備えるために、冷蔵庫には凍結サバ、凍結サンマ、凍結秋サケ（ドレス、フィーレ）、凍結魚卵（イクラ、タラコ）などとそれらを原料にした製品在庫が満載になるからである。この傾向は三陸すべての地域に当てはまるものではないが、漁港都市部の水産加工地帯は冷凍魚のストック地帯でもあり、最も在庫を蓄える時期であることから、魚種は違えども原料在庫が高水準にあったことは間違いないであろう。

表11で各県の状況を見ると、被害は宮城県に集中している。宮城県は国内でも水産加工業者が多い地域であり、漁業センサス統計によると加工場数は四三九ある。被災地では五七〇工場ある北海道に次ぐ多さであるが、北海道の広さを考えると、宮城県にはかなりの数の水産加工場が集まっていることが分かる。水産加工業者は宮城県内に広く分布しているが、とくに石巻、塩釜、志津川、気仙沼といった拠点漁港の周辺に集積している。石巻や気仙沼地区には巨大な水産加工団地が形成されている。

宮城県で震災により被災した工場は、全壊が三二三工場、半壊が一七工場、浸水が三八であった。被害総額は約一千八一億円となった。これは被災した施設（もしかしたら建物）のみの評価である。工場の建物、機器類、原料・製品在庫なども含めると、石巻や気仙沼だけで一千億円を超えていると言われている。石巻や気仙沼には、冷凍冷蔵施設が軒を連ねていたことから、原料・製品在庫の被害は大きかったと思われる。

宮城県に次いで被害規模が大きかったのは岩手県である。全壊が一二八、半壊が一六で、その被害額は三

表11　水産加工業の被災状況

	加工場数（漁業センサス）	主な被災状況	被害額
北海道	570	一部地域で被害 半壊4、浸水27	100百万円
青森県	119	八戸地区で被害 全壊4、半壊14、浸水39	3,564百万円
岩手県	178	大半が施設流出・損壊 全壊128、半壊16	39,195百万円
宮城県	439	半数以上が壊滅的被害 全壊323、半壊17、浸水38	108,137百万円
福島県	135	浜通りで被害 全壊77、半壊16、浸水12	6,819百万円
茨城県	247	一部地域で被害 全壊32、半壊33、浸水12	3,109百万円
千葉県	420	一部地域で被害 全壊6、半壊13、浸水12	2,931百万円
計	2,108	全壊570、半壊113、浸水140	163,855百万円

注：被害状況は北海道、青森県、宮城県、茨城県、千葉県は水産加工団体から、岩手県、福島県は県庁から聞き取り。
注：被害額は水産加工団体から聞き取り。なお、共同利用施設に係るものも含まれる。
出典：農林水産省公式ウェブサイト内
http://www.maff.go.jp/j/kanbo/joho/saigai/higai_taiou/index.html 2012/9/6

九一億円。陸前高田地区、大船渡地区、釜石地区、大槌地区、山田地区、宮古地区、久慈地区それぞれの地区に立地している水産加工場が被災した。岩手県では、私有地に水産加工場が建てられているケースもあるが、県有の漁港用地に建てられているケースも多い。その場合、長部漁港、大船渡漁港、大槌漁港、山田漁港の漁港用地に立地している水産加工業者に対して、県庁が占有許可を出している。しかし震災後、漁港用地に関しては地盤地下が著しいため、県有地にもかかわらず占有許可が出ないケースが多い。大槌漁港の用地がその例である。一工場を除く他の工場はすべて占有許可が出ず、新たな土地を求めての再開となった。

宮城県、岩手県に次いで被害が大きかったのは福島県である。水産加工場は一三五あったが、全壊七七、半壊一六、浸水一二と大半が被災した。被害総額は六八億円であった。青森県、茨城県の被害は被災三県より少ないが、それでも被害額は三〇億円以上であった。

水産加工業界の物的被害は的確に捉えることはできないが、県別に見ると以上のように格差が生じている。しかし、問題は今後の再建である。気になるのは震災を契機に廃業・閉鎖する工場の存在である。

早い段階で撤退を決定したのは、後継ぎがいない高齢経営者が営んでいた小規模零細事業者か、被災地外に本社がある企業である。とくに後者については大手食品系企業の対応が早かった。被災した工場においては、震災前から採算が合わず、再建するだけの投資が見合わないという判断である。それらの企業では、被災地の従業員を被災地以外の地域に立地している工場に移したうえで、被災工場を閉鎖した。

被災地以外の工場に被災地の工場の機能を移動させて取引先に対応する、このことは企業努力としてごく普通のことであろう。また、被災地から水産加工品の供給が止まるということを踏まえると、この状況はビジネスチャンスでもあるから、企業行動として見ても合理的である。いずれにしても、動きは速かった。だが、本社が地域外にある企業のなかには、政府支援が決定したあとで、被災工場を再建することにした企業もあった。ただし、それらの企業も政府支援の範囲内で再建するのであって撤退は踏みとどまったという状況である。再建に勢いづいているのはむしろ被災地の有力企業である。

以上は漁業とその周辺の施設やインフラ、産地市場、水産流通・加工業を対象にした被害状況である。漁船の建造や修理に関わる造船所や鉄工所などの生産財供給産業や、鮮魚・冷凍魚運搬を担ってきた物流企業など、水産業と深く関わる他産業も甚大な被害を受けている。気仙沼では造船所の二人の従業員が津波の犠牲となった。

水産業の被害を見るとき、こうした産業分野まで広げて見ていく必要があるが、漁業・水産業に関連する部分だけ抽出しつつ全体を俯瞰するという作業ができないため、ここでは割愛する。[5]

5　惨事のなかの槌音と構造再編、そして人災

以上のように東日本大震災で被災した水産業の範囲は広く、被害規模ははっきりしない。しかし、壊滅的状態に陥った地域が少なくないことだけは明らかである。震災からの水産復興はどこから手をつけてよいのか分からないぐらい、あらゆるものが失われた。残ったものは、震災前の一〇パーセントにあたる漁船、壊れた水産加工場、壊れた漁港、壊れた市場、そして漁業関係者、水産加工流通関係者である。

被災していなかった水産加工業者や漁船を守った漁業者は仕事を早々と再開していた。しかし、大半の漁業者や漁業関係者は漁港近辺に散乱する瓦礫の撤去から、水産加工業者は腐った原料在庫の処分からの再開であった。しかも、この活動は腐敗臭の漂うなか、夏頃まで続いた。瓦礫撤去については年度末まで続けら

れた地区もあった。その地域間格差は大きかった。被害規模の格差がその格差になったことは確かである。だが、この格差は少なからず行政対応の違いからも生じている。とくに水産加工業である。

水産物の供給を待っている顧客がいる以上、被災地の現場では、事業再開のスピードが問われてきた。当然、早期再開こそが復興だからである。行政やメディアが将来の美しい絵を描こうとも、何を提案しようと も、個社レベルでは再開することが重要であった。それゆえ、漁業者にしろ、漁協にしろ、水産加工業者にしろ、早期に再開した事業者は行政サイドの支援をあてにせず着々と進めたのである。ただ、そうしたくてもできない業者もいる。それはどれだけの資金を蓄えてきたかにかかっている。それゆえ早期再開を実現できた事業者は、被害が少なかった事業者と、内部留保してきた資金があった事業者である。換言すると、運がよかった事業者と、優良な事業者ということになろうか。

問題はここからである。震災からの復興は黙っていても構造再編を進めるものである。漁業者が減り、水産加工業者が減るのだから、縮小再編である。縮小再編とは聞こえが悪いが、内需縮小傾向のなかで厳しい状況に追い込まれている漁業、水産加工業の個別経営者にとっては、再編時間の短縮という点で積極的に受けとめることができる側面もある。具体的には、年金に頼って細々と漁業・養殖業を続けてきた高齢漁業者や、他産業に従事しながら兼業として小規模に漁業・養殖業を続けてきた漁業者が、あらためて漁船・漁具などの購入に踏み込めずに廃業していき、水産加工業者も同業他社が減るため、獲得しうる一人当たりの資源量が自然と増える環境になることなどである。だからこそ、被災現場ではスピードが問われたのである。

しかし縮小再編したからと言って、残存する漁業者や水産加工業者が安泰になるかと言えばそうではない。なぜなら、原発災害があったからである。しかも、流通業界、小売業界が被災地の水産物を買い控えるような傾向が時間が経つとともに強くなっていった。放射能汚染に対する恐れは、子育て世代を中心に果てしなく膨らむような状況になった。このことにより、被災地で水揚げされたり、加工されたりする水産物に対する需要は、内需縮小という局面のなかで、さらに縮小しているのである。

構造再編が進むなか、この人災とどう向き合うのか、被災地に課せられた問題は重すぎる。

1　被害状況の数値はいろいろな説があるので「約」を付した。参考にしたのは明治二十九年の『岩手県統計書』『理科年表』『岩手県管内海嘯被害戸数及人口調書（七月十五日調べ）』『宮城県海嘯誌』『日本被害津波総覧』など。

2　被災した漁船の数は、大日本水産会が行った調査に基づく。『水産界』（一九三三年四月発行）を参考。他方、『広田漁業史』（広田町漁業協同組合、一九七六年）では、岩手県の流失船舶は五千八六〇隻となっている。

3　この数値は漁船保険に加入していた漁船の隻数であり、実質稼働していた漁船と解釈してもよいであろう。

4　これら漁船の座礁状況とその後の対応については、漁船保険中央会が発行している『波濤』（一七三―一七四号）に詳しく記されている。

5　水産加工業だけでなく造船業や鉄工所など水産業以外の被災産業については関満博著『東日本大震災と地域産業復興Ⅰ』（新評論、二〇一一年十二月）に詳しい。

第三章　漁港と漁村

東日本大震災による津波被害は、漁村のみならず、都市部や農村部にまで及んだ。ほとんどの構造物は壊れ、原形をとどめていなかった。メディア等を介してこの惨状を見た人は、誰もが簡単には元に戻らないと思ったであろう。またグローバル経済のなかで農業・漁業は国際競争力に劣るのだから、この際、農業・漁業は生産基盤を集約化しつつ経営を大規模化すべきだと考えた人もあろう。

ここでは被災地、とくに三陸における漁港と漁村の関係を整理し、漁村の復興に何が求められているのか考えたい。[1]

1　水産公共事業の変遷

全国の漁村の状況を俯瞰してみると、都道府県別において最も漁港の数が多いのは長崎県（二八六）である。そして北海道（二八二）、愛媛県（一九五）、鹿児島県（一三九）、宮城県（一四二）、岩手県（一一一）と続く。北海道を除けば、離島が多いかリアス式海岸など入り組んだ海岸線をもつ県が上位となっており、すべて養殖業が盛んな県である。

他方、海岸線が単調で養殖業が発展していない県は漁港が少ない。最も少ない県は福島県（一〇）である。茨城県の漁港数は二四であるが、霞ヶ浦などの内水面に造成されている漁港を除いて海面と接している漁港に絞れば、九漁港のみである。

このように被災県には、漁港数上位の宮城県と岩手県、漁港数下位の福島県と茨城県が存在している。そこで北海道から千葉県までの漁港数と漁業集落数を記した**表1**を見よう。

海岸線が圧倒的に広い北海道を除けば、三陸における第一種漁港の多さは際立つ。第一種漁港とは主に地元の漁業者が利用する小規模な漁港のことである。三陸に第一種漁港が多いことは、漁業集落[2]が多いことに起因している。確かに漁港数あたりの漁業集落数は、全国が三・二であるのに対して宮城県が一・五であり、岩手県が一・七であることから、集落に対応して漁港が立地してきたことが分かる。

ところで、ほとんどの漁港は一九五〇年代には存在していた。現存する漁港で六〇年代に存在していなかったのは数港であり、これらは当時は船溜まりのような存在であった。

漁港が本格的に充実するのは漁港法（一九五〇年に法制化）に基づく漁港整備長期計画[3]が始められてからであった。この整備計画において漁港修築事業が行われ、防波堤や岸壁などの基本施設が充実した。同時期から公共事業として漁場整備事業も行われた。また六二年からは沿岸漁業構造改善事業が開始され、倉庫、荷役施設や荷さばき場などの機能施設が漁港周辺に整備・拡充され、漁業近代化のための基盤整備が一気に進んだ。とりわけ三陸では六〇年代から拡大した養殖業への対応ということもあった。

この第一種漁港は漁村集落の最大の社会資本であることは言うまでもない。この社会資本の充実化は、漁村集落に暮らす人々にとって、経済成長に伴った地域経済の不均等発展に対する財政再配分の唯一の恩恵であった。つまり地域経済の格差構造が強まるなかで、漁港・漁場・漁村の環境整備事業は、漁業者をできる

表1　被災した各県の漁港数と漁業集落数

	第1種	第2種	第3種	第4種	特定第3種	漁港数	漁業集落数	集落数／漁港数
北海道	214	496	114	99	0	282	593	2.1
青森県	74	11	3	1	1	92	233	2.5
岩手県	83	23	4	1	0	111	194	1.7
宮城県	115	21	5	1	3	142	218	1.5
福島県	2	6	2	0	0	10	32	3.2
茨城県	4	0	5	0	0	9	16	1.8
千葉県	47	12	8	2	1	69	163	2.4
全国	2,205	496	114	99	13	2,914	9,291	3.2

注：
第1種漁港：その利用の範囲が地元の漁業を主とするもの
第2種漁港：その利用範囲が第1種より広く、第3種漁港に属さないもの
第3種漁港：その利用範囲が全国的なもの
第4種漁港：離島その他にあって漁場の開発または漁船の避難上とくに必要なもの
特定第3種漁港：第3種漁港のうち水産業の振興上とくに重要な漁港で政令で定めるもの（全国で13港）
資料：水産庁

だけ定住させ、人口流出を防ぐという国家的な施策でもあった。

こうした整備事業がどれだけの効果を及ぼしたか、あるいは無駄となったのかについては、故田中角栄元首相の「日本列島改造論」以後形成されてきた《土建国家日本》という政治経済体制がすでに過去のものになっているため、ここで議論する意味はあまりない（ただし、二〇一二年十二月の政権交代により新たな局面を迎えている）。実際に近年の水産公共事業費の削減の勢いはすさまじかった。

あえて言うと、経済的条件不利地において漁業という《仕事》と《暮らし》を続けてきた人々がいることを踏まえれば、水産公共事業である漁港・漁場・漁村整備事業は否定されるものではない。確かに、漁港整備や関連施設整備が進んだことにより岸壁での荷役作業が省力化され、高齢漁業者が漁業を続けえたし、魚価安傾向・資材燃油高騰という経営環境悪化のなかで高齢漁業者が自家労賃を削りながらも《海の幸》を供給しつづけてきた。そのような仕事と暮らしを通して、漁村集落の伝統や周辺の自然は守られつづけてきたのである。

こうした漁業・漁村の多面的機能論が国土保全のための議論として認知されるようになったのは、「水産基本法」が制定された二〇〇一年以後であった。里海《さとうみ》とともに暮らす漁村の在り方も盛んに論じられるようになった。これらの議論は離島交付金など直接支払制度への根拠となっていった。

また二〇一一年度から始まった「資源管理・漁業所得補償対策」も、国土保全に直接関係した議論としては出てきていないが、資源管理活動を奨励しつつ、漁業者の経営存続と漁業・漁村の維持を図る政策と捉えることができよう。これについては「コンクリートから人へ」というスローガンを打ち立てた当時の政権政党民主党の方針が強く出た。

同時に水産公共事業の財源がソフト事業へと転換され、漁港・漁場・漁村整備事業の財源が大きく縮小した。これに対して各沿岸市町村は強く反発した。ソフト事業への税源移譲が漁村集落への社会資本投下を鈍らせることになったからである。

ここに水産関連事業におけるソフト事業とハード事業のバランスの問題が顕在化した。それだけに、水産公共事業が漁村集落の保全を通して国土の沿岸部の荒廃をどれだけ防いできたかが検証されるべきであったが、このことについては国民的議論に発展しなかった。

そのような状態で東日本大震災が発生し、長きにわたって形成されてきた漁村の社会資本や漁村集落が壊滅状態になった。そして国民の視線が一気に漁村集落に集まったのである。しかも、このとき初めて国民の前に、三陸では第一種漁港が浦ごとにたくさん立地していることが晒された。期せずして、漁港整備というハード事業がフェイドアウトしている最中で、漁港の必要性の議論が不可避になったのである。

2　三陸の漁村・漁港都市

水産業を経済基盤にした地域は、漁業者の共同体的社会である集落だけではない。都市機能を備えた漁港都市[4]や、集落と漁港都市の中間に当たる中核漁村がある。[5]漁村の分類の方法はいくつもあるが、[6]本論では漁業に関連する地域を漁港都市、中核漁村、漁村集落の三段階の階層に分けて議論を進めることにする。

漁港都市

三陸における漁港都市を取り上げよう。岩手県では久慈地区、宮古地区、釜石地区、大船渡地区、宮城県では気仙沼地区、石巻地区、塩釜地区、女川地区である。拠点漁港として知られている地域でもある。全国の漁港別水揚数量を示した統計（二〇〇九年）を見ると、石巻漁港、気仙沼漁港、女川漁港、大船渡漁港、宮古港の五港が全国の上位一五位以内に、水揚金額では、気仙沼漁港、石巻漁港が一五〇～二五〇億円前後、女川漁港、塩釜漁港、宮古港が七〇～一〇〇億円前後と、三陸の五港が上位二〇位以内に入っている。三陸は漁港都市の集中地帯と言っても過言ではない。

これら漁港都市は漁業の発展とともに歩んできた。とくに「沿岸から沖合へ、沖合から遠洋へ」と外延的拡大を図ってきた漁業種である。三陸地区における代表格は北洋漁業（サケマス漁業や北転船）であり、カツオ・マグロ漁業であった。また、沖合底曳網漁業、大中型旋網《まきあみ》漁業、サンマ棒受《ぼううけ》網漁業、イカ釣漁業、大目流《ながし》網漁業なども漁村都市に立地する漁業会社の資本蓄積に貢献してきた。[7]

もちろん漁業の拡大は漁港都市機能の拡充に繋がった。漁船の受け入れのためのインフラの拡充にも繋がった。一方で、集中水揚げにより水産廃棄物が増加したことから、一九六八年から始まった「水産物産地流通加工センター形成事業（政府の補助金事業）」により、共同排水処理施設、共同残滓処理施設の整備が進められてきた。[8]

こうして漁港背後には、鮮魚出荷業者、水産加工会社、ミール業者、冷蔵庫会社など水産流通加工業者だけでなく、入港する漁船や流通関連業者に物資やサービスを供給する製氷業者、製函業者、廻船《かいせん》問屋、造船所、船舶機器関連会社、漁業機器・加工機械メーカー、漁網会社、無線・魚群探知機メーカー事業所、トラック運送会社などの水産関連事業者も立ち並んだ。漁業における価値連鎖は独特であり、裾野がきわめて広い。市街地には花街も見られた。

沖合漁船は北太平洋海区における漁場の形成状況と各市場における相場を睨みながら、水揚漁港を選定している。漁船の入出港・荷役のサポートをするのは廻船問屋であり、各漁船の水揚物を仲卸《なかおろし》業者に販売するのは卸売市場の運営者である卸業者である。卸業者は、漁船の入港スケジュールやどのような魚がどれだけ水揚げされるかを日々事前に仲卸業者に伝えて、水産物の市場取引を仕切っている。仲卸業者とは、卸売市場において魚介類を買い付けることのできる権利（買参権）を得ている業者であり、業態としては、水産加工業者、鮮魚出荷業者、小売商などさまざまである。

つまり漁港都市では、卸売市場を核にした地域経済が形成されている。卸売市場の取引規模が漁港都市の地域経済を左右していると言ってもよい。市場取引が活性化すれば、市場の背後に立地している水産加工業、製氷業、冷凍冷蔵庫業、トラック運送業などの仕事量が増加する。さらに、市場取引の活性化は漁船の入港数の増加に繋がるため、漁船に対して資材やサービスを提供している事業者、例えば、廻船業、荷役業、造船業・鉄工業、漁具資材取扱い業、船舶機器取扱い業などの仕事量が増加する。

だが二〇〇海里体制以後、海外漁場から日本漁船が閉め出されると、遠洋漁業は衰退の一途を辿り、沖合漁業においては、資源の不安定性と魚価安傾向に煽られて破産・撤退する漁業会社が増加した。それに伴って漁船入港数や水揚量が落ち込むため、水産加工企業は原料を輸入物へシフトし、産地市場での水揚物の買付能力がさらに落ち込むことになった。九〇年代以後のデフレ不況は、消費地経済からのコストダウン要求が強まったことから、価格形成力を一段と弱めさせ、縮小再編スパイラルを加速させ、漁業会社の淘汰を進めたのである。

しかし、その後の水産加工企業は、外国人研修・実習生を受容れ人件費節減に努めながらも、マーケティング能力を高め、高付加価値製品の開発・製造を展開あるいは、世界の水産物需要の拡大を受けて地場産のタラ、サバ、サンマ、イカの輸出など、グローバルビジネスを展開してきた。なかには中国に工場を設置するなど、海外投資する中小企業者も少なくない。その意味では、漁港都市の経済の軸は今や漁業ではなく水産加工業にシフトしていたと言えよう。

こうして漁港都市はたんに内需向け産地としてあるのではなく、拡大する海外市場との関係を強め、グローバルな水産物流通の一角を担うようになっていた。

一方で漁港都市は港湾地区という特性も有している。近隣には工業団地があり、製造業、鉱業、林産業などの原料、製品、半製品の物流拠点、貿易拠点にもなっている。しかしながら、リーマンショック以後、外部からの企業誘致があまり進まず、水産業以外の産業振興も行きづまっていた。

ところが世界を見わたすと、水産物の需要が拡大していることから、漁港都市の各自治体は地域経済の再生策として卸売市場や流通関連施設の整備・拡充を図ってきた。輸出を睨んでである。八戸地区、釜石地区、大船渡地区では漁港区域内にある流通機能の拡充整備が進められていたところで被災した。

中核漁村

ここでは中核漁村を漁業協同組合を核にした地域と定義しておきたい。中核漁村には漁協が開設する卸売市場が設置されているだけでなく、中小規模の鮮魚出荷業者、水産加工業者、あるいは小型漁船を取り扱う造船所や鉄工所などが立地している。遊漁や民宿などの観光レジャーの受け入れ体制もある。漁村集落と異なるのは、漁業を基盤産業としながらも街の機能が備わっている点である。

中核漁村では、漁村集落と同様の磯根《いそね》資源を対象とした漁業や養殖業も営まれているが、共同漁業権海域の外側で操業している漁船の帰港地としても発展した。曳網漁、刺網漁、籠漁などの県知事許可の漁業、あるいは一本釣漁などの自由漁業である。漁村集落と比較すると沖合に出漁する漁船の存在が目立つ。さらには、古くから定置網漁業も営まれてきた。かつては網元経営が主であったが、岩手県では漁協の自営定置網漁業が多い。秋期になればサケ定置網が栄え、秋サケは近隣の市場に出荷される。

中核漁村の漁港は、地元の漁船だけでなく県内の他地区の漁船も水揚げする第二種漁港の場合が多く、一定の集荷・販売・保管能力が必要となることから、漁港機能は漁村集落の漁港よりも充実化する。漁港都市ほどの規模ではないが、岩手県では田老町漁協、普代《ふだい》村漁協、野田村漁協、田野畑村漁協、旧大槌《おおつち》漁協など、宮城県では牡鹿漁協、宮城県漁協志津川支所、宮城県漁協亘理《わたり》支所などで、漁協が開設・運営する卸売市場を運営している。

中核漁村においては、漁業協同組合の役割、機能が重要である。漁協は、管轄地域の市場・流通機能や種苗生産施設などの管理運営はもちろん、各漁村集落あるいは水域の情報、組合員の操業・生活状況などを集め、または当該県の漁連・水産行政・市町村行政からの情報や要望を集約し、各漁村集落へ伝達するなどの行政代行機能を担っている。

こうした中核漁村の機能が震災・津波により壊滅したのである。

漁村集落が守りつづけてきた「自然」

漁村集落の漁港はユーザーがその集落の漁業者に限られる第一種漁港が主であり、船着き場、荷さばき場、漁船上架施設あるいはカキ処理施設など漁村にとって必要最小限の施設が設置されている。中核漁村の漁港ほど開発は進んでいない。また三陸では、漁村集落は半島の入り江などの狭隘な場にあり、漁業以外の産業が存在せず、漁業世帯員数が人口に占める割合が高い地域である。

漁村集落で行われているのはおおむね沿岸漁業である。伝統的にアワビ漁、ウニ漁、ワカメ漁など浅海域で行われる採介藻漁業が営まれてきた。これらの漁業は近世から明治そして今日まで、漁村集落が管理する漁業として存続し、戦後は、第一種共同漁業権漁業[9]として存立している。六〇年代以後は、漁村振興のために、ワカメ、コンブ、カキ、ホタテ養殖など特定区画漁業権漁業に該当する養殖業が第一種共同漁業権漁業の海域の沖側で営まれている。特定区画漁業権漁業もおおむね漁村集落単位で管理されていると言ってよい。

漁港ではこうした漁業・養殖業の水揚げだけでなく、共同利用施設において水揚物の仕立てや加工などが行われている。例えば、ワカメやコンブは裁断・湯通し、塩蔵処理される。カキ養殖やホタテガイ養殖では、むき身作業、養殖籠への分散・入れ替え作業、耳吊り作業など養殖行程に応じた諸々の陸上作業が行われている。

こうして水揚げされた漁獲物や製品化された養殖物の多くは、近隣の中核漁村の卸売市場や共同販売の集荷場にトラックで出荷され、そこから漁港都市や消費地へ出荷される。

「漁村環境整備事業、漁港環境整備事業」などにより充実化が図られた漁村集落の漁港はたんなる水揚げの場としてだけではなく、漁業・養殖業の近代化あるいは現代的流通に対応した陸上処理施設として発展してきた。また集落の生活環境整備（下水道整備など）も水産公共事業で進められてきた。

養殖規模の拡大が求められると、漁場造成が必要となり、漁港規模拡充の要請が強くなり、漁港が拡充されると、漁場と漁村集落の間のアクセスが効率化され、生産力拡充につながった。そして漁村集落にある漁港は養殖業のさまざまな作業に対応した仕様となり、そのことで高齢漁業者でも養殖業を継続できるような空間が形成された。

以上、漁村集落の産業的、経済的特性について見てきたが、漁村集落は社会的、文化的そして自然的側面においても特徴づけられる。

第一は、漁業者のコミュニティの存在である。これは近世から続き、今なお共同体的性格が強い。漁村自治の基礎単位と言える。

第二は、独特な文化的側面である。例えば、豊漁祈願、海上安全祈願の信仰施設や行事・慣習が漁村集落には存在している。これらからは自然と人間の関係の歴史を知ることができる。

第三は、近世から代々守ってきた「自然」である。ここでいう自然とは漁場であり、それを取り巻く自然、例えば魚付《うおつき》保安林などである。すなわち、それは漁村社会が存続するための「自然」を意味し、手つかずの「天然の自然」ではない。海の資源を得ながらそこに存立してきた社会により守られてきた「自然」なのである。もし漁村集落がなくなれば、近世から守り続けてきた「自然」は荒れてしまい、再生させるには多大な時間を要することになろう。

したがって漁村集落のコミュニティは、漁場から資源を獲得し、自らの生計を維持しているというだけの存在ではなく、近世から引き継がれてきた「自然」を守りながら、経済活動を行っているのである。具体的には、漁場の保全と管理機能（「とも詮議」すなわち相互監視）、密漁監視機能、海難防止機能などの役割を果たしてきた。さらには、国土開発による山林の荒廃や地球温暖化現象を受けて、磯焼け対策の活動や河川流域の植林活動についても漁村集落がやらざるをえなくなっている。

漁村集落の経済は、小さな経済ではあるが、産業活動を行いつつも自然を守り続けているという点で国土保全に貢献してきたし、磯場の魚介類や養殖物を消費地に供給しているという点からも国民経済に貢献してきた。

漁村を経済の効率性だけで捉えると、大いに経済開発の余地を残した存在といえるが、その存在様式は、経済的側面だけで捉えてはならないのである。

漁港の移り変わり。岩手県・小白浜漁港
上：昭和20年頃　下：昭和55年　『岩手県漁港史』

このことについては、漁村計画の専門家である富田宏氏の次の言葉からも理解できる。「漁村は資源依存的であり、すぐれて自然環境と産業と生活・文化の三位一体性が強い」[10]。また中村剛治郎氏は、地域経済学においても、地域を「自然的、文化的、経済的複合体として」[11]捉えなくてはならず、その主体は、当該地域で働き、暮らす人々の自治組織であるとしている。

3 漁村と都市――垂直構造からの脱却

日本の国土構造は垂直的に形成されてきた。大企業のヒエラルキーシステムがそのまま国土に反映されているとも言える。つまり東京にある本社が中枢管理機能を有し、地方にある事業所や分工場の運命を決めてしまい、地域経済が受動的な存在になってしまった。

内需が安定して好景気だった時代には、こうした問題はあまり露呈しなかったが、景気が後退すると、大企業は企業収益性を確保するために、縁辺部の事業所から廃止し、あるいは低廉な労働力が大量に存在する中国などの海外に拠点を移転させるなどの対応を図った。各地でいわゆる産業空洞化という現象が見られるようになった。市場原理に順応する企業としては至極当然の行動であろう。

こうして農村部だけでなく中小都市の地域経済も大きく後退することになった。このような国土構造への対応として展望されてきたのが、水平的国土構造への転換であり、同時に地域経済の内発的発展の促進である。

図1に漁港都市、中核漁村、漁村集落の関係、そして消費地などとの関係を模式図に示した。三陸の水産

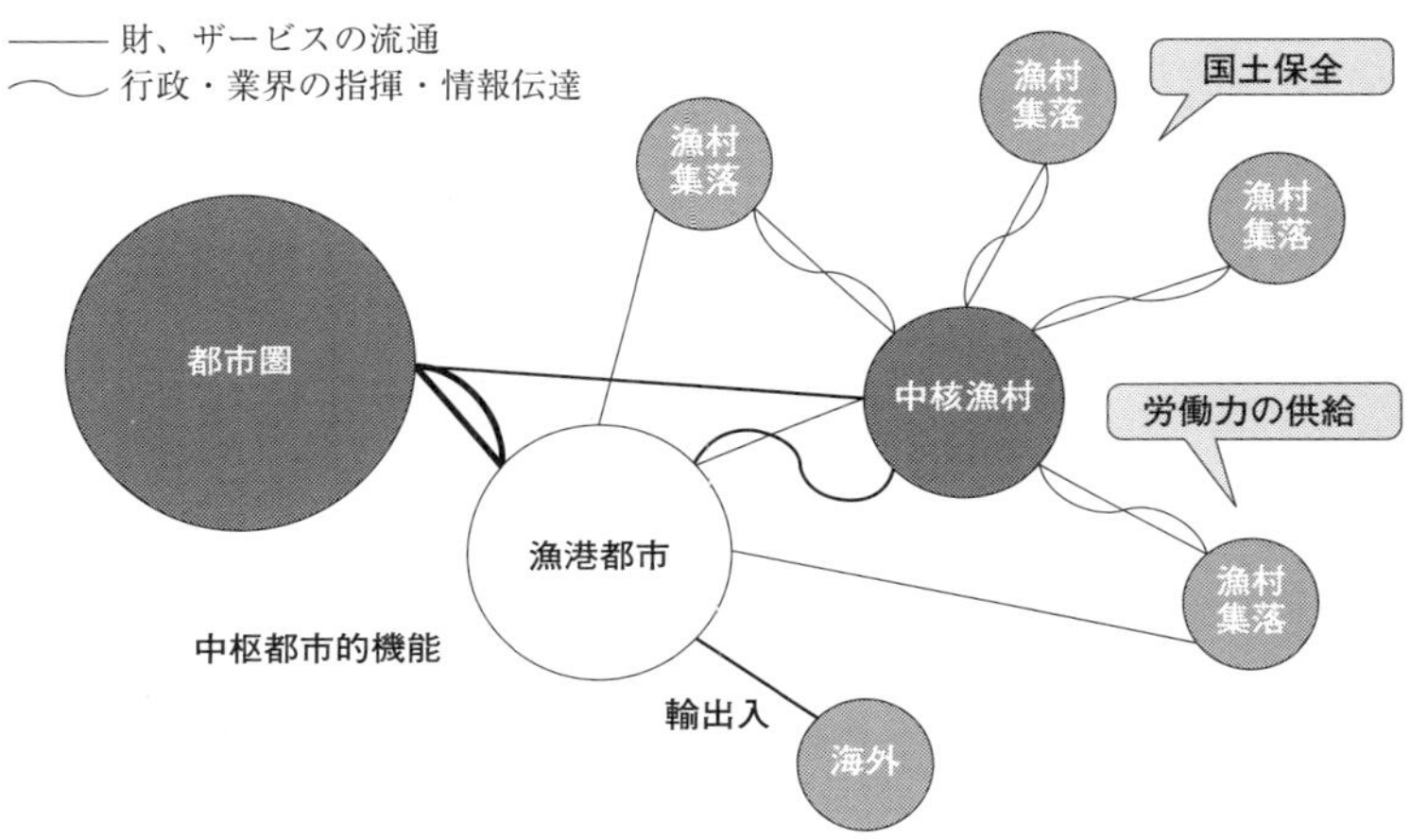

図 1　漁港都市と中核漁村と漁村集落の地域間関係

関係地区は消費地や海外と繋がりながらも、漁港都市を核にした中心地システム[12]になっている。

まず、労使間の関係である。漁港都市あるいは中核漁村に立地している水産加工業や漁業会社は、周辺の漁村集落から従業員や船員を集めている。例えば、宮城県気仙沼は遠洋マグロ延縄漁業を営む会社が集まる漁業基地であると同時に、その船員の輩出地は周辺の漁村集落であった。

次に物流をめぐる関係である。サンマやカツオ・マグロなどを取り扱う水産加工業者は漁港都市に立地しており、それらの魚種は沖合漁船が集積する拠点漁港に水揚げされる。これらの魚種の取引をめぐっては、漁村と漁港都市の地域間関係は形成されていない。

しかしワカメ、カキ、ホタテガイなどの養殖物については、周辺の漁村・漁港から中核漁村や漁港都市に出荷されており、三陸一帯に養殖物の物流網が存在する。それとは逆に、漁具・資材・機器そして燃料などの財や保守・メンテナンスなどのサービスは、漁港都市から中核漁村や漁村集落に供給されており、漁業・

養殖業の後方産業の営業網が存在する。

またさまざまな業界団体や行政機能の支部があり、漁村からの情報集約・情報伝達を担っている。そして中核漁村は漁港都市と漁村集落の中継点になっている。

このように漁港都市と中核漁村あるいは漁村集落は水産業をめぐる地域間関係を形成しており、相互依存関係を構築しながら発展してきたのである。

しかしながら、遠洋漁業や水産加工業の国際競争が激化するなかで、コスト競争力が求められるようになり、漁船員や加工場の従業員を外国人（制度としては、海外の法人にほぼ空の船を送り、その国の船員を乗せて操業するマルシップ、外国人研修実習制度などがあり、船員にはインドネシア人、加工場には中国人が多い）に転換し、また加工原料は海外に依存するという状況が形成された。そのため、内需が潤沢でバブル経済がはじける一九九〇年頃までは、漁港都市、中核漁村、漁村集落は一体的な関係で地域経済を発展させてきたが、デフレ不況、国際化対応が始まるなかで、原料供給地・労働力供給地であった漁村の位置づけが落ち、かつてのような相互依存関係が分断されたのである。

一九九一年には大店法（大規模小売店舗法）が改正され、食品量販店の大規模化、拡大が急激に進んだ。そのため小売企業は売場面積当たりの収益を上げるために、売場職員の専門家を減らし、チラシ戦略を軸とした特売や売れ筋商品の大量入荷などのマーチャンダイジングを鮮魚売場でも展開した。それと並行して消費者の魚離れ現象も強まり、水産食品はより高付加価値型の工業的食品へと展開せざるをえなくなった。漁港都市の水産加工業者はコスト圧縮のために輸入原料を使った商品開発・供給体制を築いた。さらに競争相手となる大手水産や食品メーカーなどが海外拠点の開発を急ぎ、消費者の低価格志向に対応した商品供給体制を築いてきたことも、漁港都市の水産加工業者の経営構造の再編を急がせたのである。

こうして水産物の流通構造が大きく変化し、それを受けて分業関係にあった漁村集落と漁港都市との関係はさらに希薄になり、漁港都市を核とした地域経済が断片化していった。

本来、各地の卸売市場を軸にした水平的ネットワークとして存在していた水産物流通が、消費地における小売業界の再編・寡占化が全国的に強まったことで、垂直構造に変質したのである。つまり水産物の価格決定の主導権が流通の川下側に握られてしまい、「漁村と都市」の関係が垂直的関係になったのである。ちなみに現在、消費者の水産物の購入機会の七割がスーパーマーケットになっていることも、こうした傾向を強めた要因であると言えよう。

こうして漁港都市は都市圏に従属するような方向で再編され、さらに競争力をもたない漁村集落ほど崖っぷちに追い込まれ、その運命は低迷する水産物需要の動向に委ねられることになった。漁港集約化という構想は、こうした漁村集落の経済的地位の低下を背景に出てきたことを忘れてはならない。

したがって、国土政策として目指すべきは、「漁村と都市」を垂直的関係から脱却させ、水平的関係に転換させることであると考える。

例えば、三陸には松島、気仙沼、宮古など沿岸部に観光地があり、あるいは内陸部も含め直売所などが増加し、地産地消型の流通がより強化されてきた。また釜石地区のグリーンツーリズム（A&Fグリーンツーリズム）、水産加工業者と漁協と大学の産学連携による残滓を利用した高機能食品の開発・販売をする異業種連携（事業組合マリンテック釜石）、唐桑地区と上流域の一関市室根地区との合同の植樹祭、気仙沼地区での地域HACCPへの取組みなど、観光・レジャー需要への対応の他、地域内外における新たな水平的ネットワークの形成が見られるようになった。

動きはまだ部分的ではあったが、地域の自立、垂直的国土構造からの脱却を図ろうとするこうした取組みを政策的に育てることこそが肝要であると思われる。農林水産省が推進しようとしている農漁業の六次産業化も水平的ネットワークを推進することと同義である。

水平的ネットワークの地域づくりが推進される背後には、少子高齢化社会、人口減少時代に入り、やみくもにかつての開発主義的な効率化策を打っても、需要が縮小するなかでそれは「後手」となり、経済的にも効果が出ない可能性が高いということがある。時代を先取りするには、成熟化した社会に見合った地域形成が必要であり、そのためには漁村にある自然・景観・伝統・文化などを地域資源として捉えながら、地域内外の新たな関係づくりを図り、そのような非経済面において国際競争に優位な立場をとる選択こそが重要となる。それがこれから求められる《地域政策》であり《まちづくり》である。

4　コミュニティとしての漁村から復興を考える

東日本大震災復興構想会議の提言には、「絆」や「つながり」、そして「コミュニティ」が強調されていた。しかしその一方で、その理念に反するような政策提言が出ていた。震災後約一か月が過ぎてから公表された「食糧基地構想」である。具体的には第五章で触れるが、職住分離、高台移転、漁港集約化といったものを推し進めようという内容であった。

この構想は空間大改造に伴う漁村集落の合理化を意味するものであり、同時に漁村のコミュニティを壊し、日本的国土利用を風化させる危険性のあるものである。行きすぎると、それまで維持してきた自然環境が崩壊し、日本の国土を維持できなくなる可能性さえあるのである。

漁村は職住一体型の空間である。漁業者は、農民が農地を見て暮らしているのと同じく、漁場を見て暮らしてきた。また漁場や海岸にあるさまざまな資源を利用しながら、一方で漁場を保全してきた。それゆえ、漁村集落と漁場、そしてそれらを繋ぐ漁港は一体的関係として捉えられてきた。南西沖地震（平成五年七月）後、奥尻島では高台移転しなかった漁業者もいたし、高台移転した漁業者も、結局は浜辺に戻ってきたという。この現象が、漁村・漁場・漁港の一体的関係を端的に表している。

漁村におけるコミュニティはどのような存在様式をもってきたかが重要な視点である。都市部から見れば、日本の漁村は未開発で先進国らしからぬ古い存在に見えるかもしれないが、それはあくまで都市の人間が漁村を見下した見方である。漁業という生業を続けながら、自然との関係を粘り強く築いてきたのが漁村であることにわれわれは気づかなければならない。少なくとも漁村には三〇〇年以上の歴史があり、われわれには知りえない自然との多様な関係が備わってきたはずである。

例えば、魚付保安林を守る活動、海浜清掃、アワビやウニなどの種苗放流などの活動によって、日本の沿岸域の自然環境を活用しながら国土を守ってきたのが漁村コミュニティなのである。

食糧基地構想は、こうしたわが国の伝統的国土利用方式を真っ向から否定しようとしている。このような構想は、経済的利害だけで地域を捉えているに過ぎず、結局、経済効率をいかにして上げるかだけが課題となる。開発主体は地元ではなく、外部に委ねることになるから、外来型開発となり、都市部の資本家の利益のためにその地域が存立することになる。そうなると、地域の特質を問わず、どの地域も画一的な発想による開発となり、地域の主体性やアイデンティティが根づかなくなる。その先に見えてくる筋書きは、効率性で劣った地域は没落し、やがてゴーストタウンになっても仕方ない、というものである。

漁村の復興とは言うまでもなく、漁村という空間の復興である。その空間には漁場や森林や河川などの自然があり、漁港という社会資本があり、そこで働き暮らす人々と、その人々の関係性から成り立つコミュニティが存在する。コミュニティはその地域の自然環境に立脚した独自の文化を形成している。つまり、漁村の復興とは、その空間に馴染んできた自然とコミュニティの関係の再構築でもある。職住分離、高台移転、漁港集約化を図るにしても、このことを忘れてはならない。

1　この内容については、拙論「水産復興論に潜む開発主義への批判と国土構造論から見た漁村再生の在り方」（『漁港』五三巻二・三号、二八―三五頁）にまとめている。

2　漁業集落とは、二〇〇三年漁業センサス統計で次のように定義されている。「漁業地区の漁港を核として、当該漁港の利用関係にある漁業世帯が居住する範囲を、社会生活面の一体性に基づいた居住範囲のうち、漁業世帯が四戸以上存在するもの」。

3　一九五一年から五年間という期間中に漁港を整備する事業。九次にわたって二〇〇一年まで実施された。

4　漁港都市とは一般には水産都市と呼ばれている。しかし、水産都市という呼び方は、水産加工業などが近代産業になってからのことである。一九五〇年代、水産業に関わる石巻市の住民の経済状況を調べた出版物では「漁港都市」を使っている。『漁港都市と貧困』（宮城県民生労働部、一九五六年）。

5　漁村については、漁業地区、漁業集落など統計上で使われている用語があるが、ここでは、そのような概念規定に当てはめないことにする。

6　漁村社会学や水産地理学の分野においていくつかの村落類型論が提示されているが、その枠組みはさまざまである。例えば、山岡栄市『漁村社会学の研究』（大明堂、一九六五年）。

7　沖合底曳網漁船はおおむね拠点港が固定されている。三陸では、宮古地区、石巻地区であり、釜石地区、女川地区、塩釜地区に水揚げする漁船もある。沖合底曳網漁業は、カレイ類、スケソウダラ、イカ類、その他タラ類の他、底魚類の魚種を混獲している。これらの魚種は、鮮魚出荷の他、すり身原料や珍味原料仕向けが多い。よって沖合底曳網漁船の水揚物を取り扱う流通加工業者も多様である。なお、小型底曳網漁船では、石巻地区、塩釜地区の他、仙台湾の福島県に近い亘理《わたり》漁港も拠点の一つである。

大中型旋網漁船は、網船の他、運搬船二隻と探索船の合計四隻で船団が構成されている。日本近海域で行われている漁業においては投資規模が最大級である。北部太平洋海区では、八戸地区、石巻地区、小名浜地区、大津地区、波崎地区、銚子地区が拠点漁港であり、それらの漁港の他、三陸の各拠点漁港（宮古地区、釜石地区、大船渡地区、気仙沼地区、女川地区、塩釜地区）でも水揚げする。船団の多くはこの海区の漁港を拠点としているが、長崎県、鳥取県、三重県、静岡県などの船団もこの海区に集まる。水揚げ魚種はサバ類、マイワシ、カタクチイワシ、カツオ、マグロなどである。旋網漁船の水揚物を仕入れるのは、主に選別・凍結加工し冷凍在庫を抱える原料問屋と呼ばれる業者である。そこからそうした原料を仕入れるのは鮮魚出荷業者、缶詰製造業者、ミール業者、切り身加工業者であり、ときには養殖業者に生餌を販売する餌問屋である。旋網漁船が水揚げした製品は原料問屋を介して広く流通する。

近海マグロ延縄漁船は、主として気仙沼地区と塩釜地区に水揚げする。漁場は東沖と呼ばれる三陸・常磐の沖合であるが、漁場は遠く、航海は長いもので一か月近くに及ぶ。漁船の船籍は宮城県の他、高知県、徳島県、大分県、宮崎県など西日本も多い。水揚げされる魚種は、マグロ類の他、カジキマグロ類、サメ類である。サメ類の漁獲の季節になると、もっぱら気仙沼地区に寄港が集中する。気仙沼地区にはフカヒレを製造する加工業者が集中しているからである。ただし、気仙沼船団以外の漁船は他の漁場に移動し、三陸から離れる。

近海カツオ一本釣漁船は、静岡県、三重県、和歌山県、高知県、宮崎県など被災地以外の県の漁船であり、そのほとんどが気仙沼地区に水揚げしている。周知のとおり、気仙沼地区は、生鮮カツオの水揚港として国内一である。北上する上りカツオではなく、南下する下りカツオが水揚げの中心である。このように全国から漁船が集まるのは、カツオ節、カツオ生利節、タタキなどを製造する業者が集中しているためであり、カツオ釣に必要な撒餌である活きたイワシ類の供給体制が整っているからである。気仙沼地区では近隣に餌向けのイワシ類を漁獲する定置網漁業者が存在する。近海一本釣漁船は、三陸のその他の水揚港として、塩釜地区や女川地区などにも寄港している。

サンマ棒受網漁船は、漁場形成に併せて水揚港を移動する。漁場は漁期のはじめは北方四島沖にあり、その後、三陸沖、常磐沖へと移動する。それゆえ水揚港は北海道の根室花咲港から始まり、浜中漁港、厚岸漁港、釧路漁港そして三陸に移動する。漁船の船籍は、北海道、富山県、青森県、岩手県、宮城県、福島県が多く、三陸では大船渡地区、気仙沼地区、女川地区、石巻地区に拠点を置いているものが多い。水揚港としては、宮古地区や釜石地区もここに加わる。三陸においてサンマの水揚港としてとくに発展したのは、気仙沼地区、女川地区である。近年では大船渡地区の拡大傾向が強かった。サンマの時期は夏から秋である。加工製品仕向けになるサンマもあるが、主に丸魚のまま流通するケースが多く、生鮮出荷用他、年間商材として冷凍在庫になるものが多い。いずれにしても、鮮度が勝負であることから、漁場と漁港の距離的関係は強い。

8　水産物産地流通加工センター形成事業は公害対策として始められた意味合いが強い。

9　漁業協同組合が漁業権免許者である行政庁から漁業権を免許され、その権利の行使権を得た組合員が漁村の地先水面の底着性資源を捕獲する漁業。

10　富田宏「今、あえて漁村計画論――漁村づくりの来し方と行く末について」『水産振興』（五五一号、二〇一〇年）。

11　中村剛治郎「地域経済学の現状と課題」『地域経済学』（宮本憲一・横田茂・中村剛治郎編、有斐閣ブックス、第一七版、五九―六〇頁、二〇〇五年）。

12　周辺の地域とそれらの地域の核となる地域との地域間関係を表現した用語であり、地域経済学あるいは経済地理学で使われている。例えば、前掲『地域経済学』、三七―三九頁。

第四章　復興方針と関連予算

震災復興は被災者の自助努力、国をはじめとする行政庁の支援、そして営利企業・非営利企業を問わずさまざまな民間団体の支援により実施されてきた。

震災では民間団体の支援、対応が早く、被災地が救われたケースが際立った。民間らしい意思決定の早さが円滑な支援活動に繋がったからであろう。それに対して行政庁の支援体制は民間より遅れた対応となった。しかしそれは法律や条例など制度に基づきつつ、議会での合意形成が必要であるから致し方ない面がある。しかも、国の方針が定まらなければ、地域行政も決められないことが多々ある。それゆえに、支援対策をめぐる意思決定を早めるために、震災直後から国会議員や国の行政機関の関係者が被災地に入り、被災者との意見交換を頻繁に行った。

そうした意見交換がどこまで復興方針に反映されたのかは検証できないが、結局、国、県、基礎自治体のそれぞれが復興方針を作成し、一方で、国の大方針は内閣府が設置した東日本大震災復興構想会議に委ねられることになった。

復興方針はあくまで復興の理念である。そのことから、この理念を検証することは、復興の在り方を考えるファーストステップであることは言うまでもない。

ここでは、国と被災三県（岩手県、宮城県、福島県）の復興方針を概観して、それぞれの論点と特性を整理しておきたい。また災害復旧支援のための国の補正予算の施策メニューについて整理する。

1　国の方針——東日本大震災復興構想会議

東日本大震災復興構想会議は、震災から一か月後の四月十一日に閣議決定により設置された。復興構想会議の設置事由は次のようなものである。

未曾有の被害をもたらした東日本大震災からの復興に当たっては、被災者、被災地の住民のみならず、今を生きる国民全体が相互扶助と連帯の下でそれぞれの役割を担っていくことが必要不可欠であるとともに、復旧の段階から、単なる復旧ではなく、未来に向けた創造的復興を目指していくことが重要である。このため、被災地の住民に未来への明るい希望と勇気を与えるとともに、国民全体が共有でき、豊かで活力ある日本の再生につながる復興構想を早期に取りまとめることが求められている。[1]

東日本大震災復興構想会議がスタートする前に、すでに議論の基本理念として「単なる復旧ではなく、未来に向けた創造的復興を目指す」が掲げられていた。この《創造的復興》こそがその後の水産復興においてさまざまな混乱を招く源になったのである。

二〇一一年四月十四日に第一回東日本大震災復興構想会議が開催されてから約二か月半の間、本会議が一二回行われた。復興構想会議は、具体的には、本会議、検討部会そしてワークショップという三段階で行われていたので、何度も議論が繰り返されたのであろう。そこでの水産に関する議論の経過と詳細については、復興構想会議の専門委員を務めた馬場治氏の論考に譲るが、後に述べる水産業復興特区構想をめぐる白熱した議論があったという。[2]

東日本大震災復興構想会議は、それまでの議論を集約して、第一二回の会議（六月二十五日）において「復興への提言〜悲惨のなかの希望〜」を公表した。ただ、被災各県はその公表を待つまでもなく独自の復興スタンスを公表してきた。復興構想会議には、各県の復興方針が各知事によりもち込まれ、県のスタンスの相違はその段階ではっきりとした。しかし盛り込まれた内容は、一部分を除いては、おおむね漁業・漁村・水産都市一般に通じる内容である。以下が「復興への提言」にある水産に関する文面である。

○沿岸漁業・地域

沿岸漁業は、漁村コミュニティにおける生業を核として、多様かつ新鮮な水産物を供給している。小規模な漁業者が多く、漁業者単独での自力復旧が難しい場合が多いことから、漁協による子会社の設立や漁協・漁業者による共同事業化により、漁船・漁具などの生産基盤の共同化や集約を図っていくことが必要である。あわせて、あわびなどの地元特産水産物を活かした6次産業化を視野に入れた流通加工体制を復興していくことも必要である。

沿岸漁業の基盤となる漁港の多くは小規模な漁港である。地先の漁場、背後の漁業集落と漁港が一体となって住民の生産、生活の場を形成している。その復興にあたっては、地域住民の意見を十分に踏まえ、圏域ごとの漁港機能の集約・役割分担や漁業集落のあり方を一体的に検討する必要がある。この場合、復旧・復興事業の必要性の高い漁港から事業に着手すべきである。

○沖合遠洋漁業・水産基地

沖合・遠洋漁業は、水揚量や市場の取扱規模が大きいだけでなく、関連産業の裾野も広い。適切な資源管理の推進、漁船・船団の近代化・合理化を進めるなどの漁業の構造改革に加え、漁業生産と一体的な流通加工業の効率化・高度化を図ることが必要である。

関連産業との結び付きが強いことから、加工流通業、造船業などの関連産業が歩調を合わせて復興することが必要である。

沖合・遠洋漁業の基盤となる漁港は、基地港であると同時に他地域の漁船によって水揚げされた水産物や周辺の漁港からの水産物が集積される拠点漁港となっている。市場や水産加工場などをもち、水産都市を形成し、水産物の全国流通に大きな役割を果たしている。したがって、一刻も早く漁業が再開されるよう、緊急的に復旧事業を実施するとともに、さらなる流通機能などの高度化を検討すべきである。

○漁場・資源の回復、漁業者と民間企業との連携促進

津波により、漁場を含めた海洋生態系が激変したことから、科学的知見も活用しながら漁場や資源の回復を図るとともに、これを契機により積極的に資源管理を推進すべきである。

漁業の再生には、漁業者が主体的に民間企業と連携し、民間の資金と知恵を活用することも有効である。地域の理解を基礎としつつ、国と地方公共団体が連携して、地元のニーズや民間企業の意向を把握し、地元漁業者が主体的に民間企業と様々な形で連携できるよう、仲介・マッチングを進めるべきである。

必要な地域では、以下の取組を「特区」手法の活用により実現すべきである。具体的には、地元漁業者が

主体となった法人が漁協に劣後しないで漁業権を取得できる仕組みとする。ただし、民間企業が単独で免許を求める場合にはそのようにせず地元漁業者の生業の保全に留意した仕組みとする。その際、関係者間の協議・調整を行う第三者機関を設置するなど、所要の対応を行うべきである。

以上のように「沿岸漁業・地域」や「沖合遠洋漁業・水産基地」については、やや気になる点はあるが、[3]おおむね正当な認識に基づいた、水産行政的に妥当な対応案が記載された。漁村あるいは水産基地の在り方や機能について正当に捉えており、どこの被災県にも当てはまる内容になっていた。

しかし、「漁場・資源の回復、漁業者と民間企業との連携促進」については、水産当局から積極的に提言したとは思えない内容である。

「津波により、漁場を含めた海洋生態系が激変したことから、科学的知見も活用しながら漁場や資源の回復を図るとともに、これを契機により積極的に資源管理を推進すべきである」には、明治・昭和三陸地震という過去の津波被害の経験や漁業の現場にある定説がまったく踏まえられていないのである。すなわち漁場の老朽化は、栄養塩が不足したり、貧酸素塊が形成されたりして進む。栄養塩の不足は、主に護岸工事、ダム建設、河川開発、休耕田の増加など陸地の変化に由来する貧酸素塊は、主として海底に堆積した有機懸濁物、養殖物の排泄物、魚介類の死骸、ヘドロの腐敗に由来している。津波は海底にあるそのような堆積物や栄養塩を拡散する。そのため、その後の漁場は豊かになるというのが現場にある定説である。実際に昭和三陸地震では次年度から震災前の漁獲量を上回っている。

「必要な地域では、以下の取組を「特区」手法の活用により実現すべきである」という一文の問題点については、次章で述べる。

水産庁は、「復興への提言」が公表されるまでは、瓦礫撤去への補助事業や通称激甚災害法に基づく災害復旧への対応など、初動的な対策や、第一次補正予算の事業推進および第二次補正予算に向けての事業策定の準備を粛々と進めていたが、「復興への提言」が公表されると、その三日後に「水産復興マスタープラン」を公表した。その内容は水産復興策の全体像とその体系を示すものであったが、「水産業復興特区構想」も含む「復興への提言」に記された内容もほぼそのまま記載されていた。

2 岩手県の方針――漁協と市場を核に「なりわい」を再生

岩手県は、内閣府で設置された東日本大震災復興構想会議の設置が閣議決定された日と同日に「東日本大震災津波復興委員会」を設置した。震災から一か月後の四月十一日のことである。

このとき達増拓也岩手県知事は、「宮沢賢治は、「世界がぜんたい幸福にならないうちは個人の幸福はあり得ない」という言葉を残しました。私たち岩手県民は、皆で痛みを分かち合い、心を一つにして、被災された方々が「衣」「食」「住」や「学ぶ機会」「働く機会」を確保し、再び幸せな生活を送ることができるようにしていきます。また、犠牲となられた方々のふるさとへの思いをしっかり受け止め、引き継いでいきます[4]」と宣言し、「答えは現場にある」として、復興委員会のメンバーを「オール岩手」で固めた。地元の学識経験者、医療会、漁業、水産加工業、農業、商工業など産業界からの各代表、それに加えて津波被害を受けた沿海部の基礎自治体の同盟会（岩手県沿岸市町村復興期成同盟会）の代表者である。

そのうえで、四月二十二日に岩手県津波防災技術専門委員会を、四月三十日に地元学識者で構成する岩手県東日本大震災津波復興委員会総合企画専門委員会を設置し、復興のための調査、調整、提言を図る機関を設けた。さらに、復興計画について国内の各分野の専門家から意見をもらうための専門委員会を七月五日に設置した。

岩手県が「基本方針を貫く二つの原則」として定めたのは、「被災者の人間らしい「暮らし」、「学び」、「仕事」を確保し、一人ひとりの幸福追求権を保障する」と、「犠牲者の故郷への思いを継承する」である。産業復興の取組みは「「なりわい」の再生」をテーマとしている。

水産業の復興に関しては次のような方針を明確にした。漁業協同組合の機能を回復させ、漁協を核にした漁業・養殖業の構築、産地魚市場を核にした流通・加工体制の構築である。これは岩手県の沿岸漁業や養殖業が漁協の力で発展してきたことと、流通加工業は産地市場をはさんで漁業と共に発展してきたことを尊重したことに他ならない。復興の主導権を現地に委ねたことも意味している。

以上のような復興方針のうち漁協については、震災後いち早く事業再開を実施した重茂《おもえ》漁協の取組みが参考になったようである。漁船が九割流失した現状下で、漁協が自主財源で漁船を購入したり、残った漁船を組合員から借り上げたりし、そして漁業を継続すると決めた組合をグループ化して、いくつもの協業体を結成し、そこに共同で利用する漁船を貸すという取組みである。組合員に漁船が行きわたるまでは、このような協業体で復興するとした重茂漁協の方式がモデルとなったのである。

実際、被災地の各漁協は、震災後の混乱や組合員の安否確認作業が沈静化した三月下旬から仮設事務所などで事務を再開し、瓦礫撤去、漁船の調達、ワカメ養殖業や漁協自営定置網漁業の準備を始めていた。ワカメ養殖が急がれたのは、七月末から八月初旬にかけて種付けの作業が行われるからである。また定置網漁業の再開は、主要漁獲物である秋サケが岩手県の特産品の代表格であり、漁協経営にとっても、地元水産加工業にとっても重要資源だからである。いずれも沿岸部の地域経済を支える主力魚種である。

こうした漁業・養殖業の再開は漁協による先導がなければ成り立たないのは自明の理であった。だからこそ県は、「漁協を核とした漁業・養殖業の構築」を基本方針として、国へ財政支援を呼びかけて、漁協の生産手段の獲得を促したのである。しかも岩手県は、補正予算による共同利用漁船取得を促す補助事業などの補助率を国で定めた県負担部分に上乗せし、生産者負担を軽くする努力を図った。また基礎自治体でも補助の上乗せをしたことから、共同利用漁船取得にかかる生産者の自己負担率は三分の一から九分の一にまで軽減された。県議会、地元自治体の議会が迅速に対応したのである。

行政庁として最も難しい問題は、集落移転や漁港の復旧など公共事業の方針である。漁港においては、県管理の漁港と基礎自治体管理の漁港があるが、圧倒的に多いのは基礎自治体の漁港である。この漁港の復旧は当該自治体の采配に掛かっている。国の方針としては優先順位を決めて漁港機能を集約しながら復旧する。しかし、現場の考え方は必ずしもそうではなかった。優先順位を付けてひとつひとつ復旧するのではなく、漁協の意向を聞きながら、各漁港の重要なところから徐々に復旧していくという。[5]時間を要するかもしれないが、こうすれば各集落にある漁港がまず回復し、そこに漁業者が戻ってくることになる。半島の先の条件不利地の集落を切り捨てることもない。どのようにインフラの復旧を進めていくべきか。漁村集落のコミュニティや生業の在り方をよく知る基礎自治体行政が復興に果たす役割は大きい。

岩手県では、「食糧基地構想」に引きずられる創造的復興を掲げることなく、風土を重んじて日常を取り戻す地道な復興のプロセスが実践されている。復旧に目処が立てば、次は地域振興対策を再開していくことになるであろう。

3　宮城県の方針――選択と集中

宮城県は二〇〇七年、「富県宮城の実現」に向けた基本方針を策定した。これは当時九・二兆円という県内総生産を一〇年後に一〇兆円にするという産業経済ビジョンである。農林水産業も含め、すべての産業で選択と集中を図りながら国際競争力を高めることを謳っている。

東日本大震災は、以上のような産業改革が進められようとしている最中に起こった。宮城県では五月二日に「宮城県震災復興会議」が設置された。その会議の委員は、東北大学の学長など一部を除き、ほとんどが県外の有識者であり、地元の農林水産業の関係者や自治体関係者は皆無であった。岩手県とは対照的な布陣であった。

この会議で示された県の方針は、四月二十三日に東日本大震災復興構想会議で村井嘉浩宮城県知事が説明したものであった。水産業に関する内容については「新たな水産業の創造と水産都市の再構築」と題して、次のような内容が示されていた。「(案1) 復旧再生期における国の直営化 (必要経費の直接助成)〔漁船漁業・水産加工業など〕」、「(案2) 民間資本と漁協による共同組織や漁業会社など新たな経営組織の導入〔沿岸漁業・養殖業〕」である。それに加えて、「水産業集積拠点の再構築と漁港の集約再編による新たなまちづくり(漁港を三分の一～五分の一に!)」である。この段階では、漁港集約化を除けば、とくに反発が出る内容ではなく、のちに混乱を招いた水産業復興特区構想はまだ記されていなかったのである。ただし、第一産業全体に掲げられた方針は、集約化・大規模化・経営の効率化・競争力の強化であった。これは第五章で触れる「食糧基地構想」で掲げられたスローガンそのものである。

問題はここからである。「復興への提言」が公表された後の七月十日に、宮城県震災復興会議が復興計画策定に向けて公表した基本理念は次の五つである。[6]「災害に強く安心して暮らせるまちづくり」「県民一人ひとりが復興の主体・総力を結集した復興」「「復旧」にとどまらない抜本的な「再構築」」「現代社会の課題を解決する先進的な地域づくり」「壊滅的な被害からの復興モデルの構築」である。「「復旧」にとどまらない抜本的な「再構築」」は、まさに「創造的復興」のことであろう。詳細は省くが、防災視点の空間改造、産業構造の改革、規制緩和など、創造的復興という考えに基づいた方針が散見できる。

「水産県みやぎの復興」を掲げた水産復興に関しても、以上の理念が踏襲されている。「復興のねらい」には「原形復旧」は困難という前提の下、「法制度や経営形態、漁港の在り方等を見直し、新しい水産業の創造と水産都市の再構築を推進」など、改革論が明記されている。具体的な取組みとしては、「沿岸拠点漁港を選定し、漁港機能を選定した三分の一に集約し、他の漁港は後回しにする」「漁業・養殖業においては、国に直接助成制度の創設を求める一方で、施設の共同利用、協業化などの促進や民間資本の活用など新たな経営組織の導入を推進する」「競争力と魅力ある水産業の形成のために漁業・関連産業の集積・高度化を図り、流通体系を再整備し、ブランド化や六次産業化を進める」を取り上げ、そして「民間資本導入の促進に資する水産業復興特区」を検討することとしている。なおこの時点で、漁港集約化は漁港機能集約化に置き換えられた。

創造的復興をベースにした宮城県の水産復興計画の根底には「食糧基地構想」があろう。そしてこれらの考えを最も体現した具体的施策が、水産業復興特区構想である。この構想は、組合管理漁業権である特定区画漁業権（養殖業を営む権利）を、これまで管理権として与えられてきた漁協に与えず、民間資本を導入した漁民会社に直接与えようというものである。東日本大震災復興構想会議における村井嘉浩宮城県知事の発言によると、漁協の管理下において漁民会社が漁業権を得ようとすると、漁業権行使料や出資金の支払いなどが障害となって民間資本がためらって参入してこない可能性があるので、特区で規制緩和を図り、知事が直接漁民会社に権利を与えるという方策をとろうというのである。さらには、国の財政支援だけでは資金が不足するということがあるので、民間資金を呼び込むという狙いもあるという。

この構想が公表された直後から、漁協および地元漁民のみならず隣県の漁民までもが猛反発し、その波紋は全国に広がった。宮城県漁協は一万四千人余りの撤回の署名を集めた。また、宮城県議会でも、この構想の撤回請求をめぐって紛糾した。この動きは、宮城県内では業界や政界だけでなく、市民運動にまで及んだのである。しかしながら、宮城県議会に提出された撤回請願は産業経済委員会で採択されたものの、本会議で不採択となった。

ともあれ、漁協の漁業権管理権を剝奪するという可能性をも含んだこの特区構想の真意は、知事が「富県宮城の実現」以来進めようとしてきた「産業改革」であり、家族経営の漁業からの脱皮を図らせようとする、大規模経営化ではないであろうか。岩手県とは逆の「「なりわい」からの《脱却》」に他ならない。

ちなみに、岩手県では共同利用漁船等取得のための補助事業については自己負担を九分の一にするという方針が早々と固められたが、宮城県では当初上乗せを予定していなかったため、生産者の自己負担率は三分の一であった。そのことを受けて漁業再開を断念した漁業者が多かったようである。地方交付税交付金による国の支援を受けることが二〇一一年末に決まってから、自己負担率は六分の一に軽減された。

4　福島県の方針――展望が見えない

水産復興については三陸ばかりが注目された。それに対して、福島県では原発災害への対応に追われ、水産業の復興方針が岩手県や宮城県のように速やかに策定されなかった。放射能による海洋汚染が深刻化するなか、水産復興への対応を進めるどころではなかったのであろう。

二〇一一年八月十一日に策定した福島県復興ビジョンにおいては、漁業に関しては「共同利用漁船の導入による経営の協業化や、低コスト生産による収益性の高い漁業経営を進めるとともに、適切な資源管理と栽培漁業の再構築を図る」という文面だけであり、原発災害からの復興とは思えない内容であった。

二〇一一年十二月、福島県はようやく福島県復興計画（第一次）を策定した。「原子力に依存しない、安全・安心で持続的に発展可能な社会づくり」「ふくしまを愛し、心を寄せるすべての人々の力を結集した復興」「誇りあるふるさと再生の実現」を基本理念として、原子力発電所については全基廃炉方針を打ち出し、そして原発災害からの復興の道筋として、「モニタリングの徹底」と「除染」を掲げたのであった。

復興計画の重点プロジェクトとして、水産業の再生については「甚大な被害を被った機械・施設・インフラ等の復旧」「中長期的には適切な資源管理と栽培漁業再開」「加工業や観光業と連携した地域産業の6次化を進めることによる付加価値の高い漁業経営の確立」の三つのステップで果たすとした。復興ビジョンでは示していなかった方針を初めて具体的に示したのである。

しかし復興計画では、原発災害への対応と水産業再生の間に大きな隔たりがある。一般住民、商工業や農業関係者にとって除染は原発災害を和らげる手段になるかもしれないが、水産業においては、復興を遅らせる対策になりかねないからである。つまり除染は、汚染物質を回収しあるいは放射能を除去し、どこかに格納するという作業でない以上、河川や地下海水を介して、放射能が海へ流れ込み、「海への移染」に繋がる恐れがある。それゆえいくら上記のような重点プロジェクトを行ったとしても、福島県の水産業は「再生」のスタート地点にたどり着くことさえできないのである。

放射能汚染への対応が海洋汚染への対応を含まない限り、福島県の水産業界はいつまでも放射能災害の呪縛から逃れられず、水産業再生への道筋が断絶していると言えよう。

そのことを棚上げにしたとしても、重点プロジェクトの内容については、岩手県のように何を「核」にするのか、是非はともあれ宮城県のように何を「梃子《てこ》」にするのかなど、復興のポイントがない。淡泊で総花的な内容であり、物足りなさを感じてならない。おそらく地元の水産業界のなかで、これを見て希望をもてたという人はいないであろう。

裏を返せば、原発災害からの復興の道筋が見つからないなかで、水産業再生のための「絵」を描くことができるのであろうか。問題はその一点だけである。原発災害がなければ、独創的な復興計画が描けていたのではないか。岩手県や宮城県のようには復興方針を描けない状態に追い込まれているのが、今の福島県の水産行政・水産業界であろう。

5　復興関連予算

水産予算

水産庁が掲げた東日本大震災からの復興は、水産業を構成する各分野を総合的かつ一体的に復興するというものである。予算措置もそのような考え方に基づいて組まれた。

震災後の水産関係補正予算は、第一次が二千一五三億円、第二次が一九八億円、第三次が四千九八九億円そして平成二十四年度が八四三億円と、破格の措置がなされた（**表1**）。

二〇一一年四月段階で組まれた第一次補正予算では、漁民らによる海岸・海底清掃等漁場回復活動への支援事業（漁場復旧対策支援事業：一二三億円）、漁港・漁場・漁村の復旧事業（漁港関係等災害復旧事業など：三〇八億円）、漁船保険・漁業共済への補助（九四〇億円）、漁船の調達、定置網などの復旧を支援する事業（共同利用漁船等復旧支援対策事業：二七四億円）、養殖施設の再建を支援する事業（養殖施設災害復旧事業：二六七億円）、産地市場、加工施設など陸上の共同利用機器・施設の復旧を支援する事業（水産業共同利用施設復旧支援事業：一八億円、農林水産業協同利用施設災害復旧事業：七六億円）、金融支援（一二三億円）など、調査や初動的な対策あるいは復旧支援に類する事業が準備された。激甚法（激甚災害に対処するための特別の財政援助等に関する法律）に基づく災害復旧支援のための予算もこのなかに含まれている。

二次補正については、二重ローン対策として、被災した漁協・水産加工協等の水産業共同利用施設（製氷施設、市場、加工施設、冷凍冷蔵施設等）の早期復旧に必要な機器等の整備を支援するための事業（水産業共同利用施設復旧支援事業：一九三億円）、および原子力災害の対策として原発事故周辺海域の水産物の放射性物質調査、放射性物質の高精度分析に必要な機器・分析体制の強化を図る事業（水産物の放射性測定調査委託事業：五億円）が準備された。二重ローン対策が打たれた背景には以下のようなことがあった。一次補正では、漁業関係への補助事業がほとんどであり、漁業と水産加工業で成り立つ水産業においてはバランスを欠いた予算措置となっていたこと、二〇一一年六月に水産加工業界が漁業者団体や全国水産加工業協同組合連合会を介して水産庁に対して二重ローン問題の窮状を訴えるとともに予算措置支援を強く要請したこと、第一次補正予算では中小企業庁による二重ローン対策が打たれたものの、必ずしも水産業に限らないことから予算措置が十分でなかったこと、が挙げられる。詳細は後述する。

次に第三次補正である。この補正予算では、共同利用漁船等復旧支援対策事業（三六四億円）、種苗生産施設関係の復旧支援（一四一億円）、漁場復旧対策支援事業（一六八億円）など、これまでの補正予算の枠組みに予算を補充しただけでなく、新たな対策として漁業・養殖業の再生を促す「がんばる漁業」「がんばる養殖」という事業が組まれた。これは、漁協が漁業者グループに生産委託し事業予算からコストを前払いして操業を再開させ、水揚金を国庫に返納するという事業である。「がんばる漁業・養殖」の予算は八一八億円（当初は漁業が二四三億円、養殖が五七五億円であったが、その後は漁業と養殖の合計）となっている。事業期間は、漁業は三年間あるいは養殖業は業種によっては五年間まで可能である。直接、漁業者に委託費として生産のための資金が供給されることから、収入がない状況下で漁業者は救われる。しかしながら、事業期間中は、漁協が漁業者グループを生産面・経理面・販売購買面すべてにおいて管理しなくてはならず、漁協の事務負担・マンパワー不足が危惧された。復旧・復興資金に苦難している漁業者にとっては願ってもない事業ではあるが、震災による漁協の事務機能の弱体化が大きなネックになったのである。次いで際だったのは、漁港関係等災害復旧事業に二千三四六億円もの予算措置がなされたことである。この予算は平成二十三年度の水産予算二千二億円（総予算）を超えている。第三次補正予算の規模は年間の水産予算の倍以上ということになる。

平成二十四年度予算については、新たな予算項目は原発災害対策ぐらいであり、しかもそれらは調査事業である。第三次補正予算までの予算を補充するような措置が行われたと言える。

単位：億円

	平成23年度			平成24年度
	第１次	第２次	第３次	
	2,153	198	4,989	843
			818[a]	106[b]
	274		121	41
			818[a]	106[b]
	239		107	11
			201	100[c]
			2	
	27		141	100[c]
			22	21
			378	100[c]
	18	193	259	33
			2	1
	76[d]			14[e]
	3			
	250		2346	77
	55		202	250
			12	100[c]
			20[f]	6[g]
	123		168	79
			40	
			14	11
	26（380）		17（221）	52（508）
	48（630）		30（275）	34（533）
	145			14
	4（290）			7（100）
	860			
	80			
		5		
				3
				2

表１　復興対策に関連する水産部門の予算（政府公表）

総　予　算
Ⅰ　漁船・共同定置網の復旧と漁船漁業の経営再開に対する支援
①漁業・養殖業復興支援事業のうち・がんばる漁業復興支援事業
②共同利用漁船等復旧支援対策事業
Ⅱ　養殖施設の再建と養殖業の経営再開・安定化に向けた支援
①漁業・養殖業復興支援事業のうち・がんばる養殖復興支援事業
②養殖施設災害復旧事業
③水産業共同利用施設復旧整備事業のうち・養殖施設復旧・復興関係
④種苗発生状況等調査事業
Ⅲ　種苗放流による水産資源の回復と種苗生産施設の整備に対する支援
①水産業共同利用施設復旧整備事業のうち・種苗生産施設関係
②被災海域における種苗放流支援事業
Ⅳ　水産加工流通業等の復興・機能強化に対する支援
①水産業共同利用施設復旧整備事業のうち・漁協・水産加工協等共同利用施設復旧・復興関係
②水産業共同利用施設復旧支援事業
③加工原料等の安定確保取組支援事業
④農林水産業協同利用施設災害復旧事業（激甚法）
Ⅴ　漁港、漁村等の復旧・復興
①水産関係施設等被害状況調査事業
②漁港関係等災害復旧事業（公共）
③水産基盤整備事業（公共）
④水産業共同利用施設復旧整備事業のうち・漁港施設復旧・復興関係
⑤農山漁村地域整備交付金（公共）
Ⅵ　がれきの撤去による漁場回復活動に対する支援
①漁場復旧対策支援事業
Ⅶ　燃油・配合飼料の価格高騰対策、担い手確保対策
①漁業経営セーフティーネット構築事業
②漁業復興担い手確保支援事業
Ⅷ　漁業者・加工業者等への無利子・無担保・無保証人融資の推進
①水産関係無利子化等事業（括弧内は融資枠）
②漁業者等緊急保証対策事業（括弧内は融資枠）
③保証保険資金等緊急支援事業
④漁協経営再建緊急支援事業（括弧内は融資枠）
Ⅸ　漁船保険・漁業共済支払への対応
①漁船保険・漁業共済の再保険金等の支払
②漁船保険組合及び漁業共済組合支払保険金等補助事業
Ⅹ　原子力被害対策
①水産物の放射性測定調査委託事業
②放射性物質影響調査事業
③海洋生態系の放射性物質挙動調査事業

注：[a]～[g]の金額は他の予算項目との総額である。
ただし[a]～[c]はすべて水産予算の中に含まれ、[d]～[g]は農林部門の予算項目との総額を示している。

二重ローン対策と支援状況

多大な被害を受けた水産加工業者に対して、国の補正予算による二重ローン対策が組まれた。ひとつは中小企業庁による企業グループへの復旧支援事業（中小企業等グループ施設復旧整備補助事業、以下グループ支援事業）である。企業グループによりサプライチェーンを組織し、その復旧を支援するものであり、事業費の二分の一を国が助成し、四分の一を県が助成する支援事業である。審査が伴う公募競争型の事業であり、申請が採択されると、施設・設備の復旧費用の七五パーセントを助成されることから、この事業への申請は殺到した。しかし総補助額は一七九億円、うち岩手県は七七億円、宮城県は六五億円と限られていた。しかも、これは水産加工業だけに限らない中小企業全範囲の支援であり、十分とは言えない支援であった。

岩手県では多数の水産加工業者のグループを久慈地区、宮古地区、釜石地区、大船渡地区の四つの拠点に集約し、申請を受け付けることになった。結果、これらすべての申請を採択したが、合計一一七社の申請になったことから申請内容を三分の一に変更させて実質四分の一の助成となった。岩手県は広く薄く支援するというかたちをとったのである。

だが、申請を縮減した残りの三分の二については三次補正のグループ支援事業で賄われた。この申請に間に合わなかった企業については二次補正（総補助額二三四億円、うち岩手県四九億円）あるいは三次補正（総補助額一千六五一億円、うち岩手県三一一億円）で補助金を受け取ることになった。二次補正では山田地区の七社、三次補正では宮古地区一一社、釜石地区五社、大船渡地区一二社である。さらに年度が明けてから五次補正（総補助額六〇八億円、うち岩手県二七三億円）で山田・大槌地区九社、大船渡地区八社、陸前高田地区七社が支援を受けることになった。結果、県内の水産加工業者のほとんどがグループ支援事業を受けることができた。

宮城県では、一次補正の段階では、女川地区と南三陸町地区の二グループのみで前者五八社、後者一九社、二次補正でも塩釜地区の一グループ四八社に止まったが、三次補正においては、石巻地区二グループ（二一〇社、五五社）、気仙沼地区一二〇社、名取地区一〇社、女川地区一〇社と大多数の水産加工業者に支援が行き届いた。五次補正でも水産加工業者を含む二グループが補助を受けることになった。

国による水産加工業者への支援はこれだけではなかった。水産予算として水産共同利用施設等復旧支援事業（以下、共同利用支援事業）が実施された。これは公募競争型のグループ支援事業とは異なり、事業要件に適応した申請内容なら予算範囲内ですべてを採択する補助事業であった。助成率は国が三分の一、県が三分の一であったが、岩手県ではこの助成率に対してさらに県が九分の一、自治体が九分の一を上乗せ負担するという体制が取られたのである。

先にも触れたように、この事業は水産加工業界からの強い要望で二次補正から本格化した。二次補正では一九三億円、三次補正では六三七億円が準備された。ただし、これは協同組合で利用する共同利用施設（あるいは自治体が所有する共同利用施設）の復旧を支援する事業であり、グループ支援事業のような個社の施設・設備の復旧に使える、使い勝手のよさはなかった。つまり、二重ローン対策とは言え、支援を受けるには水産加工業協同組合や仲卸出荷業協同組合（中小企業等事業協同組合法に基づく組織）などの協同組合法人を受け皿にしなくてはならないため、それら協同組合に加盟していない事業者はこの支援を受けることができなかったのである。それでも、現場では、水産加工業協同組合との連携を図って共同利用施設としての体制を整え、共同利用支援事業は広く活用された。またこの予算措置の支援を受けるために震災後加盟した事業者もあった。

さらに、この補正予算に対してクロネコ運輸グループを母体としたヤマト福祉財団の支援が加わった。ヤマト福祉財団は岩手県が国の補正予算で組まれた水産業共同利用施設等復旧支援事業（二次補正および三次補正）に対して、県の上乗せ負担部分九分の一および自治体の上乗せ負担部分九分の一を助成、この支援により県と自治体の財政負担が軽減された。ヤマト福祉財団は、この他に、一業者二千万円を限度として、施設・設備の復旧費用の九分の八を助成するという「岩手県　水産加工業者生産回復支援事業」を岩手県にもちかけた。岩手県はこの事業の実施主体となり、結果、岩手県内の一〇七の水産加工業者に施設・設備購入資金を助成した。

このように、国の補正予算に対して県の補助、基礎自治体の負担、そしてそれらを補う民間財団による支援があったことで、二重ローン対策は岩手県内の水産加工業者に広く行きわたり、多くの水産加工業者が施設・設備の復旧の目処を立てることができた。

しかし、用地確保・整地がままならない状況下において、水産加工業者に対する金融機関の貸付態度は決してよいわけではなく、再建計画が成立しにくい業者もいくつか存在すると言われている。支援が広く行きわたったことは水産加工業にとってはプラスの効果があることには間違いないが、用地確保と施設再建に時間を要したことから、その間に事業者は雇用者を失い、販売先・顧客を失った。加えて、原発事故による放射能汚染問題が、輸出・海外委託加工というルートも絶たせてしまった。協力工場への委託加工により対応している業者も存在するが、かつての事業規模には至らない。

また、施設復旧に目処が立った業者は再開の準備を始めているが、従業員の確保が難しくなっている。被災後、失業手当を取得できるよう従業員を解雇したが、そのことで新たに従業員を確保できないという状況も形成された。失業手当の給付額が求人の給与水準を上回っているうえ、失業手当給付期間が延長され、より従業員の確保が難しくなったという。

こうした状況下において、比較的被災を免れ、金融機関の協力を取り付けることができた企業のなかには、早期に復旧し、震災前以上の事業規模に発展させている企業もある。事業再開の差異が企業間格差を生む要因になっている。

一方で、原発・震災の影響や被災地の企業優遇制度をめぐって、岩手県内に移転や進出を希望する水産加工業者も多数存在している。各拠点漁港の地域では企業誘致を睨んで用地造成などの構想があり、水産加工団地の形成が図られようとしている。

だが、地権者の移転承諾などを含め、用地買収、土地区画整理、用地造成、嵩上げなどの行政処理・土木工事がまず必要であることから、開発構想は容易に進まない。拠点漁港が立地している自治体の企画力と主導力が問われることになった。

6　対照的な岩手県と宮城県の漁業復興方針

東日本大震災復興構想会議では閣議決定段階で「創造的復興」が論議されたが、一方で「復興への提言」では「絆」や「つなぐ」、そして「コミュニティ」という連帯的なイメージをはらんだ内容が前段でかなり意識された。「創造的復興」と「連帯」は必ずしも相反するわけではないが、もしこの創造的復興が上からの改革的復興であるなら、これは過去を破壊して新たなものを創造するというイメージを与えかねない。そしてその理念のもと、開発行為を推進しようという動きは、震災後かなりあった。

水産業の復興方針における「沿岸漁業・漁村」については、まさにコミュニティの重要性が説かれた。だが一方で、漁業者の結合体で運営されてきた漁業権制度に特区制度がかけられるという方針が打ち出されたのである。復興方針の文面にあるその落差は、対照的であった岩手県と宮城県の水産復興の方針の相違でもあった。

その相違は両県の復興会議の委員構成にも表れた。復興主体を委員にした岩手県の復興方針が「現場の理論」なら、有識者で委員を固めた宮城県の復興方針は「机上の理論」であり、県境をはさんで「現場の理論」と「机上の理論」が対峙しているように見えてしかたがない。

また原発災害という問題を抱える福島県では、放射能汚染問題の収束を待たなければ本格的な復興は始まらない。相馬原釜地区で二〇一二年六月から汚染が確認されてこなかった一部の魚種に限って漁獲・流通を行う試験操業が行われているが、それ以外は復興の道筋が見えていない。三陸両県とは異なる次元の復興を図らなくてはならない福島をどう捉えていくのか、ふたたび第九章で触れたい。

東日本大震災に関する水産業の復興関連予算は、公共事業も含めて二年間で八千億円を超えた。一年あたりで見れば、これは近年の水産庁の年間予算の約二倍を超えている。予算自体は不足していない。しかし予算の受け皿となる団体、例えば漁協や水産加工業協同組合、あるいは基礎自治体などの事務職員や技術系職員が不足している地域では、予算の恩恵が隅々まで行きわたっていない。

復興関連予算とは言え、主に復旧を進めるための予算であることから、公共事業系の予算の消化が復旧の程度の一つの目安となるが、予算消化は進んでいない。くりかえしになるが、現場では漁村や漁港の空間設計ができるデザイナーが不足しているし、事業実施のための自治体の技術系職員が極端に不足している。すでに基礎自治体への職員の派遣は行われてきたが、現状では十分と言えない。漁村計画の専門家およびさらなる技術系職員の人的補充が必要であろう。

1 「東日本大震災復興構想会議の開催について」(平成二十三年四月十一日閣議決定)。http://www.cas.go.jp/jp/fukkou/pdf/kousou1/siryou1.pdf

2 馬場治「東日本大震災からの復興計画の検討過程とその課題」『北日本漁業』四〇(北日本漁業学会、一二一—一二七頁、二〇一二年五月)。

3 例えば、「あわびなどの地元特産水産物を活かした6次産業化を視野に入れた流通加工体制を復興していくこと」とあるが、「あわび」は三陸でも常磐でも漁村の地先漁業の代表格であり、高価な魚種である。とくに付加価値をつける必要はない。高価であることから密漁対策の方が重要視されている資源である。

4 「がんばろう！　岩手」宣言(平成二十三年四月十一日)。http://www.pref.iwate.jp/view.rbz?cd=31812

5 岩手県「東日本大震災津波からの復興に向けた基本方針」(二〇一一年四月一日)。

6 宮城県「宮城県震災復興計画〜宮城・東北・日本の絆　再生からさらなる発展へ〜」(二〇一一年十月)。

第五章　食糧基地構想と水産復興特区

「食糧基地構想」は東日本大震災から約一か月後に新聞紙上に掲載され、「水産業復興特区構想」はさらにその約一か月後に東日本大震災復興構想会議の席で村井嘉浩宮城県知事によって提言された。この二つの構想は、被災地で瓦礫撤去に汗をかく漁民らになんら知らされることなく、突如としてメディア上に登場したのである。

この時点まで《創造的復興構想》に繋がるような具体的な構想が出ていなかったことから、これらはメディアからは目玉施策のように持ち上げられた。よって一般人の多くはおそらく好意的な受け止め方をしたものと思われる。だが、これらの構想は、改革の枠組みを「上」から押しつけようとする《創造的復興構想》であり、かつ被災地の漁民社会を分断しかねない発想であった。

本章では、これらの構想の内容と経過を整理するとともに、その問題性について検討する。

1　食糧基地構想の登場

二〇一一年四月十七日、朝日新聞が朝刊に「東北に食糧基地構想　農地・漁港集約、政権が法案提出へ」

という見出しの記事を掲載した。タイトルのごとく、農業、漁業ともに生産基盤を集約化し、農村・漁村を職住分離し、集落を高台に移転させるという内容である。つまり東北の農業地帯・漁業地帯を大規模食糧工場に置き換えようとする地域開発構想である。経済性、効率性を高めることで、国際競争に勝てる農業・漁業地域を建設しようというものである。

強い農林水産業を標榜する改革論は震災後に出てきたものではない。日本の国力を増強するためには、貿易自由化を推進する必要があり、そのためには農林水産業の国際競争力を高めるべきだという議論は長年続けられてきた。しかも二〇一〇年十月以降、ＴＰＰ（環太平洋経済連携協定）参加をめぐり、国民を二分するような状況になっていた。食糧基地構想はこのような状況下で公表されたのだから、ＴＰＰ参加と関連しないことではない。関係づけるとしたら、「食糧基地構想は惨事からの復興を果たすと同時に、ＴＰＰ参加がもたらす農業・農村衰退の不安を解消する」ということであろう。もちろん日本経団連も「復興・創生マスタープラン」で、「ＴＰＰへの参加をはじめ諸外国・地域との経済連携が不可欠である」と提言している。

食糧基地構想は、生産基盤を「集約化」し、産地空間を「職住分離」し、大規模経営を展望することであろう。つまり、自然のなかで人が暮らし、農作物を育んだり、漁をしたりするという生業を非効率なものとしているのである。

農地の集約化の議論は随分と前からあったが、本当に日本の国土の範囲で、国際競争力に繋がるような営農ができるのであろうか。いささか疑問である。門外漢である筆者が知る農地の集約化の議論とは、増えていく耕作放棄地を担い手農家に集約させるべきというものである。確かに、農地は集約化することにより生産効率の上昇が望めるし、経営規模の拡大が可能である。いわゆる「規模の経済」の作用を期待できる。

だが、それが国際競争力に直結するかどうかは大いに疑問がある。欧米などの農業大国の農業は日本以上に経営の安定化や輸出促進のための財政支援を受けているだけでなく、農地の広さは日本の農地の広さと比較すると桁違いである。結局、貿易自由化をからめた農地集約化論とは、実現可能性を何ら示さない、現場から離れた机上の理論ではなかろうか。

食糧基地構想は、農地だけでなく漁村・漁港も集約化の対象としている。漁業・養殖業も農業と同じく漁港を集約化することにより規模拡大を図り競争力を強化すべきだという主張である。「生業から脱却すべき」というこの構想の矛先は、浦々に小規模な漁村集落と漁港がたくさんあるリアス式海岸の沿岸域であろう。公表直後の四月二十三日に、東日本大震災復興構想会議において宮城県知事が「水産業集積拠点の再構築と漁港の集約再編による新たなまちづくり」として漁港を五分の一から三分の一に集約するという方針を提言したことも、それらを裏付けている（一一一頁参照）。

2　漁港集約化の問題点

食糧基地構想は、漁村集落にある漁港を中核漁村などの拠点地域に集約化し、企業的な事業に発展させ、集落についても移転をさせ、職住分離を図る構想である。企業化については現代流通事情に対応しなくてはならないため批判されることはないし、実態としても進んでいる。また、集約化という視点については、被害規模が広域で、復旧に優先順位を付けなければ致しかたない状況であることからも、一定の理解はできる。しかしながら、食糧基地構想には、リアス式海岸の漁村に対する認識の浅さから生じている問題がいくつかある。

第一に、漁港は集約化できても、漁場は集約化できないのだから漁業の効率化は図れず、むしろ非効率になることである。漁港は漁場と集落との一体的関係の下に存在しており、集落に住む漁業者の漁場へのアクセスを効率化するものである。また漁業者は、前浜にある養殖漁場や磯場の漁場を見ながら暮らしており、日頃から地域で清掃活動や植林活動を行いながら漁場保全を図っている。漁場と漁村が近いことは密漁監視にも役立つ。漁港の役割は多面的に捉えなければならないのである。

第二に、漁村集落の立地条件や漁業者の活力に対する認識不足である。漁村のなかでも、条件不利地とされている集落、例えば半島の先にある集落ほど、漁業者の活力は高い。条件不利地は、市場条件に恵まれない地域ではあるが、漁場条件が恵まれているケースが多いからである。内湾の漁場は、埋立て・浚渫や工場立地などで漁場環境が悪化しているケースが多く、一方、外海に面する地域は、潮通りのよい優良漁場が多い。それゆえ、養殖ワカメなどは、外海に面している漁場ほど生産力が高く、品質の良い製品が生産されている。また、そのような地域は漁業以外の就業は難しいことから、漁業振興にも熱心である。津波による大打撃を受けながら、「協同の力」で早々と復興に着手した岩手県宮古市の重茂漁協は、まさに重茂半島の外海側に立地する条件不利地であった。

以上の認識に立てば、高台への集落移転や漁村集落の漁港の集約化を目論む食糧基地構想が、いかに地域分析を抜きにした構想であったかがよく理解できる。食糧基地構想がそのまま実践されると、漁場も人も生産力が高く、潜在的に漁業の活力が高い可能性のある条件不利地のような優良集落を壊すことにもなりかねない。もしも復興の方針を現場に委ねたら、食糧基地構想のような発想はまったく浮かばなかったであろう。

ところがこの構想は法制化には至らなかった。それどころか、当初宮城県当局が掲げた漁港集約化は、いつの間にか、漁港を原則すべて残し、漁港機能を集約するという内容に置き換わった。二〇一一年夏頃のことである。

自然災害により被災した公共土木施設については、災害査定をして国庫予算を使って復旧することが原則となっている。国が指導したかどうかは定かではないが、「公共土木施設災害復旧事業費国庫負担法」という根拠法が《創造的復興構想》の暴走の歯止めとなったのかもしれない。

ただ、漁港集約化が漁港「機能」集約化と言い換えられたところで、意味をもたない。多くの漁港の背後にある加工機能は、民間投資か、公共土木施設とは異なる生産者負担のある補助事業（補正予算で準備されていた事業）による共同利用施設であることから、集約化するかどうかは水産加工業者か、生産者が決めるものである。実際に、震災後の自己負担を軽減するため、漁村で話し合いをして漁業者らがカキ処理場を集約化すると判断した漁村もある。

しかしながら宮城県は、二〇一一年十二月八日、一四二の漁港を拠点漁港六〇港とそれ以外の漁港に分け、地元漁民と協議することなく一方的に公表した。拠点漁港は二〇一三年度までに優先的に復旧が進められ、拠点以外の港にあった加工施設などの付随施設が集約される予定であるが、拠点漁港以外の漁港は、最小限の機能の復旧にとどめられ、復旧は後回しになる。もともと拠点的な位置づけにあった県管理の第二種漁港にも、拠点漁港からもれたものがあった。事前の意見・意向調整を行うことなく公表したため、こうした漁港の利用者から抗議が起きた。

3　熟慮なき水産特区法の成立

水産業復興特区構想は、二〇一一年五月十日に行われた東日本大震災復興構想会議の場ではじめて登場した。村井嘉浩宮城県知事が提案したのである。漁協あるいは漁業者から漁業権をとり上げて、私企業に解放するかのような内容に受け止めることができたため、宮城県内の漁業関係者に大きなショックを与えた。もちろん、宮城県漁協をはじめ、漁業関係者にはこのことはまったく伝えられていなかった。

その公表を受けて宮城県漁協は五月十三日に宮城県庁に抗議行動を起こした。一方の宮城県庁および知事は、「特区の主役は漁業者。仕事を奪うつもりはない。漁業者が納得しない形ではやらない」[1]と説明するものの、その内容が、民間資本を漁村に呼び込み、その会社の下で漁業者に就業機会を与えるというものであり、かつ当該会社に漁業権を与えるというものであったため、宮城県漁協はそれを受け入れるどころか、対決姿勢をより強めていった。

宮城県漁協はこの構想の撤回を求める署名活動を行った。そして六月二十一日に宮城県漁協の幹部六人と村井嘉浩知事とが意見交換を行い、約一万四千人の署名を集めた撤回請求の請願書も手渡した。その後、この撤回請求は県議会に諮られることになった。

二〇一一年六月二十五日、東日本大震災復興構想会議が提言をまとめて公表した。「復興への提言～悲惨のなかの希望～」である。すでに第四章で述べたとおりであるが（一〇五―一〇七頁）、その提言には「必要な地域では、以下の取組を「特区」手法の活用により実現すべきである。具体的には、地元漁業者が主体となった法人が漁協に劣後しないで漁業権を取得できる仕組みとする」という文言が盛り込まれた。言うまでもない。これが、村井嘉浩知事が訴えてきた水産業復興特区構想を表す文言である。その三日後である六月二十八日、水産庁は「水産復興マスタープラン」を発表。そのなかに前述の「特区」手法を明記した。そして七月二十九日、内閣のなかに設置されていた東日本大震災復興対策本部（のちに復興庁）も「復興の基本方針」に「必要な地域では、地元漁業者が主体の法人が漁協に劣後しないで漁業権を取得できる特区制度を創設」を明記した。

宮城県当局は九月十五日、宮城県議会に「県復興計画案」を提出。水産業復興特区を「検討課題」とし、導入時期を「二〇一三年度以降」とした。漁業権の更新時期は二〇一三年九月だからである。このことにより特区構想はいったん影を潜めたのである。

十月十八日の県議会本会議では、特区構想撤回を求める請願書が不採択となった。五八人が投票して採択賛成が二〇票と賛成少数でこのような結果となった。[2] 諮問された経済産業委員会では、採択になったにもかかわらず、である。常任委員会で採決された案件が本会議で不採択になるというのは前代未聞であったという。[3]

十月二十五日、「宮城県水産業復興プラン」が公表された。そのなかで、漁業権の特例について、「漁業者及び県漁協と十分な協議・調整に努める」と明記された。その数日後（十月二十八日）、東日本大震災復興特別区域法案が閣議決定される。十一月七日、宮城県と宮城県漁協の対立が著しいことから、水産庁立ち会いのもと、「まずは復興に向けた取組を協力して進めること」が両者の間で確認された。

十二月二十六日、「東日本大震災復興特別区域法（以下、特区法）」が施行。漁業法の特例（第十四条）に特区構想が法制化された。

水産業復興特区構想公表からこの特区法成立までの経過をたどると、立案過程に腑に落ちない点が多々ある。

まず二〇一一年五月十日に宮城県知事が構想を公表するまで、漁業権管理団体である漁協に何ら相談しなかったことである。混乱を招くことが想定されるため、反発を意図的に避けることが目的であったのだろう

震災後の岩手県田老漁港の岸壁と共同利用施設

石巻市日和山から見た門脇地区

か。また東日本大震災復興構想会議の検討部会では、特区構想に関して専門家が警鐘を鳴らし、構想推進という結論に至らなかったにもかかわらず、その議論がまったく無視されたことである。本委員会では、村井嘉浩知事と高成田享委員の度重なる主張により[4]、特区構想は復興構想会議の提言書に記載された。[5]

そして、その提言書が公表されてわずか三日後の六月二十八日、水産庁から公表された「水産復興マスタープラン」には特区構想が記載されていた。現行制度でも、組合員になれば十分に外部企業の参入が可能であるということを最も把握しているのは水産庁である。被災地の知事の提案だからと言って、「熟議なし」にそれを受け入れたことについては疑問を感じざるをえない。

4　漁業権と漁民の自治

漁業法と漁業権

制定された特区法第十四条は、販売事業などで漁協と関わりをもたず、企業と連携したい漁民会社に直接漁業権を免許する仕組みである。限界集落化する漁村において自力復興が困難で、民間会社の資金やノウハウを導入したい漁民会社がその対象である。

特区法第十四条の詳細は後述するが、これは漁業法にある漁業権免許の仕組みを緩和するものである。そこで漁業権について見ておこう。

漁業法の目的は、「漁業生産に関する基本的制度を定め、漁業者及び漁業従事者を主体とする漁業調整機構の運用によつて水面を総合的に利用し、もつて漁業生産力を発展させ、あわせて漁業の民主化を図ること」である。[6] 換言すると漁業法は「漁場を誰に、どう使わせるか、そしてそれを誰が決めるか」を定めている。制度的に漁業を区分すると、「漁業権漁業」「許可漁業」「自由漁業」があり、行政庁との関わりにおいてそれぞれは大きく異なっている。漁業権漁業とは、沿岸域あるいは内水面で営まれる漁業に絞られており、海面では離岸三〜五キロメートルの範囲で営まれるもので、これは沿岸域で暮らしてきた漁民が漁業を営む権利として存在している。禁止されている行為を解除して、適法にするという許可漁業とはその意味が大きく異なる。

漁業権は、免許権者である都道府県の知事が漁場計画に基づき適格者に免許を与える。漁場計画とは、漁業法第十一条に基づいて、行政庁が漁民から話を直接聞くなどして、漁業権が受け持つ部分をあらかじめ決めることを指す。[7] 具体的には、どの地区の漁民がどこの漁場でどのような漁業をどの時期に営むかを事前に決めることである。この手続きではさらに、行政庁が漁民の意向調査を行い、漁民間の調整を図るだけでなく、選挙で選出された漁民が参加している海区漁業調整委員会に諮問することになっている。

海区漁業調整委員会は各都道府県に設置された行政委員会であり、漁業権の免許権者である知事が政治介入できない組織である。委員会は漁場計画に問題があれば利害関係者から意向を聞くなど、行政庁が作成した漁場計画を慎重に吟味する役割があり、漁場計画の策定、漁業権免許・更新には委員会の承認がおおむね前提になっている。漁業権は、漁民が参加した調整機構を介して免許されているのである。

漁業権の免許方式は大きく二つに分けられる。都道府県知事が経営者に直接免許する方式と、漁協に免許して組合員に行使させるという方式である。前者は経営者免許漁業権、後者は組合管理漁業権と呼ばれている。

経営者免許漁業権には、「定置漁業権」と「区画漁業権」（特定区画漁業権漁業を除く養殖業を営むための権利、例えば真珠養殖業）とがあり、一定の区画を個別の経営者が占有して営む定置漁業と養殖業に与えられる。これらは五年ごとに更新される。

組合管理漁業権には、共同漁業権（漁協の管轄海域で漁業者が共同管理すべき漁業を営むための権利）と特定区画漁業権（技術や資本の点で漁民が参入しやすい貝藻類養殖や魚類の小割式《こわりしき》養殖を営むための権利）とがある。複数の漁業者が一定の区画で営む漁業と養殖業が対象で、都道府県知事から免許を受けるのは漁協である。だが漁協はあくまで漁業権の管理権を免許される受皿に過ぎず、権利の主体はあくまで漁民である。つまり漁協は漁民に漁業権を行使させる法人であり、漁業権配分の調整組織なのである。これは近世から地元漁民の自治により漁場を維持してきたという「漁場総有説」に立脚している。共同漁業権は一〇年に一度、特定区画漁業権は五年に一度、免許が更新される。

多くの場合、定置漁業権の漁場や区画漁業権あるいは特定区画漁業権の漁場は共同漁業権の海域にある。それゆえ地域によって異なるが、共同漁業権漁場で行われる漁業種はどの地域でも一〇種以上あり、海面利用の状況は多様性に富んでいる。さらに自由漁業や許可漁業も関わることがあるため、利害関係はきわめて複雑になる。漁場ではその利用をめぐってつねに漁民間の対立が輻輳している。そのことから、免許権者である県は漁場計画を策定するとき、漁業権を単一の利害として扱うのではなく、周辺の他の漁業との関係を考慮して利害調整を進めなければならないことになっている。

三陸において盛んなカキ、ホタテガイ、ワカメ、ノリ、ギンザケ、ホヤなどの水産動植物の養殖を対象とした権利は、特定区画漁業権に該当する。特区法第十四条は、この特定区画漁業権の特例措置を施行するものである。

特定区画漁業権における「漁業権行使規則」には、どの区域にどのような水産動植物をどのように養殖するか、あるいは漁場利用料をどうするかなど、養殖技術や漁場管理に関わる項目が細かく規定されている。この規則は漁協で組合員の合意形成を経て作成され、都道府県にも認められている。漁協（あるいは漁業地区）ごと、あるいは区画ごとに作成されており、その内容はそれぞれに異なってくる。漁場の自然的社会的環境は多様だからである。自らの地域の漁場環境を最もよく知る漁民らが漁業権行使規則の作成主体となり、漁民らの相互監視と主体性を基本とした漁場管理体制が、漁協ごとに形成されているのである。

また漁業権行使規則は漁業法で定められた項目について定められるものであることから、規則として不足するところがある。そのため、じつはこの規則以外の詳細な取り決めを別途、漁民が定めているケースが多い。それは行政庁に届ける必要はなく、漁協内で明文化され保管されている。

漁民自治

一般にはあまり知られていないことだが、漁民の間では、漁場の使い方をめぐり、絶えずさまざまな利害対立が存在している。養殖漁場の場合、利用者である漁業者ごとに海面が区切られているが、もしもそうしたルールがなく、漁民それぞれが漁場を身勝手に使ってしまうと、すぐに漁場紛争に繋がってしまう。そこに行政が介入しても、漁場で監視・監督するというわけにはいかないので、紛争は簡単には解決されない。だからこそ、漁民らは、漁業や養殖業を営む「権利」を得るだけでなく、漁業権行使規則の作成を通して、漁協内にある部会活動など秩序形成のための活動に「参加」する「責任」も果たさなくてはならないのである。[8]

このように、漁業権の権利には「責任」が付加されており、その責任履行には漁民らの「自治」が必要なのである。そして、自治形成のためには漁民が「参加」する組織が必要とされ、その自治組織が部会であり、集落ごとにある実行組合であり、漁民が出資して運営されている漁協という存在なのである。漁場利用に関する決めごとや漁業権行使に関する事項は部会や実行組合で調整、決定され、次いで漁協において漁業権管理委員会そして理事会などで承認されているのである。すなわち、漁協には、こうしたボトムアップで形成する自治があり、紛争防止機能を含んだ漁場管理システムが内蔵されている。漁協が漁場管理団体とも呼ばれる所以である。

しかし特定区画漁業権は、漁協にしか管理の権限が認められていない共同漁業権とは異なり、その管理権が優先的に漁協に認められているだけで、漁協が管理権を放棄すれば、個別の経営体に直接免許されうることにもなっている。そのとき、特定区画漁業権は組合管理漁業権ではなくなり、経営者免許漁業権となる。ただし、その場合、都道府県知事の恣意で免許してはならず、申請者の適格性の審査が実施され、免許されることになっている。さらに競願になった場合は漁業法で定めた優先順位に従って高い順位にある組織形態の経営体に免許される。この仕組みは特区法を見るうえで把握しておかなければならないことである。

5　適格性と紛争防止策をめぐる懸念

特区法第十四条は、上記のように漁協が管理権を放棄しない状態にあっても、個別の経営体が県知事に直接免許されるよう、特定区画漁業権に関する優先順位が緩和される内容となっている。

その具体的な内容とは、被災地で養殖業を営んできた漁業者が、独自で事業再開が困難であるとき、復興の円滑かつ迅速な推進を図るのに「ふさわしい者」に県が特定区画漁業権を免許できる、である。つまり、その「ふさわしい者」に対しては県が特定区画漁業権を直接与えるというのだ。もちろん「ふさわしい者」は漁協に所属する必要はない。

いったいどのような者がふさわしいのか。この解釈はかなり厄介であるとともに問題性を孕んでいる。形式的な内容については、「漁業法上で定められた特定区画漁業権者の優先順位の第二位、第三位に該当する組織に限られる」となっている。第二位は、地元地区の漁民の七割以上が出資者である法人であり、これは実体として合併が進む前の漁協と同じくする組織であること、第三位は、地元地区の漁民七人以上で構成される法人経営体であり、水産業協同組合法上で定める漁業生産組合（協同組合法人）そのものか、実体としてそれに近い法人である。[9]

つまり特区法は、いわゆる民間企業への漁業権開放というものではなく、たとえ漁民以外の個人・法人から出資金を受け入れたとしても、その法人の経営の軸は地元地区の漁民らにあり、その経済余剰の大半は地域内に残る、ということを約束している。それゆえ、免許される組織形態自体には地元漁業者に主導権があり、地域外の企業に漁業権が剥奪されるという問題性はまったくない。

しかし、特区法十四条の問題は、以上のような免許者の形式的な側面ではなく、適格性の要件に隠されている。要件は以下のように五つある。

一　当該免許を受けた後速やかに水産動植物の養殖の事業を開始する具体的な計画を有する者であること。
二　水産動植物の養殖の事業を適確に行うに足りる経理的基礎及び技術的能力を有する者であること。
三　十分な社会的信用を有する者であること。
四　その者の行う当該免許に係る水産動植物の養殖の事業が漁業生産の増大、当該免許に係る地元地区内に住所を有する漁民の生業の維持、雇用機会の創出その他の当該地元地区の活性化に資する経済的社会的効果を及ぼすことが確実であると認められること。

五　その者の行う当該免許に係る水産動植物の養殖の事業が当該免許を受けようとする漁場の属する水面において操業する他の漁業との協調その他当該水面の総合的利用に支障を及ぼすおそれがないこと。

注目すべきは「四」と「五」の項目である。「四」は経済効果として見込まれつつも、地元地区の漁民の生業に悪影響を及ぼしてはならないという内容である。これまで特定区画漁業権が設定されている区画内で一緒に養殖業を営んできた漁民が漁民会社に参加する者としない者に分かれたとき、漁場を分割しなければならない。そのときに漁場分割をめぐり、漁民会社に参加しない漁民の生業を侵してはならないというものである。また漁場利用をめぐり、漁民会社がその他の同業者漁民に迷惑をかけてはならないということも示している。漁場が分割されると、これまであった漁業権行使規則の効力が漁民会社の漁場に及ばない。増産体制が過ぎると過密養殖によって近隣の養殖業者に迷惑をかけ、紛争に繋がる。「四」は、このような漁場利用をめぐる問題が危惧されてもうけられた条項であろう。ちなみにこの漁業調整問題は漁協ではなく行政庁が行わなければならない。

「五」は地元地区だけでなく関係地区も含めた既存の漁民に配慮して、漁場利用における協調性を問う適格性の要件として取り上げられたと考えられるが、この文面では拡大解釈が可能であり、「他の漁業との協調」ができるかどうかをどのように審査するのか、そしてその審査基準はどのようになるのか、などについては曖昧なものでしかない。「協調した行動がとれる者であるかどうか」は、これまで当該地区にあった自治への参加という行為により担保されてきたわけだが、その自治が法的に壊されるうえ、協調すべき他の漁業の

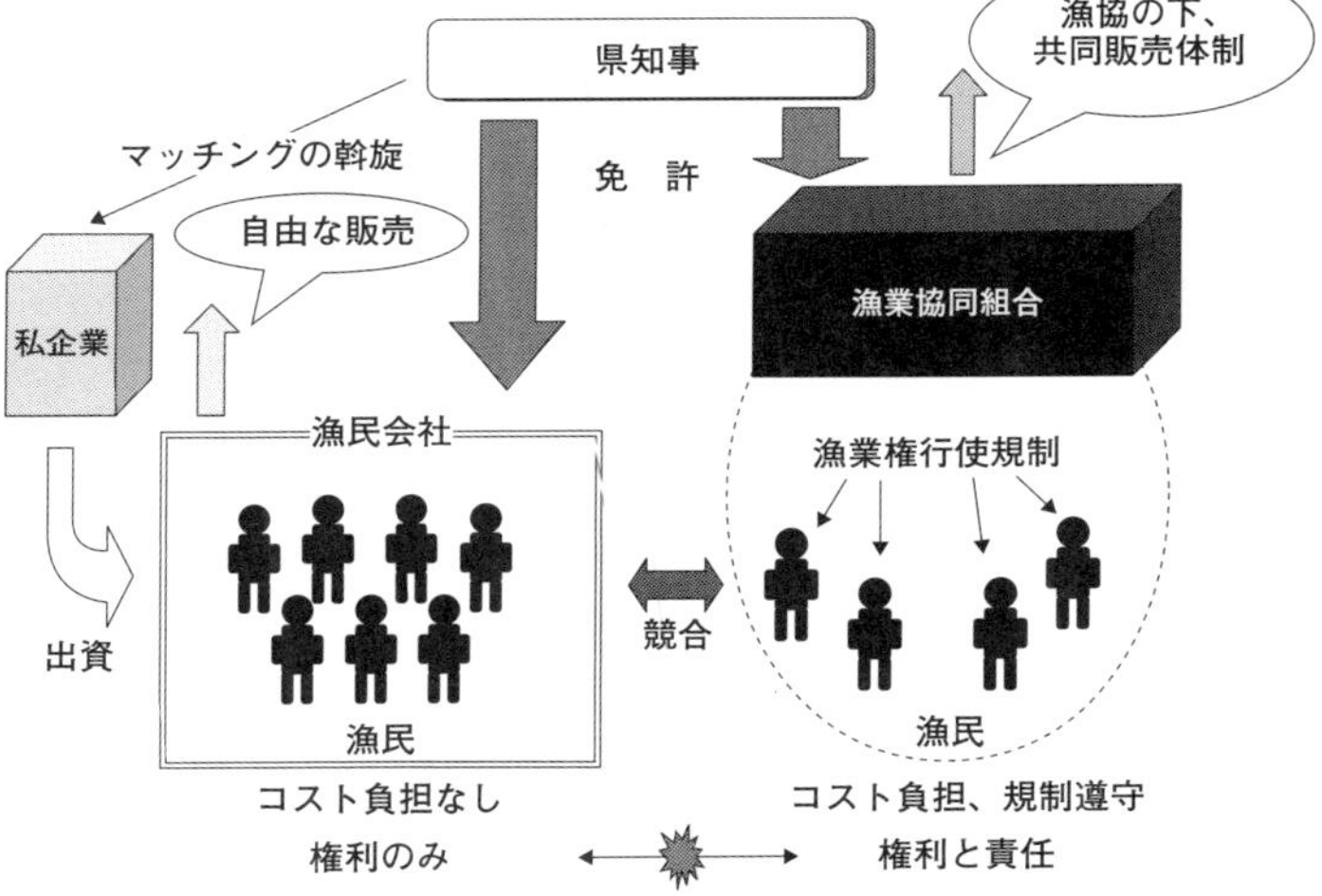

図１　特区の漁場では、漁協体制下のさまざまな「責任」を負う漁民と、負わない漁民会社とが競合する

範囲を限定することも可能であることから、審査の形骸化を図りうるのである。この要件こそが、既存の漁民にとって最も重要要件であるにもかかわらず、である。

もしこのまま適格性の基準が明確にならなければ、宮城県は、特区構想を推進してきた立場として、特定区画漁業権免許事業における適格性基準の範囲を広く設定してしまうであろう。適格性審査が形骸化される可能性が否めない。

漁民の分断を生むおそれ

特区法十四条の運用において、批判されなくてはならないことはそれだけではない。組合管理漁業権に備えられてきた紛争回避機能を含んだ漁場管理システムが被免許者に及ばなくなっていることで、「四」の条項に関わるところである。このままでは、特区の傘の下で漁協の組合員資格を得ることなく、「権利」を取得でき、かつ漁場管理コストの支払いや漁業権行使規則遵守という「責任」を負わなくてよい被免許者と、すべての「責任」を負わなければならない漁民とが**図1**（前頁）のように競合することになる。

こうした両者の利害対立が紛争の火種になるということは想像に難くない。それゆえ、特定区画漁業権免許事業は漁民の分断を生む欠陥を抱えた事業である。漁業権制度にある漁場管理システムに代わるなんらかのシステムがこの事業体制に仕組まれることが約束されなければならない。

水産業復興特区構想を立案した宮城県は立案者でありながら、紛争防止に資する漁場管理システムについてまったく提示していない。県内の漁業調整の任務を担う行政庁の対応としては、無責任と言わざるをえない。同時に紛争防止策や免許対象者の管理・監督方法の立案を踏まえないまま、特区法を成立させた国の責任も重い。

6 水産特区法制化後の動向——石巻市桃浦地区

法制化後、宮城県漁協への反発を避けるためか、知事と県当局は水産業復興特区実現のために水面下で漁民会社の設立を進めた。この構想は六月下旬には大筋合意していたが、それを海区漁業調整委員会や漁協には知らせることなく、特区申請に向けて進んだのである。

石巻市桃浦地区のカキ養殖業者一五人の出資による桃浦カキ生産者合同会社の設立が公表されたのは八月三十日であった。この時点では、桃浦カキ生産者合同会社の出資者はまだ桃浦地区の漁民のみであったが、仙台市内の中央卸売市場で水産卸業を営む株式会社の経営参画が予定されており、そのことも公表された。

同時に、民間企業と連携し六次産業化に取り組む漁民会社への支援を念頭においた県単独補助金による支援策が九月の県議会に向けて準備されていることも公表された。この支援策は、建前としては公募による支援なので、桃浦カキ生産者合同会社のためだけに準備されるものではない。だが補助の対象先が特区申請を予定している桃浦カキ生産者合同会社であることについて、県当局は県議会の予算案審議の過程で否定しなかった。特区とは、民間資金を呼び込むための制度であったにもかかわらず、である。

支援内容は、養殖資材・施設の導入（三億九千万円）、パッキング工場建設への支援（一億六千万円）である。県単独の補助金事業であり、補助率は六分の五である。報道によると、この予算のうち五億五千万円が桃浦カキ生産者合同会社の支援に充てられる予定という。[10]

この合同会社は震災後に新設された法人である。その取組みは新規であり復旧に該当しない。国の支援として激甚災害法に基づく復旧支援があるが、新規法人であるため当合同会社は国からの支援を受けられない。他方、民間出資だけでは事業として投資回収に何年も要する。こうした限界を踏まえて、宮城県としては何らかの支援をしないと水産業特区構想は破綻すると踏んだと思われる。

ちなみにこの公表の数日前に海区漁業調整委員会が開催されていたが、これに関して県からはなんの報告もなかったという。[11]その後の海区漁業調整委員会において宮城県当局は委員から強い抗議を受けた。

公表からまもなく、県議会の九月定例会で補正予算審議が始まった。県当局から出された前述の支援策に関する予算案は環境生活農林水産分科会において審議された。分科会の審議では、県議から予算案に対する反論が多数発せられたが、予算案は特区実現を念頭に置きながらも県の復興方針でもある六次産業化推進を掲げていることから、十月一日、賛成多数で採決に至った。沿岸部の県議会議員は審議ではこの予算案を強く批判したものの、特区対象が桃浦の一地区にとどまっていることから影響は小さいという判断をし、賛成したという。[12] ただし、予算成立には「関係者との同意を得るよう配慮すること」という付帯意見が付け加えられた。

十月五日、桃浦カキ生産者合同会社は社員総会を開催し、正式に仙台の水産会社の出資（約四五〇万円）・経営参画が認められ、十月九日に会社法人の定款変更を行った。これで民間企業出資の漁民会社が誕生したことになる。そして特区関連事業の予算は十月十一日に本会議で成立した。県当局に残された課題は、特区法第十四条に基づく「復興推進計画」の作成および復興庁への申請のみとなった。

特区申請会社が漁協加入

このまま申請に向かうと思われたが、なぜか桃浦カキ生産者合同会社は、宮城県漁協に対して法人組合員としての加入申請を行った。[13] その後、十月二十五日に資格審査が行われ、十月三十日に経営管理委員会において加入審査が行われた。結果、組合員資格を得て、加入が認められた。加入を受けて、以下の点が確認された。

① 桃浦カキ生産者合同会社は宮城県漁協が行うカキの衛生対策に協調して取り組むこと。
② 桃浦カキ生産者合同会社は宮城県漁協のカキ部会に加入すること。
③ これ以外の事項については、双方が誠意をもって協議のうえ対処すること。

この文面では読み取れないが、桃浦カキ生産者合同会社は、施設保有漁協（共同利用施設の復旧支援のために設立された漁協。詳細は一八四頁）の組合にも加入した。このことによって桃浦カキ生産者合同会社は施設保有漁協が受け皿となって整備するカキむき処理場の施設を利用できるようになった。

桃浦カキ生産者合同会社の組合員申請については、村井嘉浩知事も宮城県漁協に直接申し入れている。知事が提案した水産業復興特区構想は、所属する漁協との関係を見切ってでも、民間企業からの出資を希望する漁民らのために創設されたものであったはずである。意外な展開であった。

補助金の性格、漁協の共同施設利用、漁協の事業利用あるいはそれらと投資対効果との関係から推論すれば、さまざまな事情[14]が考えられるが、この時点ですでに特区の精神から外れたものになったと同時に、桃浦カキ生産者合同会社は宮城県漁協の管理・内部調整のもとで漁業行使権を得る権利を得たことになる。[15]だが、それでも桃浦カキ生産者合同会社と宮城県当局は一貫して特区申請を行うという姿勢を崩さなかった。

知事は東日本大震災復興構想会議で、外部企業が出資して農家と組んで運営されている農業生産法人を例に挙げて、漁協に属さない民間出資の漁民会社の在り方を提案したのだが、土地利用型農業に取り組む農業生産法人のほとんどは厳しい経営を強いられていると聞く。[16]しかも、うまくいっているのは地元の農協と連携している事例だという。[17]すべてを自賄《じまかな》いしようとすると、初期投資が大きくなるからであろう。[18]知事発言は農業の専門家とは、ずれた認識を根拠としていたのである。

先述したとおり、水産業復興特区がもたらす最大の問題は漁民の分断である。この問題は法制化のプロセスで幾分かは補われたものの、特区法第十四条が運用された場合でも、漁業権行使規則に基づく漁民自治が壊れる危険性は決してぬぐい去られていない。

カキ養殖地帯にはカキの成長に応じた漁場移動があり、場所決めをめぐる漁民自治がある。海底耕耘をみなで行い、くじ引きにより漁場配分を決める地域もある。こうした漁場利用体系は、浜ごとに漁民同士が調整に時間と労力を要して積み上げてきたものである。それゆえ理由はともかく、合同会社が組合員になった現状ではそれが保たれる。それならば、特区により漁民を分断するメリットはどこにあろうか。

現行制度下で、漁民会社や企業が漁協の組合員となって、漁協から漁業行使権を得たケースは多い。西日本では、ブリ類養殖、クロマグロ養殖の経営体として大企業の子会社が漁協の組合員になった事例もいくつか見られる。県当局が率先して、参入する企業と地元漁協との間に入り、利害調整を仲立ちした事例もある。[19]しかも、利害調整を終えてから特定区画漁業権を、漁協ではなく直接外部の企業に免許した事例さえある。[20]

二〇一三年二月十九日、桃浦地区と漁場を共有してきた近隣の浜の漁民代表者が、特区が導入されると「浜の絆が分断される」と宮城県と海区調整委員会に意見書を提出した。宮城県漁協に対しても反対姿勢を強めるよう要望した。

宮城県ではなぜそこまで水産復興特区を必要とするのであろうか。客観的な判断材料はもはや見当たらないのである。

1　「水産復興特区　宮城県漁連が撤回要請」『河北新報』(二〇一一年五月十四日)。

2　「水産特区請願請求不採択」『河北新報』(二〇一一年十月十九日)。

3　この背景には以下のようなことがあった。まず宮城県議会の自民会派が会派拘束をかけず自主投票を促すかわりに本会議の採決においては記名投票を求めるようにしたこと（「水産特区請願請求不採択」『河北新報』二〇一一年十月十九日）、知事票の取り込みが重要な県議員選挙が近づいていたことから自民会派議員の投票活動が揺らいでいたこと、そのようなときに日本共産党の選挙チラシに記載されていた「親身になって話し合って頂いたのが共産党」という宮城県漁協幹部の応援メッセージが自民党会派の議員に出回り、それが大義名分となって揺れていた自民会派の議員が不採択票を入れたこと（「予期せぬ流れ、意外な大差」『河北新報』二〇一一年十月十九日）、である。ただし、宮城県議会は特区構想撤回を求める請願書を不採択としたが、漁協に対して十分に理解を求めることを付帯決議としており、特区構想に賛成したというわけではなかった。

4　高成田享『さかな記者が見た大震災　石巻讃歌』（講談社、二〇一一年十二月）によると、高成田氏は東日本復興構想会議において「骨抜き」にされた事務局案を骨抜きにしたと述べている。
5　東日本大震災復興構想会議議事録（二〇一一年六月十一日）。
6　漁業法第一条。
7　漁業法第十一条では、「都道府県知事は、その管轄に属する水面につき、漁業上の総合利用を図り、漁業生産力を維持発展させるためには漁業権の内容たる漁業の免許をする必要があり、かつ、当該漁業の免許をしても漁業調整その他公益に支障を及ぼさないと認めるときは、当該漁業の免許について、海区漁業調整委員会の意見をきき、漁業種類、漁場の位置及び区域、漁業時期その他免許の内容たるべき事項、免許予定日、申請期間並びに定置漁業及び区画漁業についてはその地元地区（自然的及び社会経済的条件により当該漁業の漁場が属すると認められる地区をいう。）、共同漁業についてはその関係地区を定めなければならない」としている。
8　「権利」と「責任」そして「参加」と「自治」の関係についてはキース・フォークス『シチズンシップ――自治・権利・責任・参加』（中川雄一郎訳、日本経済評論社、二〇一一年五月）の考え方を参考にした。
9　定置漁業権および特定区画漁業権における漁業権免許の優先順位の考え方は以下のとおり。地元か地元でないか、個人か団体か、経験者か未経験者か、である。これを基準に考えると、優先順位が高いのは地元の漁民がよりたくさん出資し、参加している団体となる。漁協が優先順位の一位になり、地元漁民の参加状況に応じて、地元漁民が七割出資している法人、地元漁民が七人以上出資している法人、という順番になる。
10　「水産業特区、動き本格化」『朝日新聞』（二〇一二年十月十二日朝刊）。
11　「水産特区反発なお　県構想で海区調整委」『河北新報』（二〇一二年十月十二日朝刊）。
12　「水産特区の予算案可決」『朝日新聞』（二〇一二年十月十二日朝刊）。
13　村井知事の発言「会社を立ち上げ、まずは漁協の下に組合員として入ってもらい、二〇一三年度の漁業権の免許切り替えの時に独立する形が望ましい。民間の技術力や経営力を採り入れ、生産だけでなく、加工・流通・販売まで一体化すれば、付加価値を上げることができます」（『朝日新聞』二〇一二年三月八日朝刊）。
14　桃浦カキ生産者合同会社の出資総額は九〇〇万円となったが、養殖施設、カキむき処理場、パッキング工場の建設費などを含めると、六億円以上の設備投資が必要と見積もられていた（島貫文好「春夏秋冬㊱　水産業復興特区その2」『御神船』（一七六号、二〇一二年九月号）。合同会社が独自ですべてを準備するとなると、金融機関に求める融資額が大きくなる。融資額が大きくなると、債務が大きくなる。ならばその債務に見合う売上げを出す生産を行えばよいのだが、特区法第十四条では、周辺の漁業者の生業を侵すことは許されないため、使える漁場は最大で、経営参画した一五人分しかない。一五人分の漁場規模において、カキの単価とかかる支出を踏まえ利益率を考慮すれば、五・五億円の補助金を付け加えても厳しいものがあろう。

15　桃浦カキ生産者合同会社は、漁協の組合員が所属する法人組合員であるとは言え、本来なら組合員になってから一定の実績を積まなくてはならない。だが二〇一二年十二月中旬、宮城県漁協は漁業権行使規則を改訂して桃浦カキ生産者合同会社にすぐに漁業権を行使できるようにした。もちろん、このプロセスには宮城県当局も関わっている。

16　例えば、外食産業の大手が取り組んでいるが、このような企業出資による農業生産法人の事業は自治体からの補助金でようやく成り立っており、なかなか黒字化しないという。農作物を仕入れる本業で黒字が出れば、それでよいのであろう。

17　坂下明彦・長尾正克・仁平恒夫・西村直樹・小山良太・宮入隆・工藤康彦・清水池義治・庄子太郎『北海道における農業生産法人と農協——地域農業との連携の視点から——拠点型法人化』（北海道地域農業研究所、二〇〇七年）。

18　第一次産業は自然相手に経営しているだけに、計算できないリスクとどう向き合うかが経営の課題である。漁民の出資により設立されている漁協の事業は、リスク分散を図るために行われている。企業参入により養殖業が集約化、効率化され、生産性が向上するというのは理論であって、実態が理論に伴うかどうかは別問題である。当該地域の自然的・社会的な環境で最も効率的な方法は、必ずしも企業出資や企業参入ではないからである。

19　例えば長崎県は「長崎県マグロ養殖振興プラン」に基づいて、クロマグロ養殖事業に取り組む新規参入企業と漁協の間でさまざまな利害調整を行った後、協定書の締結を求めている。

20　石川県珠洲市において、北海道の水産商社がクロマグロの畜養を営むために区画漁業権を石川県から免許された。しかしながら、事業は一年も続かず、事実上撤退と見て取れる休止状態に入った。畜養では、大中型旋網漁船が捕獲したクロマグロを洋上で生簀に入れてそのまま沿岸に移送して育成するという方法をとる。この事業は洋上でのクロマグロの引き渡しが円滑にいかず、継続されなかったという。

第六章　水産業の再開状況

復興に向けて行政庁がどう舵をとるかは地域の歴史や事情により異なるものであろうが、岩手県と宮城県の水産復興方針と立案過程の違いは隣県であるにもかかわらず、かなり大きかった。とは言え、水産業の復興は国庫予算により進められるものであることから、水産業復興特区や漁港集約化といった宮城県の目玉施策を除けば、被災県による復興の進め方が大きく変わるものではない。漁協や行政組織のバックアップによる推進力の違いがある程度である。

では、復興に向けて国からはどのような支援が行われてきたのであろうか。また、被災地における水産業の再開、復旧・復興はどうなっているのであろうか。

本章では、漁業、漁協、水産加工業者が抱える経営問題、漁村整備の状況を見ながら、震災から一年半が過ぎた現状を検討する。

1 漁業・養殖業

水揚げ量は七割回復

第四章で説明した補正予算の効果がはっきりと現れるのは震災から数年先になると思われる。しかし、震災から一〇か月後の状況を見ると意外と驚く結果である。

水産庁が公表した「東日本大震災による水産業への影響と今後の対応」(二〇一二年三月七日現在)によると、二〇一二年一月における被災三県の水揚量は前年度比七一パーセント、金額ベースで六六パーセントとなっているのである。被災漁船のうち復旧した漁船は約四分の一の七千五二五隻であるにもかかわらず、である。

このように水揚数量が七割にまで回復したのは、北太平洋海域で操業する大量生産型の漁船、大中型旋網《まきあみ》漁船、沖合底曳網漁船が比較的被災を免れ、早期に再開されたこと、かつ一部の大漁港の市場機能がかなり回復し、壊滅的被害を被った大漁港でも一定程度、市場機能を回復させ、県外船を受け入れることができたこと、そして大型定置網の再開が進んだことが挙げられる。

養殖業の再開については次のようになっている。二〇一二年四月十八日時点、養殖施設については、岩手県のワカメ養殖では約五割、宮城県のワカメ養殖では約六割、ギンザケ養殖では約七割、ノリ養殖では約四割が復旧した。[1] そして水揚げについては、二〇一二年九月十一日時点であるが、震災前と比較して、岩手県のワカメ養殖が七五パーセント、宮城県のワカメ養殖が八五パーセント、ギンザケ養殖が六三パーセント、ノリ養殖が二〇パーセントであった。[2] いずれも単年で生産される養殖物である。ワカメについては低気圧で流されることもなく、育成状態が良好であったことから、施設の復旧した率よりも水揚げの率の方が高かった。ノリ養殖を除けば、震災一年目で回復力があったと言える。ノリ養殖は二〇一一年秋期からの収穫開始までに自動乾燥機などの高価な設備投資が必要であったため、再開の準備が間に合わないケースが多かったと思われる。またホタテガイやカキ養殖においては若干の水揚げがあったが、これらの採苗時期からの養殖年数は約三年であり、二年貝の出荷が本格化するのは二〇一二年の秋期以降である。震災後に採苗した稚貝が三年貝となり出荷されるのは二〇一三年からである。

漁業・養殖業の協業化・法人化

ほとんどの地域で漁船が不足していることはすでに触れたとおりである。再開に至った多くの沿岸漁業・

カキ養殖用筏上での作業を再開。
宮城県唐桑。撮影：瀬戸山玄

養殖業では、複数の漁業者が集まって漁船を共同利用している。岩手県では、重茂《おもえ》漁協のように漁協が核となって完全に協業体制を整えた地域も少なくない。ただし協業化による再開は、資材・設備・漁船不足への初動的対応とされている。

協業化が経過措置として行われることには、いくつかの理由がある。

第一に、意欲と能力がある漁業者の生産意欲を落とすことである。漁業者は技量が異なり、協業化により自らの成果がわかりにくくなる。また漁業者間で養殖技術に対する考えが異なった場合、誰の技術水準に合わせればよいのかが問題となる。とくに有能な漁業者が我慢を強いられることから、長期間の協業化は難しいという判断である。

第二に、多くの漁協では、漁民の協調・協同を促しながらも、ときには漁民の才覚により水揚げ格差が生じるように競争的環境を残すようにしてきた。漁民同士の切磋琢磨がなければ互いに腕を磨かなくなり、水揚げは伸びないのである。

とは言え、この機会に協業化や共同経営で続けていこうという動きもないわけではない。漁協の指導ではなく、自発的に漁業者がグループを組み、共同利用漁船を用いて漁業・養殖業を再開したケースのなかには、永続的に協業体として事業を続けようとしているものもある。いずれも宮城県内だが、例えば、これまで各人で自動乾燥機を所有していたノリ養殖業者八人が大型の自動乾燥機を四台にして協業化するというケース、[3]漁船を各二隻ずつ所有し小型定置網を各一カ統（網一式を数える単位）ずつ所有していた経営体が、三カ統のうち二カ統を漁獲能力の高い大きいサイズの定置網に変更して、震災前と比べると半分の漁船で協業化するというケース、[4]四経営体のカキ養殖業者が震災後、協業により小型定置網漁業を始めたというケース[5]など、さまざまである。

さらには、三次補正の目玉事業となった「がんばる漁業・養殖」復興支援事業による協業化組織である。ちなみに、二〇一二年十二月十日時点で、「がんばる漁業」の計画認定数は、青森県が二件、岩手県が三件、宮城県が八件、福島県・茨城県が五件などであり、「がんばる養殖」の計画認定数は、岩手県が三〇件（三六七経営体）、宮城県が二七件（四〇三経営体）、三重県一件（一三経営体）となった。

他方で、協業体が水産業協同組合法上の漁業生産組合や会社法上の合同会社に発展したケースもある。例えば、ワカメ、コンブ、ホタテガイ、ギンザケ養殖を営んでいた養殖業者一〇経営体一二人が漁業生産組合を設立したケース[6]（南三陸漁業生産組合）、カキ、ホタテガイ、ホヤ養殖を行う漁業者四人と外食産業などを営んでいる非漁業者四人が合同会社を設立し、一口オーナー制などを導入して資金集めしているケース（OHガッツ）、ワカメ養殖漁場を集約化し生産組合を設立、自家販売を始めたケース[7]（浜人漁業生産組合）、刺網漁やタコ籠漁など漁船漁業を営んでいる一〇人の漁業者が漁業生産組合を設立したケース（三陸漁業生産組合）、カキの生産・加工・販売の一貫体制を築こうとする六人のカキ養殖業者が市中銀行から融資を受けるために株式会社を設立したケース（株式会社宮城県狐崎水産六次化販売）などがある。いずれも、第一ステップは生産の協業化であるが、最終的には生産・販売を複合的に行うことを目的としている。

協業化の経緯は分別すると二種類ある。漁業者らが自主的に始めたケースと漁協の指導の下や事業活用のために行われたケースである。前者は漁業者が抱えるリスクが高く、後者は一過性的組織化という傾向をもつ。エネルギッシュに活動しているのが前者であることは間違いない。

漁業・養殖業の再開に向けた取組みをよく見ると、民間支援の存在も無視できない。全国の同業者からの資材・漁船の供給、財団や市民団体からの義援金・寄付行為、オーナー制による資金援助などさまざまである。政府が事業化した補正予算による復旧支援事業を活用するにしても、自己資金が必要であるが、援助された資金が活用された例は少なくない。

2 経営・雇用問題

東日本大震災で発生した津波により漁船だけでなく漁協が所有していたあらゆる施設や建造物が流失・損壊し、漁業者や組合員に多大な損失が発生した。この状況に鑑み、「共同利用漁船等復旧支援対策事業」や「水産業共同利用施設復旧整備事業」など補正予算で漁業関連施設への手厚い支援が実施された（第四章、表1参照）。それにより施設や建造物の復旧と、漁業・養殖業の再開が徐々にではあるが進んだ。

しかしながら補助金による再建でも自己負担部分が生じるし、漁業者も漁協も自己資金では手当てできないことから資金調達をせねばならず、復旧とは言え一度に震災前以上の固定資産税が発生する。そのことから、漁業者や漁協が生産手段や施設を取得したからと言って、経営問題が解消されるわけではない。事業ベースで経営が改善されるには、水揚物の数量、価格とも震災前を上回る必要がある。

産地で販売される魚介類は、産地の流通加工業者の買付け意欲が高まらない限り、価格形成力は回復しない。すなわち一時的な復興支援需要があったとしても、被災地の水産物がこれから長きにわたって震災前より消費地で好まれて消費されなければならないのである。

震災後の各主要魚種の価格を見ると、震災前と比較して高騰したという例はほとんどない。[8] 日々の取引で一時的に高騰した魚種はあろうが、震災の影響で国内の供給量が少なくなっているにもかかわらず、年間を通して価格は高騰しなかった。明らかに高騰したのはワカメぐらいであった。震災前の六三パーセントまで生産を回復させたギンザケは例年の半分以下の価格に暴落し、出荷量が例年の一〇パーセントにも満たなかったカキは価格面でも回復しなかった。もちろん、震災の影響により輸入品で売場空間が補われ、販路先の需要が低迷していたということがその背景にある。しかし、今日的な水産物の販売不振が影響している可能性が強い。少子高齢化、食の簡便化傾向が強まり、今後の水産物需要がどれだけ伸びるかは未知である。むしろ、原発災害により消費が控えられる傾向が強い。

漁業者は漁船や漁具などの生産手段の獲得が急がれたことから、経営問題については棚上げにしているところがある。

共同利用漁船等復旧支援対策事業においては九分の一〜三分の一の自己負担で新たな漁船を入手できることから、漁船の更新を考えていた漁業者には、またとない代船取得の機会となった。

震災前からわが国の漁業には、漁船が更新されず、船齢が高齢化するという代船問題が横たわっていた。九〇年代のデフレ不況と金融検査の強化から担保評価や与信管理などが厳しくなり、金融機関の貸付が厳しくなったこと、さらに魚価が長期低迷するなかで船価が高くなり、返済計画が成り立ちにくくなったことがその要因である。当初は、沖合・遠洋漁業に代船問題が顕在化したが、漁業者の高齢化と相まって近年では沿岸漁業者にまで広がっていたのである。

「共同利用漁船等復旧支援対策事業」により手に入る漁船は、あくまで漁協から借りる漁船である。しかし漁船の仕様は借り手である漁業者が決めることができるし、法定耐用年数が過ぎれば漁協から下取りできることになっている。それゆえ組合員である漁業者は、漁協との信用関係で代船取得が可能である。

漁業者は共同利用漁船の賃貸料を漁協に支払わなければならない。すべての漁業者ではないが、震災前の借入れに対しては制度資金への借換えによって対応し、据え置き期間がもうけられたであろうが、その期間を過ぎると、震災前の借入れなどの返済も発生し、二重に支払わなければならない。このような二重ローン問題に対応するには、しっかりとした水揚げをしなければならない。震災前より収益幅を増幅させる必要があり、そのためには規模拡大や着業業種を増やさなくてはならず、そのような努力を払わなければ、自らの漁業経営が危機になるだけでなく漁協経営にまで悪影響を及ぼすのである。

だから被災県の沿岸漁業・養殖業では、漁協と組合員が一体となって復興を図らなければならない。その意味で、「がんばる漁業・養殖復興支援事業」は、沿岸漁業・養殖業の再生に有効な手段となる。この事業の仕組みは、漁協が漁業者の協業体と生産委託を結び、国費から積み立てられた基金から生産委託費を得て、協業体に払い込み、水揚物を販売して、販売代金を基金に戻すという資金循環型の方式が採用されており、これならば組合員の生業と漁協の事業が同時に再生できるからである。計画申請や事業管理に専属の漁協職員が必要になるため、マンパワー不足気味の漁協ではこの事業を活用できない。事業の仕組みを有効に働かせるためにも、新たな漁協の体制づくりが必要になってくるであろう。

3　水産加工業

再開状況

水産加工流通業者の業務再開状況は二〇一二年十二月十日時点で岩手県が七一パーセント、宮城県が六三パーセント、福島県が七一パーセントとなった（二〇一五年度末までに再開を希望するものも含む率）。二〇一二年になって再開する水産加工業者が増えたが、再開状況は決して芳しくなく、再開しても各社とも、震災前の状況からすると出荷数量が半分にも満たない事業体が多い。そのうえ県および都市により格差が生じている。

岩手県内では拠点漁港がある久慈地区、宮古地区、釜石地区、大船渡地区において水産加工業者の再建が進んだ。二〇一二年の夏期までに工場を復旧させるか、新たに用地を購入し新しい工場を建造した加工場が多い。しかも、震災前より水産加工業者が増えると想定されている地区もある。例えば、釜石地区は、漁業センサス統計上では震災前の水産加工業者は一六工場（協同組合の工場含む）あったが、二〇一二年七月段階で再開の見通しが立っていないのが一社であり、それ以外は再開もしくは再開予定である。すでに九社は復旧・工場新設を終えており、残る六社のうち四社は再建整備中であり、二社は計画中である。大槌地区から釜石地区に移転再開した工場が三社あり、さらに一社が移転計画中である。すなわち、一六工場中一五工場が再建され、そこに新規に四社が加わる予定がある。

ただ、隣接する大槌地区は地区内から工場が流失したことで震災前より大きく工場が減った。大槌地区では県有地である漁港用地に水産加工場が立地していたが、震災によりその用地が著しく地盤沈下したため、県が「占有許可」を差し止めたことで、水産加工業者は新たな土地を求めざるをえなくなったのである。

宮城県気仙沼地区では、漁港近辺にある鹿折地区、南気仙沼地区、赤沼地区には水産加工場が軒を連ねていたが、押し寄せた津波によりほとんどが損壊した。この地区では二〇一二年六月までに、水産物卸売市場の能力が震災前の五〇パーセントに回復したが、地域内の凍結能力は震災前の三七パーセント、冷蔵能力は三二パーセントとあまり復旧していない[9]。水産流通加工業者二八〇社中業務再開したのは八〇社である。被災した工場で普及を終えたのは三割にも満たないと言われている。区画整理、土地整備、都市計画などがなかなか定まらなかったこともあり、岩手県内に工場を有していた企業が岩手県内の工場を拡充させて、業務を再開するというケースも見受けられた。

宮城県石巻地区では、魚町地区だけに限ると、倉庫業も含む水産加工業者の再開数は三八社（震災前八四社）となっている（二〇一二年六月段階）。その他水産関連業者は四六社（震災前一二三社）である。石巻全体で見ると、水産加工業者の再開は三割程度と言われている。[10]

以上のように、県境を挟んで、水産加工業の復旧・業務再開状況に差が生じている。

多重ローン問題

被災地の水産加工業者が事業再建にあたり、最も苦慮しているのが多重ローン問題である。一般に多重ローンというのは、債務を補うのに債務するという行為が何重にもなるという意味で使われるが、ここでは少し意味合いが異なる。設備が被災したことで設備が使えなくなり、その債務の返済をするために新たな債務を負って設備を導入しなければならないという意味で、震災後、二重ローン問題と言われてきた。しかし、債務は施設だけに限らないことから《多重ローン》と表現することにする。

水産加工業を運営していくにあたり、借入れの目的は多岐にわたる。施設の建設や機械類導入のための借入以外は次のようなものがある。

まず原料を仕入れるために発生する借入れである。とくに市場から仕入れる場合は支払い期間が短くかつ大量に仕入れを要するときがあるため、まとまった資金が必要である。さらに原料や製品の在庫保管が必要である。自己所有の冷蔵庫以外に、営業冷蔵庫を利用するケースが少なくない。また人件費がある。水産加工業は従業員数に格差はあれども雇用型経営である。労賃の未払いは許されないし、震災後に退職する正職員には退職金を支払わなければならない。最後にリース物件である。機械設備・施設類は自己所有物だけでなくリース物件も多い。例えば、フォークリフトや営業車さらには事務機器（PC、コピー機など）である。リースファイナンスであることから、リース物件を使っていること自体がローンであり、かつ水産加工業者はこれら流失したリース物件を弁償しなくてはならない。

いずれの例も、資金の借入れは長期ではなく短期の借入れである。資金力があり収益力がある経営体は運転資金がうまく循環するためこのような短期借入れがあまり発生しないが、収益性が悪化すると長期借入の返済分を賄わなければならないほど短期借入れが膨らむことになる。二〇一一年三月十一日に大震災が発生したが、売上げに繋がる予定の原料や製品の在庫が流失したその後に、原料の仕入れ先に対して、営業冷蔵庫に対して、従業員に対して、そしてリース業者に対して支払いが発生する。そして事業再開に向けて、これらの経営資源に対して再投資しなくてはならない。そのとき、水産加工業者はそれぞれに対して新規に資金を準備しなくてはならないため、多重ローン状態になる。彼らはきわめて厳しい状況に立ち向かわなくてはならなくなるのである。

こうした状況に対して震災後すぐに、無担保・無利子などの制度資金と、先述した二重ローン問題に対応した二つの政府支援（中小企業庁と水産庁の補助金）が創設された。このような政府対応により、金融機関が資金供給をしやすくなったのは確かである。

多くの水産加工業者によると、金融機関の貸付態度はたいへん厳しい。再開状況や経営再建の見通しがつかない経営体や事業規模縮小によりローン返済の計画が成り立たない経営体には、新規の融資に踏み込みにくい、ということが見え隠れしている。その根底にあるものは、やはり多重ローン問題である。

中小企業対策として債権買い取りなどを行う産業復興機構が被災各県に設置され、企業再生のスキームは準備された。しかし、さまざまな条件が突きつけられることを恐れて、水産加工業者の多くはこのスキームの活用に至らない。現在、様子見と言ったところである。

用地問題

東日本大震災では国土が東にずれるというほどの地殻変動であった。漁港や漁港近隣の用地は著しく地盤沈下して大潮の時は完全に冠水する事態となり、全面的に嵩上げしなければならなくなった。それらの用地には水産加工場が立地している。多くの水産加工場が津波に押し流されて流失したが、工場施設の基礎や柱が残っていて再建可能なものもあった。

先述したように、岩手県では県管理の漁港区域内に加工用地（例えば大槌漁港の用地）を設置している漁港がいくつかあり、立地している水産加工業者は「占有許可」を得て操業していた。震災後、それらの用地が地盤沈下したことで、県としては嵩上げの対応をせざるをえないため、そのような用地を利用していた水産加工業者に対しては「占有許可」を保留した。「占有許可」の保留により用地を失った水産加工業者は、新たな土地を求めなくてはならなくなった。[11]

宮城県では建築基準法八十四条に基づく建築制限を、二〇一一年十一月十日まで、気仙沼や女川町などの市街地にかけた。気仙沼では水産加工場が建ち並んでいた地区も建築制限区域であった。復旧の遅延はさまざまな要因がからんでいるが、建築制限が与えた影響は大きい。建築基準法八十四条では、県が強制的に建築制限をかける期間は最大で八か月に限られている。その間に土地区画整理の計画がしっかりとしていれば、それ以後は確実に建築が可能になる。だが、気仙沼地区の水産加工場の再開状況を見ると、復旧・復興が進んだとは言えない。

他方、岩手県では、市町村に建築基準法三十九条に基づいて「災害危険区域」を条例で設定するよう働きかけ、建築制限については市町村の自主性に任せたが、条例制定には至らなかった。ただし土地区画整理事業がどうなるか分からず、水産加工業者は戸惑いを隠せなかった。加工場と接続する道路に嵩上げの高さを合わす必要があったため、地盤沈下した水産加工場の用地をどれだけ嵩上げするべきか、判断できないからである。

結局、多くの水産加工業者は、用地が窪地にならないよう、高めに嵩上げすることで対応した。岩手県では、漁港用地の「占有許可」の停止により復旧の目処がなかなかつかなかった地区もあるが、建築基準法や土地区画整理法などの影響はほとんど受けなかった。

従業員不足

震災後、多くの企業では従業員を解雇した。事業再開に目処がつかない状況下で致し方がないことであった。解雇のタイミングはいろいろである。被災した冷蔵庫にある腐った原料在庫を廃棄しなくてはならなかった水産加工業者は、その廃棄処分が終わるまで従業員を雇って、その後に解雇通告せざるをえなかった。解雇をめぐっては従業員と使用者との間に複雑な感情の応酬があったであろう。そのことが復旧後に大きな影響を与えた。

事業を再開した水産加工業者がまったく想定していなかったのが雇用問題である。事業再開により雇用に貢献しようとしているのだが、被雇用者が十分に集まらないのである。失業手当が延長されたことが影響していると言われている。失業手当は水産加工場の従業員への支払い給与を上回っていたからである。一度、解雇された職場には戻りたくないという想いも働き手の方にはあり、他の工場で再就職する被雇用者が少なくない。従業員を解雇せずに、雇用調整助成金などでつなぎ止めた企業は円滑に事業を再開している。その差は大きい。

従業員が不足するなか、企業がとりうる従業員の補充対策は二つである。一つは、賃金の引き上げである。実際、賃金を引き上げている水産加工業者が出ている。震災前、地域の最低賃金である時間給は六五〇円程度であったが、二〇一二年八月時点で従業員を募集している企業の時間給は七三〇円である。もう一つの対策は外国人の雇用である。被災地での仕事ということもあり、外国人の受け入れが進まなかったが、二〇一二年夏になってようやく外国人研修実習制度に基づいた雇用事業が再開した。ただしこの事業により雇うことができる人数は事業規模により制限されているから、従業員不足分をこれですべて補えるわけではない。水産加工業者は工場再建を果たせても、再開できる事業規模は雇用できた従業員数に規定されている。

顧客離れ

震災後、小売業界や卸売業界が被災地以外の企業あるいは海外から商品を仕入れたことにより、被災地のほとんどの企業は復旧・事業再開後、直接取引していた顧客を失った。

震災前に三陸産の加工製品が並べられていた売場の棚には、代替にたえる他産地の商品、あるいは外国産原料を使った廉価な商品に置き換えられたケースが多いからである。デフレ不況が続くなか、廉価な商品から高価な商品に切り替える選択は小売店舗にとって厳しい。

三陸特産であるワカメ、カキ、ギンザケの加工製品については、輸入物が小売店舗の陳列棚を支配した。オリジナルブランドで小売業者と直接取引してきた業者ほど、取引先を奪われたようである。

なかには、被災しなかった協力工場で製品製造を対応している業者、被災地以外の地域の水産加工業者に対してOEM生産（他社ブランドの製品を生産）を委託して対応している業者、被災地以外の地域に所有して

みすず 新刊案内

2013. 2

善意で貧困はなくせるのか？

貧乏人の行動経済学

D・カーラン、J・アペル
清川幸美訳　澤田康幸解説

行動経済学とフィールド実験を結びつけ、貧困削減の手立てを根本から変える研究成果を、イェール大学教授と現場のリサーチャーが研究の最前線の空気とともに紹介します。ガーナ、ケニア、南アフリカ、インド、フィリピン、ペルー、メキシコ……理論と現実が一致しない途上国の複雑な世界にわけいって、そこから「クール」な答えを、次々と導き出している〈新しい経済学〉のいまがここにあります。

その新しさの特徴は、開発プロジェクトの「なにがうまくいって、なにがだめなのか」を社会実験ではっきり実証する点、そして人間の非合理性を考慮した新しい発想に基づいている点。

いったい効き目のある開発の手法とはなんなのか？　貴重な善意を最大限に活かすためにはどうしたらいいのか？　医療、教育からマイクロファイナンスまで、具体的に提案していきます。

四六判　三四四頁　三一五〇円（税込）

葉蘭をめぐる冒険

川端康雄

「作品の書かれた時代・場所で大方の人があたりまえのこととして知っていたらしいが、あたりまえすぎて記録に値するとはみなされていなかったような事柄、言いかえると〈共通文化〉の領域に入る事象については、後世の読者には案外調べがつかず、謎のままで残ってしまうことがままある。そんな事柄を知らずともたいてい作品の理解を左右するほどではないのだろうが、一見些末と思えるそうした語が意外に読解の鍵になることもある」

稿を重ねるうち『眺めのいい部屋』の主人公のもつ旅行案内書が変わったのはなぜか。オーウェルが表題に掲げた「葉蘭」とはどのような植物だったのか。ヴィクトリア朝から二十世紀半ばまで——貸本屋の棚揃えや風刺漫画の登場人物など作中にさりげなく示された小道具、ときに翻訳で消え失せた語彙を追いながらラスキン、モリス、ワイルド、フォースターほか作家と民衆文化との埋もれたつながりをあざやかに読み解くイギリス百年史。

四六判　三二八頁　三七八〇円（税込）

生命起源論の科学哲学

創発か、還元的説明か

クリストフ・マラテール
佐藤直樹訳

生命とは何か、生物は無生物とどこが違うのかを考えるとき、二通りの考え方がある。生命現象はすべて物理・化学的原理によって説明できるというのが還元論、説明できないと考えるのが創発論である。

著者はさまざまな学説に分け入りつつ、生命の起源が創発的であるかどうかを二つの文脈において検討した。すなわち「歴史的文脈」では生命出現の道のりは厳密にたどれず、「創発」か否かは答えられないが、「物理・化学的文脈」においては、現在の知識では生命出現は創発的である。

しかし、一連の過程を、生体物質が合成される段階、機能物質が化学進化する段階、初期生命が出現する段階に分けると、各段階とも未来永劫、説明不可能ということはなくなるという。

学士院奨学金賞とパリ大学総局賞文系部門をダブル受賞した俊英による、フランス科学哲学の最前線。

四六判　四〇〇頁　五四六〇円（税込）

クララ・シューマン ヨハネス・ブラームス 友情の書簡

ベルトルト・リッツマン編　原田光子編訳

二〇歳のブラームスが作曲家となる希望を抱いてデュッセルドルフのシューマン家を訪れた一八五三年から、クララの死の直前の一八九六年までに交わされた、八〇〇通あまりの書簡集から二〇七通を精選したのが本書である。

シューマンの悲劇的な病と死の後、クララは七人の遺児を育てながら休みなく演奏旅行を続け、ブラームスは彼女をつねに支え、また支えられて、己の天才を開花させていった。高名な音楽家の未亡人であるスター・ピアニストと一四歳年下の作曲家――彼らの友情の道はけっして平坦なものではなかったが、音楽という共通の人生の糧を分け合う心の往還は四四年にわたり途絶えることはなかった。

訳者は昭和一六年に『真実なる女性　クララ・シュウマン』を上梓した原田光子。七〇年以上読み継がれてきたこの評伝に続いて本書を訳了後まもなく、若くして世を去った。ながらく入手困難だった幻の書、待望の復刊。

A5判　二三二頁　四七二五円（税込）

最近の刊行書

――2013 年 2 月――

D. カーラン／J. アペル　清川幸美訳　澤田康幸解説
善意で貧困はなくせるのか？――貧乏人の行動経済学　3150 円

《始まりの本》D. リースマン　加藤秀俊訳
孤独な群衆 上　3360 円

《始まりの本》D. リースマン　加藤秀俊訳
孤独な群衆 下　3360 円

《大人の本棚》野見山暁治
遠ざかる景色　2940 円

《大人の本棚》田中眞澄
本読みの獣道　2940 円

黒沢文貴
大戦間期の宮中と政治家　4200 円

細川周平
日系ブラジル移民文学 2 ―日本語の長い旅［評論］（全 2 巻・完結）　15750 円

早稲田大学大学史資料センター編
大隈重信関係文書 9 ――はと―まつ（全 11 巻・第 9 回）　12600 円

＊＊＊

―書評で話題の本―

落語の国の精神分析　藤山直樹　2730 円
瓦礫の下から唄が聴こえる　佐々木幹郎　2730 円
不平等について　B. ミラノヴィッチ　村上彩訳　3150 円

＊＊＊

月刊みすず 2013 年 1/2 月号

2012 年読書アンケート特集号　315 円（2013 年 2 月 1 日発行）

※月刊「みすず」年間購読料 3780 円　お申込・お問合は小社営業部まで

みすず書房

http://www.msz.co.jp

東京都文京区本郷 5-32-21　〒 113-0033
TEL. 03-3814-0131（営業部）
FAX 03-3818-6435

表紙：フランツ・カフカ

※表示価格はすべて税込価格（消費税 5%）です．

いる工場で対応している業者など、サプライチェーンをかろうじて継続し、顧客を失わなかった業者も存在するが、その数量は震災前の数パーセントというものがほとんどであった。

小売店舗で厳しい価格競争が繰り広げられているのは周知のことである。ブランドを勝ち取ってきた三陸産とは言え、一度供給がストップし、その期間が長引けば客離れが進む。とくに、三陸産の代替品として安い輸入品や他産地の水産物を取り扱った小売店舗では、客離れが進みやすい。ただし、どうやらそこには地域間格差がある。東北を中心に東日本では、カキ、ワカメなど三陸産の水産加工製品のブランド力は圧倒的である。そのような地域では三陸産の取扱いを歓迎している店舗が多い。しかし、西に向かえば向かうほど、その力は落ちる。それゆえ、ブランドの復興には新たなマーケティング活動を行わなければならず、それだけの再投資が必要となる。その余力を取り戻すためには時間がかかりそうである。

放射能問題

東京電力福島第一原発から放出された汚染水や、放射性物質が混じった河川流入水により、海洋汚染が広がったとされている。そのことで、国は魚介類に対して放射能汚染調査を実施しており、その検査結果はインターネットなどを通して公表されている。しかしながら、そうした公表により安全性が確認されていても、被災地の鮮魚や水産加工品は買い控えられる傾向にある。水産加工品においては、冷凍原料や低次加工製品、養殖用の餌料向けの冷凍サバやカタクチイワシにとくにそのような影響が出ている。

震災後、銚子漁港、八戸漁港、塩釜漁港などが早々と再開し、二〇一一年夏には旋網漁業の再開により、サバ類やイワシ類など多獲性魚種が順調に水揚げされた。また三陸一体では夏には定置網漁業が再開され、冷蔵庫には多獲性魚種が大量に保管された。もちろん、被災を免れた冷蔵庫には震災前の在庫も存在する。

在庫を抱えるのは、主に大量水揚げされた多獲性魚を仕入れ、選別、凍結、冷凍保管する、いわゆる原料問屋である。魚類養殖の産地からの注文に対応して、小型のサバ類などを在庫保管しているが、注文が入らなくなり、在庫がはけなくなっている。他方で被災地以外の産地に注文が集中し、市場価格が高騰している。ブリ、カンパチそしてクロマグロなどの養殖業では、冷凍サバなどの生餌が必要とされてきた。養殖業者は太平洋北区のサバ類を仕入れると、販売先からクレームが出て、取引が停止されるという。近年ではトレーサビリティが導入されているため、餌料の記録が残る。たとえ震災前からあった在庫であっても、被災地からは餌料用サバ類を買わないという姿勢である。

二〇一二年四月からは放射性セシウムの暫定基準値が変更された。水産物については一キログラムあたり五〇〇ベクレルから一〇〇ベクレルに引き下げられた。出荷されている水産物が全数検査されているわけではないため、より安全性を高めるために基準変更がもたらされたのである。

政府の以上の対応は消費者を安心させるためであったが、流通業界の対応は厳しかった。基準値変更後、顧客からの要求が厳しくなり、「一キログラムあたり一〇ベクレル以下」「ゼロ・ベクレル」などを謳うチェーンストアが増えたのであった。

さらに海外への輸出も滞った。例えば中国は、宮城県産や福島県産の水産物については輸入を停止している。韓国は放射性物質検査証明書の提示を求めて輸入停止はしていないが、二〇一二年六月から検出限界値を一キログラムあたり一〇ベクレルから〇・七ベクレルにした。被災地ではそのような体制は構築できず、事実上の非関税障壁となっている。量販店が日本産の取り扱いを拒否しているようである。被災地から韓国への輸出は完全に停止していると言ってよいであろう。

各国の対応は、自国の放射能基準を満たしている食品のみ輸入を許可するというのが基本であり、産地証明や検査結果を求めるだけでなく、自国での検査も実施するケースがある。もし日本からの輸入製品に基準値を超える放射性物質が検出されると、即、日本からの当該製品の輸入の停止措置を講じることになる。日本の業者は輸出をきわめて慎重に行わなくてはならないうえ、相手国の業者が手続きの煩雑さに輸入をあきらめるというケースが目立っている。

原発災害発覚後、多くの諸国が日本製品の輸入を停止したのちに措置を解除したが、必ずしも震災前の状態に戻っているわけではない。

4　漁港の復旧と漁村集落のゆくえ

宮城県および岩手県における漁村の集落移転や漁港など生産基盤の整備については、完了するまでには三年から五年はかかるとされており、復旧のプロセスは始まったばかりと言える。

震災後、使用可能なレベルにするために、被災した漁港の岸壁、臨港道路、浮き桟橋、荷揚《にあげ》場の補修が進められた。二〇一二年十二月十日時点で、被災漁港三一九港のうち二九六港の復旧工事が行われ、宮城県の五港、福島県の二港を除き、三一一港は水揚げ可能とされている。

現場の状況は、破損した生産基盤のうち、使える部分を使ってかろうじて再開しているか、仮復旧した岸壁を使用しているというレベルである。陸揚げ岸壁の全延長が回復しているのは一一一港であり、うち岩手県は三八港、宮城県は一四港、福島県は二港のみである。また陸揚げ岸壁が回復していても防波堤などは改修されていないため、外洋の波が直接に漁港内に入り、使えると言っても、決して安全性が確保されているわけではない。

青森県八戸漁港、岩手県宮古港や宮城県塩釜漁港では、被災したものの、震災後卸売市場が早々と再開し、水揚量を順調に回復させた。もともと大型の沖合底曳網漁船や旋網漁船などを受け入れてきたこれらの港は、岸壁の破損状況が比較的軽度であったため、大量水揚機能の早期回復が可能だったのである。八戸漁港では完成直前に被災した高度衛生管理型（ＨＡＣＣＰ対応型）の荷さばき場が二〇一二年十月に復旧した。だが漁港区域内の用地や岸壁の地盤沈下が著しい石巻地区や気仙沼地区では、本来的な機能を回復するには大々的な復旧工事を要するとされる。

交易の場である拠点的な漁港の復旧が優先され、小規模漁港が軽視されている傾向がある。宮城県は優先して復旧する漁港選びに際し、漁民の意向を調査することなく、各漁港の一年間の総水揚高を基準にして選定したようである。

小規模漁港は、漁村と漁場という二つの空間を繋げる大事な役割を果たしてきた社会資本であり、その存在が水揚げ促進を促す基盤になるだけでなく、漁場保全を促す基盤にもなってきた。小規模とは言え、漁港は、漁場、漁村という空間の在り方を規定する重要な存在である。集落移転、集落の高台移転の議論とも大きく関わるが、漁港の復旧は漁民の暮らしと仕事の再生との関係で判断しなくてはならない。

集落移転と嵩上げ

漁村の集落移転については、多くの漁村で震災から一年半が過ぎてもまだ復興計画が定まっていない。その背景には、移転するか（どう移転するか）、嵩上げするか、海岸堤防の整備を行い、安全性を確保したうえで現地復興するか、などの大まかな方針の合意形成が得られないという問題だけでなく、事業の監督官庁の違いにより公共事業のやり方が大きく変わるため、戸惑っているという面もある。例えば、集落移転に関する事業として、実質的に水産庁が事業管理する漁業集落防災機能強化事業（以下、漁集事業）と、国交省が管理する「防災集団移転促進事業（以下、防集事業）」がある。漁集事業が「被災地区の用地取得に対する支援は当該土地が水産又は公共の用に供する場合に限られ、集落外に移転する被災者の住宅再建に対する支援がない」のに対して、防集事業は「被災地区における移転跡地の活用に対する支援措置がない」。これらの事業は、移転跡地の支援と移転先の支援をめぐり事業の内容が異なる。

嵩上げ関連の事業には「漁港施設機能強化事業（以下、漁港事業）」と「土地区画整理事業」がある。漁港事業は「嵩上げ対象が漁港施設とそれと一体となった漁港区域内の水産加工団地に限られる」のに対して、土地区画整理事業は「土地の嵩上げに対する補助が認められているものの、一定以上の計画人口密度等の要件がある」。嵩上げが漁港区域に限られるのなら前者でよいが、それ以外の区域なら後者がよい。当該用地をどのような用途にするのかが問題となる。これらの事業活用において縦割り行政の弊害が出ないように、「東日本大震災の被災地における水産基盤整備とまちづくり事業との連携について」が水産庁によって明文化されて、各被災自治体に配布されたが、現時点ではこの文書の効果はまだ出ていないようである[12]。

漁業者が数人しかいない限界集落が宮城県内にはあり、そのような集落では漁港復旧と集落移転をセットで考えなくてはならない。どのような再編が必要なのか、今後、被災地の集落で議論を進めていかなくてはならないであろう。

5 復旧格差はなぜ生じたのか

すでに県や自治体の対応の差異により事業再開・復旧の地域格差は出ている。それには漁協合併や自治体の合併の規模が関係していよう。

かつて市町村も漁協も広域合併を図った宮城県は、岩手県と比較して細かな行政サービスが行き届きにくい構造をもっている。行政組織、漁協組織の管轄範囲が圧倒的に宮城県の方が広いからである。同時にこのことは各地区に対する復興のバックアップ体制が弱いということになる。

津波被害は被災県のなかで宮城県が最も甚大であった。復興への人員投入が最も必要なのだが、復旧支援体制が十分でなく、さらに掲げた創造的復興方針が被災者や水産関係者と共有されないまま、大改造をしようとしたのだから、現場は混乱し続けた。

岩手県では復旧に目処がつき、復興交付金を活用しつつ新たな漁港都市のスタイルを追求する計画がいくつかの自治体で具体化しようとしている。ただし漁港都市間において企業誘致などの競争が強まっている。誘致競争によりキャパシティを超えた水産インフラへの投資が進まないように注意しなくてはならない。

1　平成二十三年度『水産白書』四四頁を参照。
2　水産庁公表『東日本大震災による水産への影響と今後の対応』（二〇一二年九月十一日）。
3　現状では四つのグループが協業しており、三つのグループは資材・設備が揃った時点でグループを解散する予定であるが、残る一グループの八経営体はそのまま協業体制でノリ養殖を続けるという。詳細は、馬場治「漁業・養殖業の再建方策」『別冊「水産振興」東日本大震災特集Ⅱ　漁業・漁村の再建とその課題——大震災から

５００日、被災地の現状を見る』（東京水産振興会、三―一四頁、二〇一二年八月）。

4 前掲３「漁業・養殖業の再建方策」。

5 この協業体は会員制で資金を集めた民間の支援団体から二〇一二年七月に資金支援された。

6 前掲３「漁業・養殖業の再建方策」。

7 病により出漁できなくなり地元を離れたくないが離れざるをえなかった漁業者を引きとめて、陸上作業員として吸収して設立した。

8 赤井雄次「被災被害地域の水産物価格動向」前掲３『別冊「水産振興」』（東京水産振興会、九二―一〇三頁、二〇一二年八月）において詳しく分析されている。

9 気仙沼市漁協から聞き取りで得た数値である（二〇一二年七月）。

10 『石巻市の復興状況について』（石巻市、二〇一二年六月）。

11 二〇一二年十一月になって岩手県大槌町の漁港用地において新たに進出する水産加工会社が決まった。「大槌に水産加工業進出　釜石の平庄、新工場建設へ」『岩手日報』（二〇一二年十一月九日）。

12 富田宏「漁村集落の復興・再建～個々の多様性の尊重と次の千年の東北三陸の風土設計に向けて」前掲３『別冊「水産振興」』（東京水産振興会、二八―四二頁、二〇一二年八月）。

第七章　揺らぐ漁業協同組合

漁業協同組合（制度上では沿海地区漁業協同組合、以下、漁協）とは、漁民が出資して設立した協同組合である。水産業協同組合法の下で協同活動を実施してきた団体であるが、漁場管理団体と経済事業団体という二つの性格を有している。さらには漁業者と行政との間を繋ぐ役割もあり、行政代行機能という側面もある。漁協はこれらの機能が一体化していることから、経済的弱者に陥りやすい沿岸漁業者にとっては本来欠かせない存在なのである。

しかしながら、現代の漁協は協同組合としての姿が揺らいでいる。かつては内発的に行われていた協同運動が停滞し、運営に参加する組合員が少なくなってきたからである。一方で、例えば「企業に漁業権を開放せよ」という漁業制度改革を唱える動きが強まり、逆境に立たされている。[1] しかも漁協への批判は外部からだけではなく、漁協内部からも相次いだのである。外からは漁業権を独占していると、内側からは漁協は組織防衛のために金銭負担を組合員に押しつける「やくざ」のような存在だと。そして内外の漁協への批判が共鳴して、震災後、漁協の危機が強まった。

なぜ現代漁協はこのような状況に陥ったのか。グローバル化時代に漁協は古い存在なのか、あるいは現代社会に残されたメンバーシップを重視した協同組合なのか。本章では被災地での漁協の姿を素描する。

1　国際協同組合年と漁協

今日、協同組合の存在が世界的に注目されている。協同組合とは、「一人は万人のために、万人は一人のために」という理念に基づいた相互扶助社会を目指し、それを協同組合組織で実践している運動体である。この運動は産業革命期からイギリス、ドイツ、フランスなど欧州で本格化し、その後世界に広がり、今日では存在根拠を憲法で位置づける国も少なくない。

にもかかわらず、現代社会はそのような理想社会に向かっているようには思えず、社会の向かう方向は、むしろそれと逆行しているようにさえ思える。あらゆる分野で過度な市場原理と競争原理が導入され、参入規制緩和が図られたことで、消費生活は物質的に豊かになったが、それを支える人間の労働が疎外され、暮らしの格差が広がり、しかも経済的弱者間の関係が分断されていく傾向にあるからだ。物質的豊かさと引き替えに、労働は買い叩かれているのである。

このことを市場原理主義者に問うと、労働の価値は商品と一緒なのだから、需要と供給の関係で決まり、稼ぎの少ない人はそれだけ市場やお客に受け入れられていないのだから努力が足りないのが問題であり、自己責任だという。すなわち、不況下で必ず発生してしまう「貧困」という構造的な社会問題は、すべて「自己責任論」で片づけられているのである。自己責任論が浸透したせいか、人々はどれだけ追い詰められても分断されたままで、連帯する方向に向かわない。今日の労働組合の弱体化がその状況を明白に示している。これでは、「人を使い捨て」してもよいと考えている階層にとって都合のよい社会になっているだけである。

二〇一二年、国際協同組合年を迎えた。国際協同組合年を定めた国連の狙いは、協同組合とその原理を世界的に普及させることにより、市場原理で解決できない今日の社会問題を改善していこうというものである。

協同組合は、出資者である組合員が事業利用者かつ事業運営者の組織である。組織の意思決定は民主主義を基本としているので、総会における組合員がもつ議決権は、出資金や事業利用の多寡によらず一人一票である。議決権と言えば多数決というイメージを抱くが、これはメンバーシップ、人的結合を重要視しているという側面から評価できる。さらに組合員の加入脱退は自由であり、協同組合への参加が個人の自由意志によることを担保している。

その組織原理は、資本主義社会に潜在する、あるいは市場原理が生み出す「貧困」という社会構造に対抗するために開発され、たんに構造改革を促すだけではなく、人間と社会の発展を促し、展望するものなのである。

では漁協はどうであろうか。漁協は複雑な利害関係にある組合員らにより運営されている協同組合であり、日本でも最もメンバーシップ制や経済民主主義が貫徹されてきた組織である。経済民主主義とは、市場原理に完全に委ねる経済自由主義とは異なり、個々の経済的利害を話し合いにより調整するというものである。漁協内では、ルールを策定するやり方もあれば、場当たり的なやり方もあるが、いずれにしても利害関係者が向き合って話し合うことによりさまざまな利害の調整が図られている。このようなタイプの協同組合は日本で他には見当たらない。

漁協のこうした特性は、漁場利用をめぐる漁業者間の調整の経験から形成されてきた。その経験は「一村専用漁場」という制度の枠組みのなかで近世から積み上げられてきたものであり、今日では漁業法および水産業協同組合法の枠組みのなかで実践されている。漁協は、行政庁から共同漁業権や特定区画漁業権といった組合管理漁業権の免許を受けて、組合員に組合管理漁業権を行使させているが、この行使のためのルール策定や漁場利用に関するあらゆるトラブルの調整の場として機能しなくてはならない。これらの調整は、地域ごと集落ごとの事情だけでなく、組合員個々の事情までもが考慮されるケースが多い。漁協は漁場管理団体と呼ばれてきたが、それはたんに漁場を守るということではなく、利害が対立する組合員の経済活動を話し合いにより調整するというものである。漁協のメンバーシップの淵源はここにある。

漁協には事業体としての役割もある。信用、共済、購買、販売などの金融事業・経済事業を営む事業体でもある。こうした漁場管理団体と事業体という二つの顔を併せもつ出資制漁協は、一九三三年（昭和八）の制度改正から出現していたが、本格化するのは戦後であった。多くの漁協は総合漁協体制となり、商人支配から漁業者を解放し、沿岸漁業の近代化、養殖業の開発・発展に資する事業を展開し、漁業者の社会的地位を向上させてきた。換言すると、組合員の経営と暮らしを全面的にサポートして「貧困」から解放する役割も担ったのである。

二〇〇海里体制の時代に入り、日本周辺海域の水産資源の維持・保全対策が必要になったことから、漁協は資源管理型漁業を推進するための核と位置づけられた。資源管理型漁業とは、さまざまな定義があるが、集団的対応により乱獲をおおむね防止すると同時に、収益性の高い経営を実現しようとする漁業である。漁協は、漁業の維持・発展および持続的に水産資源を国民に安定供給させるための責任を背負わされたのである。さらに海岸清掃、海底清掃、植林活動など漁業者の自主的な漁場保全活動を支援・推進する役割も担っている。

今日、漁協は事業体としての体制が揺らぎ、協同組合としての在り方が問われつつある。長引くデフレ不況により経営基盤が弱体化するなかで実施されてきたのは、信用事業統合や漁協合併による市場統合、職員の削減であった。漁協が存続するためにこうした経営合理化策が実施されるのはやむをえなかったが、組合員へのサービス力が低下するとともに、販売手数料率などが改定され、漁民の漁協への支払い負担が高まった。組合員による漁協批判が強まる一方で、組合員の事業利用率は落ち込み、運営面においても組合員の参加意欲は減じている。広域合併した漁協ほどその傾向が強い。かつて均一的であった組合員は価値観が多様化し、世代間、地域間、営む漁業種間で考え方が大きく異なり、漁協ガバナンスはより困難化している。

組合員は漁協事業の利用者である反面、漁協の所有者でもあり、事業運営者でもある。組合員は本来、事業利用を通して漁協経営を維持させるという、所有者としての責任を負っているのだが、組合員のそうした責任感を役員・職員サイドから押しつけることはなかなか難しい。合併や信用事業統合などで漁協組織が大きくなればなるほど、所有者としての組合員の責任感は薄れていく。

漁場管理団体としての漁協は、今なお経済民主主義が貫徹した漁業者の結合体としての性格を強固に保っているのだが、そのメンバーシップと事業体との間には乖離が生じはじめている。事業体としての協同が揺らいでいるからだ。漁協は今、この問題と向き合わなくてはならない。[2]

2 被災三県の漁協の体制

被災県に限らず漁協の経営基盤はもともと弱く、高度経済成長に入る前から漁協合併が一貫して続けられ、今日に至っている。

戦後、被災三県の漁協数は岩手県では六八、宮城県では六九、福島県では三一あった。その後、合併が繰り返され、二〇〇〇年には岩手県では三八漁協、宮城県では四二漁協、福島県では一〇漁協となった。現状では、岩手県では二四漁協、宮城県では五漁協、福島県では四漁協体制となっている（業種別・内水面漁協を除く）。

岩手県では小規模な合併を行いながら、信用事業を県下統一して現状に至った。自治体をまたがる広域合併はまだ行われていない。それゆえ震災後の対応も小回りがきいて、被災県では圧倒的に早かった。

宮城県では二〇〇七年、宮城県漁業協同組合連合会と宮城県信用事業連合会という漁協系統組織も含め、県下全域を視野にいれた大合併（三一漁協）が行われ、宮城県漁協（ＪＦみやぎ）が誕生した。この合併は、所有金融資産の暴落、不良債権の蓄積により経営危機となっていた宮城県信用事業漁業協同組合連合会の救済のために行われた。その後、合併に参加していなかった二漁協も合併したが、県下すべての漁協が参画したわけではない。四つの漁協（牡鹿漁協、塩釜市漁協、気仙沼市漁協、石巻市漁協）が合併に参加しなかった。気仙沼市漁協や石巻市漁協は実質的には沿岸漁業の漁協ではなく、事業基盤がしっかりとしているので、合併に参加する意味はあまりなかったが、沿岸漁業者の組合員で占められている牡鹿漁協と塩釜市漁協については県域の上部団体を失った格好で自立した漁協となった。

福島県における広域合併は二〇〇〇年以後であり、いわき市内の七漁協（久之浜、四倉、沼之内、豊間、小名浜、江名町、勿来《なこそ》）が二〇〇〇年に、相馬双葉地区の七漁協（新地、相馬原釜、磯部、松川浦、鹿島、請戸《うけど》、富熊）が二〇〇三年に合併し、現在の体制になった。合併に参加しなかった漁協は中之作《なかのさく》漁協、江名漁協である。だが現状は合併による集約化や合理化は進んでおらず、卸売市場などは旧体制のまま残っていた。そのことから、原発災害の影響を踏まえ、相馬双葉漁協およびいわき市漁協で卸売市場の整理統合に関する議論が始められている。

漁協合併の意図は、経営不振に陥った漁協を近隣の漁協と合併させることで合理化を進め、経営基盤を強化するところにある。経営不振に陥る原因は、漁協によってさまざまであり複合的であるが、主に漁業者への貸付債権（融資）や購買債権（漁具・資材・燃油などの売掛金）が漁業者の経営悪化で不良債権化した蓄積が大きくなる、組合員の高齢化や減少により漁業・養殖業の水揚げが落ち込み、漁協が組合員の水揚げから受け取る口銭《こうせん》（販売手数料）収入が減少する、などである。

当該県域の管轄行政庁が救済措置などを発動して合併を急がせたというケースも多々あるが、漁業者数の減少、水揚高が減少する状況下では、合併はやむをえない措置であった。

しかしながら、漁協経営は販売事業すなわち組合員の生産物を委託販売する事業が収益源であったことから、合併そのものには漁協の収入を引き上げて経営基盤を強化するという効果はない。しかも九〇年代から二〇〇〇年初頭まではデフレ不況で、水産物価格は低迷を続ける傾向にあった。漁場利用の再編も踏まえて、漁協には経営危機を乗り越えるための対策が喫緊に求められている。

3　震災後の漁協の対応

組合員への初動的対応と金融事業

三陸では震災から一週間あるいは二週間を経て、漁協組織の活動が再開する。岩手県重茂《おもえ》漁協や宮古市漁協のような漁協の建屋が高台にある漁協は事務所がまったく被災しなかったが、漁港に隣接していた漁協の建屋の多くはどの地域もすぐには使える状況ではなかったため、漁協所有のサケのふ化場の施設や市民センターなどの集会所などを拠点にして、漁協役員あるいは職員幹部が職員を集めて、被害状況の把握および組合員の安否確認、被災した漁協事務所の建屋内の片づけなどを行った。岩手県田老町漁協や唐丹《とうに》町漁協などのように建屋は被災したが、その後すぐに自己復旧したケースもある。

牡鹿半島にある宮城県漁協各支所のように高台の公民館に漁協の仮設事務所を設置したり、宮城県南三陸町志津川や岩手県陸前高田市のように平野部が広く被災面積が大きい地域ではプレハブの仮設事務所を建てたり、釜石湾漁協や釜石東部漁協のように市街地に事務所（賃貸事務所）を設置したり、である。

福島第一原発の周辺地区の漁協では、組合員、漁協職員が各地に分散して避難したため、三陸のような対応を図ることができず、漁協活動の再開は数か月過ぎてからであった。福島県の相馬双葉漁協は、旧相馬原釜漁協が本所であり、福島第一原発に最も近い富熊地区から宮城県との県境にある新地まで七つの支所（旧単協であった富熊、請戸、鹿島、磯部、松川浦、相馬原釜、新地）を構えていたが、これらの支所の事務機能はすべて本所機能を担っていた相馬原釜支所に近い相馬市にある教育センターに集められた。

漁協の事業のうち再開が急がれたのは、「ＪＦ共済」「漁業災害補償（漁業共済）」「漁船保険」「マリンバンク」など金融事業の窓口である。再開直後からたくさんの組合員が窓口に駆け込んできたというが、この業務にまともに対応できたのは、建屋が被災しなかったわずかな漁協のみであった。書類や金庫、オンラインシステム端末の流失、サーバーの破損などで金融業務がすぐに復旧できるような状況ではなかった。

組合員が預金口座から現金を手にするためには、マリンバンクの窓口再開が必須であった。週に一回、岩手県信用漁協連合会が盛岡から金庫を持って業務にくる漁協もあった。

マリンバンクの再開と同時に、「ＪＦ共済」「漁業災害補償（漁業共済）」「漁船保険」の事故査定も急がれた。ＪＦ共済については漁協が元受となっているため、漁協の職員が対応したようであるが、各県に配置されているＪＦ共済水産業協同組合連合会の支所の職員も立ち会って、組合員および家族または家屋の被災状況を査定した。漁業共済や漁船保険については、各県に配置されている漁業共済組合や漁船保険組合が元受であることから、組合の職員に各漁協職員が立ち会って、被災した組合員の所有漁船や漁具・養殖施設あるいは養殖物の事故査定が行われた。しかし被災規模があまりに大きく、業務が集中的に発生したことから、漁協職員のマンパワー不足がすぐに露呈したのである。[3]

それでも各漁協では人員を金融事業に集中配置するなど、窓口再開と査定業務が優先的に実施され、共済金や保険金のほとんどは、震災から二か月程度の間に組合員に支払われた。組合員にとっては、こうした共済金・保険金は手っ取り早く現金を手にする唯一の手段である。いくら激甚災害でも財政支援による交付はこのような短期間では行われない。総合事業体として機能している漁協だからこそ、このような処置が行えたと思われる。

ＪＦ共済や漁業共済の査定をめぐって、必ずしも円満に処理が行われたわけではなかった。例えば、地震・津波で被害を受けた住宅物件の共済金がＪＦ共済では全損のとき共済金額の二五パーセントであるのに対して、ＪＡ共済では五〇パーセントであったことや、養殖共済ではカキやホタテガイなど複数年育成する養殖物でも出荷サイズとなった成貝しか共済の対象にならないため、流失した中間育成中の貝が共済金の支払い対象とならなかったことなど、査定した職員に契約内容への不満がぶつけられることが多々あり、混乱もあったという。

協同組合運動として、ＪＦ共済や漁業共済への加入推進を行うことは至極普通のことである。大震災という惨事において、速やかに「見舞金」が支払われるなどの対応が図られたことで、現金を得たい組合員が救われた。ちなみに東日本大震災で、ＪＦ共済では約一万三千八九七件に対して二二九億円、漁業共済では一六四億円、漁船保険では二万一千隻に対して五七〇億円が支払われた。

瓦礫撤去作業

一方で漁協組織は被災した漁港や海岸近辺の復旧のために瓦礫撤去作業を行った。[4] 瓦礫撤去作業は、震災直後から集落コミュニティにより独自で行われていたが、のちには被災した組合員の現金収入を得る機会として財政支援事業となった。

当初、二〇一〇年度まで実施されていた「資源回復・漁場生産力強化事業」をそのまま適用した。この事業のために積み立てられていた基金に残金があり、被災地対策の予算として一〇・四億円が準備されたのである。ＮＰＯ水産業・漁村活性化推進機構が事業全体の運営を担い、漁協が現場を管理し、漁業者グループ（非漁業者も含めてよい）を雇用した。

岩手県、宮城県、福島県の二五地区で実施され、八千八八五人の漁業者・漁業従事者・その関係者が参加した。予算の執行期間が二〇一一年度上半期までの時限つきであり、二〇一一年五月二日に成立した国の第一次補正予算にこの事業と同じ仕組みの「漁場復旧対策支援事業」が準備されていたことから、予算消化は九・四七億円となった。

漁場復旧対策支援事業には漁港内や漁場の瓦礫清掃活動だけでなく、漁協が行う海底に沈んで堆積している瓦礫の調査や清掃事業への支援も含まれた。岩手県ではこの事業の活用によって養殖漁場や定置網漁場の調査・清掃を急ぐことができた。

この事業の予算（第一次補正）は一二三億円である。その後、第三次補正でも予算が組まれた。予算は各漁協の計画申請に応じて国から漁連そして漁協へと交付された。事務体制まで含めると、各県系統が一体となった事業であった。

炎上して錆びた漁船を漁業者が撤去する。
気仙沼、大島・片浜海岸。撮影：瀬戸山玄

環境省でも、二〇〇七年度から組まれてきた漂流物などの廃棄処理を行うための市町村への補助事業予算「災害等廃棄物処理事業」が震災対策として、第一次補正予算で積み増しされた。

瓦礫撤去事業は、所得機会を失った組合員にとっては現金収入の機会となったが、資源回復・漁場生産力強化事業における日当が一律一万二千四〇〇円、漁場復旧対策支援事業における日当が一律一万二千一〇〇円であったのに対して、災害等廃棄物処理事業では地域の平均日当を採用せざるをえず、七千〜八千円（例えば岩手県釜石市では七千五〇〇円）程度であったため、災害等廃棄物処理事業で瓦礫撤去を行った組合員が、他の事業との日当格差への不満を所属漁協の管理担当職員にぶつけるなどの混乱が多々発生したという。多くの漁協では、瓦礫撤去の漁業者グループを集落単位ごとにまとめたが、体力が異なる高齢者と若齢者も平等に扱った。

以上のように瓦礫撤去は漁場や海岸を復旧させるためにも、漁業者の失業対策・生活補償のためにも欠かせない事業ではあったが、半年程度で目処がつきはじめた。また瓦礫撤去を早く終わらせて漁業・養殖業を再開させようという意欲のある漁業者と、賃金受け取りが目的になってしまっている高齢漁業者が混在している状況で瓦礫撤去が続けられると、漁村が不健全な状態になると判断して、夏場で漁業者グループによる瓦礫撤去事業を打ち切る漁協が出たのである。瓦礫の量が膨大なため、事業期間いっぱい瓦礫撤去を続けざるをえなかった地区もある。こうした地区は被害が大きく、漁協の事業再開が遅れ気味であった。

瓦礫撤去の現場管理・運営を担った漁協は、分裂気味の漁業者グループへ配慮しつつ、瓦礫撤去事業の見切りをどうつけるかが大きな課題となっていたのである。

漁船の調達

巨大津波により流失した漁船は全国で二万八千隻を超えた。だが漁船の被害状況は県や漁港の規模によって異なっていた。

八戸漁港、気仙沼漁港、小名浜漁港など特定第三種漁港や第三種漁港では、沖合・遠洋用の大型鉄鋼漁船の被災が著しかった。被災状況はさまざまで、ある漁船は陸上に乗り上げ、ある漁船は火災により炎上し、ある漁船は流されて沈没あるいは座礁した。

地元漁船のみが使用できる第一種漁港や県内の漁船も入港できる第二種漁港では、養殖漁船、定置網漁船、刺網漁船、磯舟など一〇トン未満の漁船が被災した。こうした小型漁船の被災が著しかったのは、岩手県、宮城県、福島県であり、青森県や茨城県になると被災三県ほど状況はひどくなかった。

震災直後、漁村各地で行った聞き取りによれば、ほとんどの地区で残った漁船は約一割だった。それらは、定置網漁船、沖合に展開する一〇トン以上の中型漁船、養殖漁船であった。地震発生後、優先して沖出ししたのであろう。漁船のほとんどは流失したか、発見された船でも全損あるいは全損に近い状況であった。

震災後、組合員個々人が早々と漁船を調達したケースも少なくないが、漁協は漁船の被害状況や残存状況を把握するとともに、漁船保険の査定を行い、次への対応を急いだ。流出した漁船を回収、破損した漁船を改修、あるいは全国から中古漁船を調達するなどである。

多くの漁協は早い段階から漁船確保のための情報収集に奔走した。それだけではない。回収した漁船や中古漁船は改造しないと組合員が使いにくいため、小型造船所の職人や鉄工所の職人とタイアップして、組合員への漁船の供給体制を整えた漁協も多い。漁協の敷地や漁港用地に造船用地を提供しているケースもある。昭和八年（一九三三）の三陸大地震後、当時の漁業組合（例、広田漁業組合）がとった最初の対応は、全国から船大工を集め、造船組合を設立させて、漁船の確保を急いだことである。

こうした歴史的事実も踏まえると、基幹的生産手段である漁船の確保が漁村の復興にとっていかに重要であるかを理解できよう。漁協が漁船の確保を率先して行うというのも当然の流れなのであろう。

五月二日に第一次補正予算が成立し、「共同利用漁船等復旧支援対策事業」が創設された。これには「激甚災害法に基づき、漁協が組合員の共同利用に供するために建造する小型漁船建造費を補助する」事業と、「これだけでは補うことのできない地域や漁協の自営漁労事業での漁船や定置網など漁具について、漁協等が策定する共同計画に基づく導入費を補助する」事業という二つが含まれた。いずれも漁協が事業実施主体となる事業であるが、このように二つ準備された所以は、「激甚災害法」[5]では流失した五トン未満の小型漁船の代船建造を支援する事業しか想定されていなかったからである。二つ目の事業スキームが準備されたことで、国庫から五トン以上の漁船の建造支援も、五トン未満の漁船の復旧支援（修繕支援）も可能となったのである。予算は、両事業併せて、第一次補正予算成立時で約二七四億円、第三次補正予算成立時点で一一三億円となった。

その仕組みは、建造あるいは修繕でこの事業費を利用すると、たとえ組合員個人が利用する漁船であっても、もともと組合員個人の所有船であったとしても、漁協が自己負担部分を支払い、漁船を導入するというものである。その漁船はあくまで共同利用漁船であり、所有者は漁協である。そのため、組合員は利用料を支払い、その漁船を漁協から借りることになる。法定耐用年数が過ぎれば、払い下げにより組合員が買い取ることができるようになっている。

国の補助率は三分の一、県は三分の一以上と定められた。したがって三分の一以内が自己負担であるが、この補助率については県によって異なる。

岩手県では、六月の議会で県が補助率九分の四、各自治体が九分の一とした。自己負担率は九分の一となった。当初、漁船への搭載機器などに対して補助対象の制限を緩やかにしていたこともあって、岩手県では共同利用漁船の取得を希望する組合員が殺到し、多いところでは一つの漁協で五〇〇隻にもなり、申請額が補正予算（岩手県への配分額）を超える状況に陥った。補助の対象や補助率が、被災した漁業者が漁業・養殖業を継続するかどうかの尺度であったのである。

岩手県はこうした状況に鑑み、広く補助金が行きわたるように、補助対象となる漁船の艤装《ぎそう》類を絞ることとし、当初の申請から見ると実質補助率が約三分の二になった。それでも三次補正と併せて、岩手県だけで、五トン以下の新造の申請が四千九三三隻、五トン以上の申請が一〇四隻、中古船の取得あるいは修繕が一千六六隻となった。

宮城県内の沿岸漁業者の大多数が所属する宮城県漁協では、「共同利用漁船」の申請が本来大量に行われるはずであった。しかし宮城県漁協は信用事業を行っている金融機関でもあるため、震災後の特別損失などの発生により財務状況が悪化し、新たな資産保有ができるような状態ではなかった。宮城県漁協の自己資本比率はＢＩＳ基準（一〇パーセント、マリンバンク基本方針の独自基準）を下回っていたのである。

最終的に宮城県漁協は、二〇一二年三月に信用事業再編強化法に基づいて保険貯金機構とＪＦマリンバンク支援協会からの資本注入を受けて金融機能をかろうじて維持したが、共同利用漁船等復旧対策支援事業など資産獲得に繋がる補助事業の受け皿にはなりえない状況だった。岩手県の各単協のように、各地区の支所あるいは出張所で独自の財政利用方針を打ち出すことはできなかったうえに、信用事業連合会を含めた大合併であったため、それが復興の桎梏となったとも言える。

ただし、組合員に共同利用施設が供給されるような手立てを早い段階から進めていた。共同利用施設あるいは共同利用漁船等の新たな資産を獲得するための「施設保有漁協」の設立である。二〇一一年十一月、宮城県の北部（気仙沼）、中部（石巻）、南部（塩釜）にそれぞれ施設保有漁協が設置され、二〇一二年五月段階で合計二千六四九隻（中古船含む）の共同利用漁船の申請がなされた。

その他の漁協においては気仙沼市漁協、石巻市漁協の共同利用漁船の申請数がそれぞれ一隻、ゼロであったのに対して、牡鹿漁協は八〇隻に及んだ。塩釜市漁協の組合員にはノリなどの養殖業者がいるが、申請数は九隻にとどまった。

共同利用漁船等復旧支援事業の申請状況（二〇一二年五月七日時点、中古船含む）を見ると、岩手県では六千一〇三隻、宮城県では二千八一一隻、福島県では一〇六隻であった。二〇一二年三月末時点でこの事業を活用して復旧した漁船は、岩手県で二千四六六隻、宮城県で五一四隻、福島県で二一隻であった。

漁協の体制立て直しが早く行政支援が手厚かった岩手県では、事業の進捗状況が進んでいる。津波被害が他県よりも甚大であり、経営基盤が揺らぎ、なおかつ資本注入により漁協職員（一〇〇人規模の希望退職を募った）の削減を行わざるをえなかった宮城県では、漁協による組合員へのサービス力の低下が著しく、事業の進捗状況が岩手県と比較すると芳しくないと言えよう。また、原発災害により漁業再開に目処が立たなかった福島県では、復興に向けて試験操業を実施している相馬双葉漁協でこの事業の活用がかなり進んだが、いまだ漁業の再開に戸惑っている漁業者も少なくない。

当初は補助率が三分の二とされていた宮城県と福島県では、地方特別交付金による国の支援が明らかになった時点（二〇一一年末）で、県の補助率の三分の一に六分の一が上乗せされるようになり、事業活用のハードルが低くなった。さらに自治体の上乗せがあると言われている。このことから自己負担は六分の一以下になった。福島県ではこれからこの事業の申請希望者が出てくると言われている。

漁業生産組合

宮城県内では沿岸漁業者らによる「漁業生産組合」の新規の設立が相次いだ。漁業生産組合とは、漁業者七人以上が集まって協同出資して設立する協同組合であるが、もっぱら定置網漁業の経営体の設立で使われている法人形態である。[6] 漁業生産組合なら震災後の補正予算で準備された補助事業の実施主体になることができ、共同利用施設や共同利用漁船の補助を受けることができる。当初、漁業生産組合は、サンマ棒受網漁船など被災した大型漁船を所有していた経営者により設立されたが、宮城県内では宮城県漁協の状況を受けて、意欲的な沿岸漁業者によって設立されたケースが見られた。二〇一二年十一月時点では一三組合あり、うち二組合では一〇隻以上の共同利用漁船を申請している。

これらの漁業生産組合は、当初の狙いが漁協の代替組織の設立であったとしても、この法人形態の出資者らは一つの事業計画のもとで経営責任と生産責任を負わなくてはならないため、個々の生産者が集まり事業産者が個別に行うのではなく、事業を協業化し、一企業体のように事業展開しているようである。を展開する企業体と同義となる。そのことから、たんなる補助金の受け皿として存立し、漁業・養殖業を生

養殖業の再開

養殖施設のタイプは、養殖種あるいは地域によって異なる。ワカメ、コンブやホタテガイは延縄《はえなわ》式の施設であり、カキの場合は延縄式もあれば、筏《いかだ》式もある。ギンザケは小割生簀《こわりいけす》である。いずれも、養殖施設が移動しないように海底に数トンの重量があるコンクリートブロックを沈めて、そのブロックに張った固定用ロープで養殖施設の構造が崩れないように設置されている。

養殖施設は急潮流に耐えうる設計にはなっているが、津波には耐えられない。実際、二〇一〇年二月二十七日に発生したチリ地震による津波が太平洋東北沿岸部に押し寄せたとき、三陸各地で養殖施設が流された。このときの津波の被害から復旧したところで、今回の巨大津波が発生したのである。

養殖施設は三陸全体でほぼ全壊し、ほとんどの養殖船が流失し、カキ剝き処理場、ワカメの塩蔵加工場などの陸上作業施設やノリ乾燥機、ホタテガイ関連機器類などの加工機器類についても、ほとんど津波の影響で損壊、流失したのである。

養殖再開に向けてまず行われたのは、津波により散在した資材の回収だった。種カキが付着した原盤や養殖カキそのものを回収できたケースもあった。こうした養成中のものを回収して、海面に再敷設して事実上養殖業が継続されたケースもわずかにあった。

養殖再開に向けて各漁協が実施した内容は、「特定区画漁業権」の行使者の白紙化と再行使の手続き、さらにそれに対応して養殖資材の調達および養殖施設の敷設準備を進めることであった。

漁業権行使については、再開希望者を募るとともに、漁場の位置や施設規模についての希望を募った。その際に、共同利用漁船や養殖施設の復旧に関する補正予算（共同利用施設復旧支援事業）などの支援事業をめぐる手続きが同時に発生することから、事業費の自己負担の支払いや養殖業の一定年数の継続（五年以上）の約束が漁協と組合員との間でなされた。漁協サイドとしては、組合員である以上、一方的に再開希望者を峻別はできないが、財政支援事業予算を使う以上は、支援を受けた資材・施設の償却期間中の養殖業の断念は許されない。そのことから、後継者がいない高齢漁業者を中心に、再開の覚悟を問うことになったのである。この場合の高齢漁業者とは七〇歳あるいは七五歳以上の漁業者を指す。

養殖施設についても、岩手県と宮城県とで漁協の対応は違った。岩手県では、「漁協を核にして」を復興の方針として準備された国の予算をフル活用すべく、漁協が養殖施設の所有者となり、利用料の徴収をもって組合員に貸し与えるというスタイルをとった。償却期間が終われば、利用していた組合員に払い下げる予定になっている。この場合、養殖施設は希望に応じて各組合員に割り当てられるものの、共同利用施設となる。このような所有と利用の関係と同じ形式で、養殖機器類や作業施設も共同利用施設とするという方針を打ち出した漁協も存在する。

しかしながら、これまで組合員個人で所有していたあらゆる施設を漁協の共同利用施設とすると、税金面や手続き面で漁協への負担が増してくるため、養殖機器類などは個人負担という方針の漁協が少なくない。漁協がどこまで面倒をみるかは、漁協の財政状況のほか、組合員の再開状況に鑑みてハードルをどこまで引き下げるかという意思決定の問題でもあった。復旧がまったく進んでいない状況下で、被災地の現場では養殖業再開に向けた漁場利用調整と組合員への資材・機器・施設供給をめぐる所有関係の再編が進められていたのであった。

漁業権行使をめぐって

宮城県についても、漁業権行使をめぐる対応は岩手県と同様であった。県下三三の漁協が合併した宮城県漁協では、各支所が漁業権行使の対応を図った。漁場管理、漁業権管理については旧漁協単位で行ってきたことから、通常の対応である。ただし、震災前から漁協支所・出張所の漁場管理力が落ち込んでいた地区がある。そのような地区では、組合員間で漁場を交換したり、漁場を貸し借りしていたりと、管轄の支所が把握していないところで漁場利用再編が進んでいた。

宮城県だけでなく岩手県でも、養殖漁場の区画内の利用者の選定については、集落に設置されている養殖部会（あるいは実行組合）の自治に任されていた。そこで決定された内容が漁協内に設置されている漁業権管理委員会に報告され承認されるという漁場管理が実践されてきたのである。しかし漁業権管理委員会を核にした漁場利用体系が集落内あるいは集落間の組合員の馴れ合いによって、厳密には実行されていなかった地区では、震災を契機に支所において漁場管理を強化しようという動きがでた。現状では、漁場管理は震災前よりも引き締まったことは確かである。

他方、宮城県内には、企業的経営を目指した漁業者グループが法人化して養殖業を営む取組みが五件見られる。漁業生産組合を設立したケースは三件（漁業と養殖業の複合）あり、合同会社が二件（ノリ養殖のみ、養殖業の複合、ただし桃浦カキ生産者合同会社を省く）ある。漁業生産組合は先にも触れたように共同利用施設や共同利用漁船を得る補助事業の受け皿として設立された傾向が強いが、企業的な対応を図るべく、販売面などで先進的な取組みを図っている。彼らは当該地域における担い手的な漁業者である。漁船や養殖施設などが不足する状況下で、事業再開は協業的に行わざるをえなかったことから、漁協の支援を待たずに、ボランティアや外部事業者などの支援を受けて事業を再開、その後、法人化し、三つの漁業生産組合と一つの合同会社は宮城県漁協の組合員にもなった。しかしながら、いずれのケースも法人として漁業権を行使していない。漁業権行使をめぐり地元の漁協支所との話し合いはもたれたであろうが、あくまで漁場利用においては個別の漁業者が行使権者となっている。インターネット上でオーナーを募集して資金収集した漁業者グループもたくさん出現したが、それらにおいても漁業権行使者の集団であり、とりわけ企業体が漁業権を行使したケースは現時点（二〇一二年十一月）では聞かれない。

養殖業の廃業者状況は、地区によって異なり、一〜三割が廃業と言われている。メーカーサイドの養殖資材の製造が間に合わず、震災から一年半が過ぎても資材不足で養殖漁場はゆったりと使われているため、養殖密度が低く、良好な環境で養殖が行われている。

現時点でまだ養殖業の再開を迷っている漁業者もいるが、再開しているのは意欲的な漁業者が多く、新規に漁業権行使者となった若齢漁業者もいる。一方で廃業していった漁業者の多くは、高齢者や細々と養殖を行ってきた者である。東日本大震災以後、各漁場は担い手の利用が優先される状況になっている。

見えない赤字

震災後、三次にわたる補正予算の成立により復旧支援のための財政は十分に確保された。さらに第三次補正で、財政資金によって漁業・養殖業を再生させるソフト事業（略名「がんばる漁業」「がんばる養殖」）も立ち上げられ、被災地の漁業・養殖業の復興を後押しする施策メニューは出そろったと言える。各漁協では、組合員の暮らしと事業の再開を支えるために、これらの事業をできる限り活用してきた。事業を活用しなければ、漁業・漁村が復旧・復興しないため、活用せざるをえないと言った方が適当かもしれない。

さらに、養殖作業施設、冷蔵庫、漁具倉庫、荷さばき場などの共同利用施設や共同利用漁船といった資産を大量に復旧（再建設含む）させた漁協では、固定資産税の負担がこれまでにない額になると想定されている。また、沿岸構造改善事業などで整備した共同利用施設が津波により被災し、全損扱いとなったそれを、復旧支援事業を使って補修し利用できるようにしたが、漁港用地の嵩上げ再整備により、それらの施設を再度スクラップする場合、補助金の未償却部分を国庫へ返還しなくてはならないという。今後の固定資産税（被災した代替資産の固定資産税は半免になるが、共同利用漁船には該当しない）負担と補助金返還の問題については被害が大きかった漁協ほど深刻な問題として顕在化している。

岩手県のある漁協では、二〇一〇年度で繰越欠損金を解消するはずが、東日本大震災により大きな被害を受けて多額の「特別損失」を抱えることになり、繰越欠損金が前年度以上にふくれあがった。この漁協は震災後、臨時職員を解雇し、養殖業の早期復旧に総力をあげ、自営定置網や自営加工場を復旧、再稼働させ、震災から一年で繰越欠損金を二七億円から一三億円に圧縮できたが、しかしこのままでは復旧を終えてから発生する「見えない赤字」、つまり固定資産税や補助金返還の負担に耐えられないという。

このように漁協は、救済措置として並べられた施策メニューを組合員の奉仕のために活用すればするほど、マンパワー不足に悩まされ、さらに「見えない赤字」を蓄積することになる。そのジレンマをどのようにマネジメントするかが今漁協に問われているが、個別の漁協の対応で収まるような状況ではないかもしれない。現時点では「見えない赤字」は金額としてはっきりとしていないが、県域の漁協系統の信用体制さえも崩壊させかねない。

固定資産税は自治体の収入源である。東日本大震災で浸水した地区に限り、復興産業集積区域に指定することで、その復旧施設・機械の固定資産税を自治体に減免する措置が復興特区法（第三十七条）にある。国が減免した固定資産税を補填する制度である。沿岸域の関係自治体がこの復興特区法第三十七条を活用していけば、「見えない赤字」を少しでも埋めることができる。だが水産関係の復興支援ばかりが目立つ状況下で、各自治体の議会では特区法第三十七条による条例づくりが必ずしも円滑に進んでいない。漁業や漁協に対する政府の復興支援は十分すぎるぐらい準備されたが、その支援を活用すれば自ら首を絞めることにもなりかねないため、現場では施策メニューの活用に躊躇する状況が続いているのである。

4　協同の揺らぎ

今日、制度改革を訴える圧力が強まり、組合管理漁業権という制度の存続が脅かされる状況になっている。漁協が直面する危機は、今の漁協に内在している「協同の揺らぎ」からも形成されている。そこで、三陸で行われている無給餌養殖と漁協の事業に関連した問題について言及しておこう。

ノリ、カキ、ホタテガイ、ワカメ、コンブなどの無給餌養殖は、漁協との関わりにおいて、魚類養殖などの給餌養殖タイプとは事情が大きく違う。無給餌養殖の多くは、養殖業と漁協の事業が一体的関係となって行われているのである。戦前から行われていたノリやカキ養殖も含め、無給餌タイプの養殖のほとんどは、特定区画漁業権が漁業法に登場した一九六二年以後に漁協の事業（系統も含めた販売、購買、共済、信用）とともに拡大・発展してきた。漁協事業として最も特徴的なのは販売面であり、共同販売事業体制（以下、共販事業）が主流である。この事業体制を通して、貝類・藻類の養殖業は、買参権をもつ地元の問屋・流通加工業者とともに漁村の地域経済を支える存在となったのである。

組合員の不満

漁協事業体制に対して不満をもつ組合員は少なくない。不満の内容、程度はさまざまであるが、よく聞く代表的な内容を取りあげておこう。

一つは、「漁協や系統団体は何の努力もしないで口銭だけとっている」という不満である。組合員には価格決定権がないため、価格低落傾向が強まるなかで、こうした不満はより増幅する傾向にある。

共販事業では、漁協あるいは系統職員が組合員から無条件で販売委託を受けて、出荷物に売れ残りが出ないような営業活動を行い、代金決済機能の役割を果たし、代金回収リスクを背負い、共販事業を実施している。販売先の与信管理も担っている。

そのことで、組合員は売上げ代金を短期間で確実に手にすることができ、また販売先の破綻が組合員の経営を直撃しないようになっている。すなわち、共販事業は組合員の販売代行機能というだけでなく、セーフティネット的機能を果たしている。さらに収穫前に投資しなければならない漁具や資材などの購買利用の支払いは、収穫時期に合わせて共販事業による売上げから天引きされることになっている。そのような漁協の事業システムの決済機能が組合員の資金繰り悪化を防ぎつつ、漁業経営の維持・発展に寄与してきた。

さらに各浜の生産概況の情報を収集してそれを指定買受人に開示し、各浜の生産物を集荷場所に集めて入札などを行い、規格ごとに日々相場（適正な価格）を形成させている。取引コストに関わる情報収集、集荷、相場形成の仕事を漁協が担っているのである。もちろん地域ブランドのための広報活動も漁協（漁連）が担っている。それゆえに宮城県や岩手県の漁協系統団体による共同販売事業では、指定買受人が外口銭（取扱い額の一・五パーセント）を漁協または系統団体に支払うのである。

こうして漁協は生産者団体でありながら組合員と指定買受人との間に入り、産地の水産物の交易を調整してきた。つまり共販事業は、競争価格の実現と地域の交易秩序を維持するための仕組みであり、健全な地域経済づくりに役立ってきたのである。

だが、漁協から享受しているこうしたサービスは、組合員にとってはあって当たり前のこととなっている。しかもそのサービスはリスク代替も含まれているため、見えにくい。組合員がはっきりと確認できるのは、販売金額から一定の比率で差し引かれる口銭料など漁協への支払い金だけである。そのため、共販事業は漁協・系統団体の口銭稼ぎの仕組みと見られがちになるのであろう。

もう一つは、個別の組合員のきめ細かな生産努力が出荷物価格になかなか反映されにくいことに対する不満である。多くの共販体制では、商品の規格、等級分けが規定されているが、価格はあくまで地域ごとに等級別に決められるため、その範囲でしか個人の努力は反映されない。地域のブランド力はあっても個人のブランド力はなかなか価格に反映されない仕組みになっている。しかも、集落の同業者の品質が悪ければ負の影響を受ける。

そのような事情から、生産意欲が湧かないとして自ら直販する組合員がいる。東日本大震災以後、かなりの漁業者集団が直販に取り組んでいる。しかしこれらの組合員の多くは、自ら直販していても口銭料に該当する代金を見合い金として漁協に納めている。

こうした自家販売に対する見合い金支払いは不合理だという意見が強い。自らの努力で販売するのに、漁協は何らリスクを背負っていないからである。協同組合原則から見ても事業利用はあくまで権利であり、義務ではないためなおさらである。[7] 外部の人たちからは漁協が「所場代をとるやくざ」のように映ってしまうし、また直販する組合員のなかにも不満を吐露する人がいる。

しかしながら、総合事業体である漁協は、販売事業や購買事業などを収益事業とし、その収益によって非収益事業を支えてきた。非収益事業とは、組合員への経営指導、種苗生産・放流、行政手続き・対応（漁船登録や許可手続きなど）など職員により支えられている仕事すべてである。こうした非収益的な職員の仕事が漁民を支え、漁村・漁場を守るというのが協同組合運動としての漁協の原点であった。だからこそ、最も収益源になる販売事業をもって漁協運営を支えるという思想が育った。販売事業の意義は組合員からの委託販売のためだけにあるのではないことを理解する必要があろう。

現状では組合員は個別の努力が反映されにくい環境で、都合の良い面も悪い面も含めて漁協の事業とつきあわなくてはならないことになっている。組合員は事業利用者というだけでなく、本来、漁協の所有者であり事業運営者であるからこそ、漁協経営を支えるという運命を背負っているのだが、時代の移り変わりとともに「所有」と「経営」が分離し、理解が薄れて、漁協内外から共販事業体制への疑問が生じているように思える。個人的利害関係が強まれば強まるほど、世代交代が進めば進むほど、こうした疑問は拡大する。とくに組合員と職員との間に距離が生じている合併漁協でその傾向が強い。そしてそこに「協同の揺らぎ」が発生する。宮城県の水産業復興特区構想はこうした「協同の揺らぎ」に目を向けた構想なのである。[8]

5　漁協は復興の核となりうるか

東日本大震災は国際協同組合年という記念すべき年を迎える前に発生し、期せずして協同組合の在り方が問われることになった。

震災後、被災地では政府支援策が次から次へと打ち出され、事務機能が麻痺してそれらの支援策を受け止めきれない漁協や支所が出てきた。体制が十分に整わず、漁協は組合員との関係が試されると同時に、政策の受け皿機関としての役割も試されることになった。

政府支援が決まる前に早々と漁協が核になって復興を進めた例もある。例えば岩手県の重茂漁協は震災後すみやかに組合員集会を開き、ただちに共同利用漁船や協業化体制を打ち出した。岩手県はそれをただちに復興モデルにしたのである。重茂漁協では日頃から職員研修、組合員教育、組合員集会、海洋保全活動など「協同らしさ」あふれる活動を実践し、職員と組合員の信頼関係を絶やさない活動を行い、かつ堅実な経営だったことから、組合長から出された復興方針がすぐに組合員全員に受け入れられた。それを受けて、国の支援を待つまでもなく、職員は内部留保していた数億円という資金を使って漁船の調達などに全国を奔走し、震災から二か月後の五月には天然ワカメ漁を協業で再開したのである。[9]

協同組織は、組合員のメンバーシップという結合体と、事業を遂行する役職員組織という事業体の二つの社会関係により構成されている。この二つの社会関係がそれぞれにしっかりとしていて、さらに両者が信頼関係で結ばれていなければならない。組合員自治と役職員組織との間に溝が生じては協同の力は発揮できない。震災からしばらくは組合員が分裂した漁協（あるいは支所）も見てとれたが、時間の経過とともに各地の漁協はまとまる方向に進んだ。

協同の力が本格的に試されるのはこれからである。今後、東日本大震災からの漁村の復興は、「協同の揺らぎ」から生じている漁協ガバナンスの危機をどう克服するか、漁協をめぐるメンバーシップをどう復権させるかが重要課題となろう。

1　二〇〇六年に日本経済調査協会で設置された高木委員会の『「魚食をまもる水産業の戦略的な抜本改革を急げ」水産業改革高木委員会緊急提言（エグゼクティブサマリー）』（日本経済調査協議会、二〇〇七年）に始まり、そのまま自民党政権下の「規制改革会議」、民主党政権下の「行政刷新会議」で取り上げられた。

2　拙著「国際協同組合年と漁協」（『漁協（くみあい）』一四五、三―六頁、二〇一二年）などをもとにした。

3　岩手県では二四人の職員が犠牲になった。しかも震災後、臨時職員の解雇があったり、精神的苦痛で正職員の退職があったりと、マンパワー不足は想像以上の状態となった。即戦力の正職員が退職したことは漁協運営で大きな痛手となった。惨事のなかで組合員から突き上げられたことが、職員にとって何より苦痛なことであったという。

4　漁業者が撤去した瓦礫は津波被害で発生した一般廃棄物と異なり、産業廃棄物として取り扱われるため、産業廃棄物処理業者により処理された。この処理には基礎自治体など地域行政が立ち会った。

5　北海道南西沖地震（一九九三年）で発生した津波被害によって多くの漁船が流失したが、この災害復興による漁船の入手においては激甚災害法のみの対応であった。

6　漁業生産組合とは、働く漁業者が出資して、協同で漁業を営む漁業組織である。出資者らは無限責任を課せられるので、事業を慎重に行わなければならない。

7　歴史的経緯からすると養殖業と漁協の事業は一体化して発展してきた。そのなかで漁業者集団（組合員）の紐帯（メンバーシップ）が育まれ、それが見合い金制度という方式（内輪のしきたり）を形成したと思われる。

8　この節は拙著「危機に立つ漁協と協同の揺らぎ」（『漁業と漁協』二月号、二〇一二年）を加筆・修正したものである。

9　古川美穂「協同ですすめる復旧復興　なぜ重茂漁協が注目されるのか」『世界』（二二六―二三五頁、二〇一二年十一月）。

第八章　メディア災害の構造

東日本大震災発生後、被災地の状況は刻々と新聞、テレビを介して国民に伝えられてきた。しかし時間の経過と共に、災害に関する報道は、生の情報ではなく、報道当局の解釈が加わっていった。また原発の是非をめぐる議論に関しては、大手マスコミに言論統制がはたらいていたとも言われており、放送・報道業界の危機さえ感じとれる時期もあった。

こうした報道当局の行動により社会が混乱させられることを、本論ではメディア災害と呼ぶことにする。ここでは漁業分野に及んだメディア災害がどのように構造的問題をもたらしたのかについて論じたい。

1　漁業権開放論

震災発生後しばらくしてから、被災地の各県では行政機関（水産担当部署）と業界団体の上部団体（漁連など）との間で復興方針の議論が進められていた。ただ、旧宮城県漁連である宮城県漁協の本所は巨大津波により甚大な被害を受けた石巻市にあり、宮城県本庁のある仙台市とは距離があったため、復興方針の議論どころか連絡体制が十分にとられていなかったようである。[1] そうしている間に、宮城県当局では「水産業復興特区」や「漁港集約化」の方針策定の準備が着々と進められていた。

復興方針がどのように策定されたかはここでは議論の対象としないが、リーマンショック以後のデフレ不況による閉塞感が漂っていたなかでの震災であったことから、国や被災県が掲げる復興方針に閉塞感を打ち破る何かが求められていたと思われる。

そうしたなか、《創造的復興》を象徴するかのような、水産業復興特区構想や漁港集約化という復興構想が公表された。漁村や漁港都市が原形を失うほど被災したことから、小さな政府を掲げ規制緩和を訴え続けてきた陣営のみならず、日頃、水産業にまったく関心を抱いていなかった国民も刺激的な内容に注目した。「漁業権を漁協が独占している」「企業参入を阻んでいる」「海は漁協のものではない」というフレーズが、メディアを介して一気に拡散した。これらが提起している内容は、民主党政権誕生前の自由民主党政権下に設置されていた規制改革会議での議論の俎上にのったものであり、いわゆる「漁業権開放論」である。

2 知事と漁協、そしてメディア

水産業復興特区構想をめぐっては、宮城県漁協が猛反発したことから、漁協と知事という為政者との対立ばかりがクローズアップされた。この対立の構図はメディアにとって格好のネタであった。ひとつの復興構想をめぐって知事と業界の代表者が対立するという前代未聞の事態が生じていたからである。

この対立の構図で、多くのメディアが報じた言説は次のようなものであった。

① 漁業権が漁協に優先的に付与されている

② それが企業の参入障壁になっている

③ 組合員になって参入できたとしても、漁協の取り決めに縛られるため、企業は自由に事業を展開できない

メディアが捉えた知事の発言にもこうした内容が含まれていた。「漁協が漁業権を独占」というメディアが発した言説はこうした内容を根拠としている。

①〜③の言説は表現としてネガティブに捉えたものであるが、事実と反する内容ではない。①については、漁業法で免許者の優先順位の第一位が漁協になっているし、②については、漁業者でなく、かつ地元に立地していない企業が漁業権を取得するとなると優先順位が低いため、かなりの課題をクリアしなければならないし、③においては、参入企業は漁業権行使者として漁協の定めている漁業権行使規則に従わなければならず、勝手な業態はとれないからである。

しかしながらこれらは、漁業法の背景を無視して漁業制度の内容を大きく歪めて捉えている。とくに、なぜ漁協という存在が漁業権免許で優先順位として高いか、漁業権行使規則やその他の地域制度により漁場利用に制限や縛りがあるかなど、その意味がすべて捨象されている。

一般に漁民はそれぞれが経営者であることから、自らの生業を成り立たせるためにできる限り海面を自由に使いたい。しかし完全に自由にしてしまうと、漁民らの利害はそれぞれに相反し対立するため、紛争が絶えなくなり、漁村は荒れ果てる。よって漁場利用をめぐる漁民間の関係は、利害が対立していても、利害が一致する部分を共有しようとしてきた。

では、利害一致とは何か。それは水産資源や漁場の保全、操業をめぐる漁民間の衝突防止、海難防止などである。これらは漁業を自由に営むための権利を一定の枠組みに縛る規則や協定、あるいは慣習である。そ

の規則や慣習は漁村・漁協内に存在し、そこに形成されている社会関係やコミュニティを維持させるための重要な事柄である。それゆえ現行漁業制度は、自生的に形成されているこうした社会関係を前提にしている。

つまり漁業法における漁業権免許の優先順位というのは、漁村が健全に維持発展するために、

・域外の人よりも域内の人
・未経験者よりも経験者
・個人よりも集団・団体

に免許を優先するという思想に立脚しているのである。ただし、特定区画漁業権や定置漁業権では地元に適格者がいない場合は、地域外の事業者にも免許される仕組みになっているし、地域外の企業であっても漁村に法人を設立して組合員になれば、漁業権を行使できるのである。

漁業法は、思想もなくただ漁協という法人に漁業権免許を優先しているのではない。また企業参入を一律に妨害しているものでもない。限られた漁場を誰にどのように使わせるのが漁村社会の地域経済のためになるのかという普遍的な問いかけに対応した制度なのである。

ならば共同漁業権や特定区画漁業権の免許では、なぜ漁協が優先されるのであろうか。それは第七章でも触れたように、漁協は漁場管理を目的に設立された漁民の組織だからである。その体制は、上からの統制ではなく、漁民自治によるボトムアップを基本としている。

しかし漁民自治とは言え、漁民同士のみですべての利害対立を調整や解決はできない。さまざまな漁業を営む漁民間、しかも複雑な利害関係間に、漁協の役職員が入って調整を行わなければならない。収益を生まない調整という仕事を漁協という民間の非営利法人の職員が担うのであるから、職員の人件費は漁民が負担しなければならないことになる。ちなみに負担の仕方は漁協によりさまざまである。

したがって、よく聞く「海は漁協のものではないのに、漁協が漁業権という既得権を独占して、しかも漁場利用者から不当に金銭を吸い上げている」というような表現は、少しでも事情を知っている者なら誰でも強い違和感をもつであろう。

こうしたメディアサイドによる漁協バッシングは、宮城県知事と漁協との対立の図式をより鮮明にさせ、国民感情に訴え、世論に向けて「漁協性悪説」を形成させた。「漁協が漁業権を事実上独占」という文言が定着し、漁協・漁協系統サイドが「漁業権開放反対」と反発すると、漁協はまるで今日の水産業界の官僚制でもあるかのように「既得権益を守る集団」と論評される。

これでは、漁協と漁業権の関係がメディア定番の「型」にはめ込まれただけである。規制緩和論や官僚・行政機構を批判してきたメディアの論法そのままである。

だが、本質を外していたとしても、この図式は、水産業復興特区を推進する立場にとっては好都合である。漁協が反発すればするほど、メディアが「漁協が漁業権を独占」と煽り、論点がすり替えられてしまう。本来、水産業復興特区は、宮城県当局が特区対象者と利害関係のある周辺漁民とのあいだに入り、漁業調整が遂行しうるかどうかだけが成功の鍵であるにもかかわらず、である。大衆受けするところだけ切り取り報道するというメディア体質の問題もからんでいると言えよう。[2]

3　漁協自営定置網漁業とサケ資源をめぐる報道

例えば二〇一一年秋、岩手県水産当局に対して漁師が刺網漁によるサケ漁獲制限の解除を訴えていることと、漁協が自営する定置網漁業（以下、漁協自営定置）によりサケ資源が独占されていることを、全国紙が報じている。ちなみに刺網漁業者らによる岩手県水産当局に対する改善要求は震災前からあったが、メディアを介して本格的に露出するようになったのは震災後である。

記事をもとに論点をまとめると以下のようになる。

① 岩手県ではサケを獲るための定置網漁が盛んであり、北海道に次ぐサケ産地であるが、定置漁業権の六五パーセントが漁協に免許されていて、岩手県で水揚げされるサケの八割近くが漁協に独占されている。

② 青森県、宮城県では刺網によるサケ漁が認められているのに、岩手県では許されていない。

③ 北海道も刺網漁業によるサケ漁が禁じられているが、漁協に免許されている定置漁業権はわずか五パーセントであり、民間参入が盛んである。

それぞれの文面の各部分はほぼ事実である。だが、このままでは岩手県で積み上げられてきたサケの栽培漁業が一面的にしか捉えられておらず、批判を意図的に導くための切り貼りになっており、誤解を誘発するものになっている。記事の背景をなす、岩手県でサケの刺網漁業が禁止されるに至った経緯の実際を記しておこう。

サケの刺網漁業禁止の背景

岩手県海域では刺網漁業（正式には「固定式刺網漁業」という名称）は「許可漁業」である。許可漁業とは、当該県漁業調整規則という制度上、基本的には自由に行ってはならない漁業であり、知事からの許可を要する漁業のことを言う。さらに知事許可漁業に対しては主として漁獲制限がある。刺網漁業には「サケ、マス、雌のケガニ及び甲長七センチメートル以下の雄のケガニを採捕してはならない」という規制がある。

サケ産業の振興に力を注いできた岩手県内では、漁村の地先水面で行われる小規模な刺網漁業でも[3]、知事許可における刺網漁業の制限ができる前からサケの漁獲が禁じられてきた。刺網漁業は日々仕掛ける場所を変更でき、かつ能率漁法であるから、河川に向かうサケの回遊ルートに刺網が仕掛けられると、サケが根こそぎ獲られかねない。サケの遡上が少なくなると、ふ化放流の親魚が十分に確保できない。しかし定置網なら設置位置でサケを根こそぎ獲るということを防ぐことができる。資源管理上、サケ漁業は定置網に任す方がよいという考え方が強かったのであろう。岩手県では知事許可による刺網漁業においても、同じ考え方を踏襲したものと思われる。

この制限が岩手県の漁業調整規則上に正式に記されたのは、刺網漁業が許可漁業となった一九七九年である[4]。北海道と青森県も岩手県と同じく、知事許可の刺網漁業に対しては、サケ漁獲を禁止している。ただし、青森県では地先水面で行われる小規模な刺網漁業については、サケ漁獲が許されている。だがそれは県全体のサケ漁獲の一パーセントにも満たない。

ちなみに刺網漁業が知事許可漁業になった頃、東北一帯では刺網漁船が急増していた。二〇〇海里体制に入り北洋漁業などで減船事業が始まり、失業した漁船員の多くは三陸の漁村出身であったことから、刺網漁業が彼らの仕事の受け皿の一つとなったのである。しかしながら岩手県では、サケのふ化放流が軌道に乗り始めた時期でもあったことから、漁業調整上、刺網漁船の増加に伴うサケの乱獲防止を図る必要があった。

漁協による定置網漁業とふ化放流事業

次に、漁協はサケという収益源を独占して、漁民らに何ら恩恵を与えない、という議論について検討しよう。

投資規模が大きい定置網漁業は、沿岸域に回遊魚が大量に接岸すれば大量漁獲が可能であり、多大な利益をもたらすが、回遊魚の接岸がない、あるいは低気圧や急潮流により網が崩れると、大きな損失をもたらす。いわばハイリスク、ハイリターンの漁業である。かつて岩手県沿岸ではマグロ漁で定置網漁が栄え、マグロの来遊がなくなると、つぎにブリ漁で栄えた。しかしブリの来遊が少なくなり、定置網漁業の経営は低迷した。厳しい状況が続き、自営定置を手放す漁協さえあり、漁村の活力が失われた。

一方で一九七〇年代後半からサケのふ化放流事業が成功し、定置網によるサケの漁獲量が増加していた。サケ漁業の拡大は漁村振興対策として進められてきた経緯がある。

そのとき事業の核となったのは、浦々にあった漁協である。サケのふ化放流には資金と技術の蓄積を要するが、岩手県当局はそれを漁協に担わせ、一方で新規漁場への定置網設置については、その漁業権を漁協に集中させた。

こうした歴史的経過を経て、サケの来遊量が増加し、八〇年代には漁協の自営定置の経営は完全に軌道に乗った。その漁利は漁協経営の基盤強化のために内部留保された[5]だけでなく、漁港建設や水産振興、あるいは地域の教育機関のために地元自治体に寄付して地域還元に向けられた。[6]組合員に対して出資配当金を出すという例も少なくなかった。

もちろん、サケの水揚げ金は定置網だけでなく、他の漁業で漁獲されたサケの水揚げからも一定割合（賦課金［かつては協力金］として水揚げの七パーセント）をふ化放流事業の運営費に回すことになっており、サケ資源の再生産に活用されている。

岩手県がサケ産地として拡大できたのは、サケ栽培漁業の機能と責任を漁協に集約したからである。そもそも定置網漁業のブリ漁が衰退した当時、漁協だからそれをしのぐことができたのである。行政庁と民間出資による「さけ・ます増殖事業協会」とが別個にふ化場を運営し、増設してきた北海道とは大きく異なる。

こうして漁協自営定置と漁協によるふ化放流事業が両輪となって、漁協は九〇年代前半までは漁利の地域還元という役割を果たしたのであるが、九〇年代中頃からサケ輸入が急拡大し、かつ大漁が続いたことから、サケ価格が暴落する豊漁貧乏に見舞われ、定置経営は一気に厳しくなった。それにつれて漁協経営も厳しくなり、二〇〇三年頃まで厳しい状況が続いたが、二〇〇五年頃からサケの輸出が拡大し、価格が上昇し、定置経営は再生した。

ところが二〇一〇年秋期から、温暖化のせいか、秋期まで三陸沿岸域に高海水温が張り出し、サケが接岸しにくくなり、漁獲量が伸び悩む地域もあった。定置網漁業は網規模が大きいだけにサケ来遊さえあれば大きな利益を出すが、水揚げが伸び悩むとマイナスの効果が大きくなる。ちなみに二〇一二年一月に経営破綻した大槌町漁協は、自営定置の再開の遅れが経営継続断念の判断に繫がったと言われている。

こうした歴史があるので、「漁協がサケ独占」というのは、漁協が地域経済の発展に果たしてきた機能・役割、つまり雇用拡大、サケ資源の培養、地域への漁利の分配機構という機能を無視したものでしかない。個別の漁業者がサケを漁獲するだけでは、このようなサケ産業の発展は果たしえなかった。それゆえ現状の厳しい自営定置網漁業への対応としては、岩手県沿岸域の漁場全体の状態をにらみつつ、定置網の設置数とふ化放流事業体制を再編させることが重要なのである。

宮城県と北海道のサケ産業

宮城県では刺網漁業は承認漁業[7]であるが、もともと自由漁業であったことからサケの漁獲制限がなかった。

宮城県にもサケのふ化場がある。だが、その数は二〇施設と、岩手県のふ化場数の約半分である。宮城県のサケのふ化放流数は年によって変わるが、岩手県の九分の一～六分の一以下であり、サケ産業は岩手県のような規模ではない。さらに、岩手県の沿岸のふ化場は漁協が運営する施設がほとんどであったのに対して、宮城県沿岸域にあるふ化場の多くは町営のふ化場である。[8]つまり宮城県では岩手県のように漁協自営定置網の収益によって漁協のふ化放流事業が支えられているわけではなく、サケのふ化放流事業の振興も岩手県のような高い位置づけではない。ふ化放流をめぐり、刺網漁業と定置網漁業との間で利害対立がほぼないため、漁業調整においてサケ漁獲の制限を設ける必要はなく、刺網漁業者がサケを漁獲できたのである。漁協自営定置網がなく、漁協によりふ化放流を行っていない青森県もその対応は同じである。

本州では、岩手県が群を抜いてサケのふ化放流事業に力を入れてきたが、サケ資源が生まれた河川に回帰するとは言え、サケは回遊してくることから隣県とのトラブルや調整がある。例えば、岩手県と宮城県との県境の海域では、宮城県の刺網漁業者がサケを漁獲してきたが、その漁場が岩手県陸前高田市との県境にある唐桑半島の唐桑御崎正東線以南であることから、サケの回遊経路次第では岩手県で放流した資源が宮城県の刺網漁業者に漁獲される可能性がある。岩手県の漁協サイドからするとサケ資源が奪われた気になる。このような漁獲行為が両県の摩擦になることから、宮城県町営ふ化場は、広田湾に注ぎ込む気仙川にあるふ化場からサケ稚魚を購入して、サケ稚魚の放流を行っている。

北海道では漁協自営定置の数はわずか五パーセントであり、記事では民間参入が盛んとしているが、北海道ではむしろ漁協は定置網経営のリスクを負うことを避けているのであり、少なくとも民間参入を進めたのではない。定置網漁業を担っている経営体はもと網元の会社経営もあるが、サケ定置網漁業に関して[9]は漁協主導により組合員をグループ化して共同経営にしたケースや、行政庁指導で協業方式にして営むケースもあり、決して民間参入を進めたものではない。また、漁協合併時に定置網の経営リスクを旧漁協の組合員が請け負う形をとるために、集落で設立した漁民会社（構成員の七割以上を地元地区の漁民として設立された会社）に経営を移したという例もある。この例は、定置網が漁村集落の所有であったことの証であろう。

また北海道では、行政庁管轄のサケマスふ化場と、漁協や定置網経営者からの出資により各支庁管内で運営されている「さけ・ます増殖事業協会」があり、漁協独自でふ化放流事業を行っているケースはほとんどない。それでも漁業調整が進み、刺網漁業によるサケ漁が禁止されているのである。もしも刺網漁業者がサケを漁獲すると、漁業調整規則違反となり、その漁業者は懲役か、罰金刑となる。[10]

漁業調整という視点の欠如

岩手県では定置網以外に小型漁船による延縄《はえなわ》漁業でもサケ漁が行われている。延縄漁業はかつて自由漁業であったことからサケ漁獲が自由に行えたが、この時期、延縄漁船が増加していたことから漁業調整が必要になっていた。その後、調整を経て、「岩手県さけます延縄組合」も結成され、延縄漁業は一九八一年に承認漁業となり、八七年には許可漁業となった。

延縄漁業は刺網漁業と比較すると漁獲効率が劣る。釣りは網に劣るという技術的な差異もあるが、産卵回遊により接岸するサケの釣獲率が低いからである。延縄漁業なら河川に遡上するサケを根こそぎ漁獲できないという判断もそこにはあろう。しかし、承認漁業や許可漁業へ移行させたのは、そのような定置網漁業との競合を緩和することよりも、延縄漁業の漁場利用秩序を形成させることが第一にあった。この当時、資源管理型漁業の運動が強く推進されており、漁業経営の安定化に資源管理型漁業の取組みが不可欠と考えられていたからである。

こうして、延縄漁業は許可漁業となり、岩手県漁業調整規則に延縄漁業のサケ漁の制限（例えば、漁場制限、時期制限、漁具制限）が加わり、漁場利用秩序が形成された。[11]

現今のサケ資源利用の体制はこうした一つ一つの漁業調整の結果として形成された、総合的な漁場利用の視点から模索された結果なのである。そこには地域性を考慮した視点こそあれ、なにも不当性はない。「漁協独占」の記事の内容は、漁業調整の実態や歴史を俯瞰して捉えた結果ではなく、あくまでサケ漁獲という資源獲得機会の解禁を訴える刺網漁業者サイドの主張が強く押し出された結果となっている。[12]

漁業法では、漁場を誰に、どう使わせるかという根本問題は、「漁場の総合的高度利用により漁業生産力を発展させるように、多種多様の漁業を各人のほしいままに任せず、全体的見地からこれをその適合した地位におくこと」[13]にしている。とくに競合の激しい漁場や魚種については、漁業法第六十五条[14]に基づいて、行政庁が漁業調整を行うことで漁業の制限や禁止事項（漁業調整規則）を決めることができるようになっている。そして、その調整はまず漁業者らの当事者間の合意形成を基本としている。重要な資源ほど、このような調整と合意形成の必要性が高い。そのことから定置網漁業や刺網漁業のような混獲漁法であっても、漁業権や許可には主漁獲魚種が決められてきた。

それゆえ刺網漁業におけるサケ資源の漁獲制限の解除には、「岩手県定置漁業協会」や県内のふ化放流事業を取りまとめている「岩手県さけ・ます増殖協会」と刺網漁業者らとの間で合意形成を図る必要があるし、それ以上にその間で信頼関係の醸成が必要である。だからこそ、この問題を的確に捉えることができない者がこの対立に割って入り煽ってはならないのである。

記事の「漁協独占」という表現は、現行制度に甘えその既得権にすがる組織（ここでは漁協や行政組織）と、漁協や制度に阻まれ参入できない事業者（ここでは意欲と能力がある漁業者）を対立的に捉えようとしたのであろう。だが、よく調べてみれば、サケの刺網漁業ひとつとっても、この「型」にはまる内容ではない。水産業復興特区の報道と同じように、結局この内容も「漁協性悪説」に立った結論ありきの議論、歴史や実態を矮小化させた議論としか思えない。

深まる溝

近年、岩手県では養殖振興と定置網振興が進んだことから、刺網漁業など漁船漁業を営む漁民は、養殖業を営む漁民と比較すると、もともと漁協との距離があった。漁協の事業が自営の定置網漁業と養殖業中心に組まれているからである。震災後、漁協と刺網業者の間にある溝がさらに深まったと思われる。

また過去において、拡大路線を歩んだ漁船漁業を営む漁民の一部は、いったん漁業経営が厳しくなると漁協に対する購買債務や信用債務などの支払いを後回しにし、未払い状態を続けているので、漁協役職員はその不良債権の回収に苦しんできた。[15]

そこに東日本大震災が発生。その後の報道は両者の対立を煽り続けている。現場を混乱させているメディアの記事の多くは、大学教授など肩書きはあれども、漁業制度の専門家とも思えない論者や、思考が偏った論者にコメントを求めているという特徴がある。漁業をまったく専門としてこなかった論者に論評させている記事もあった。これがジャーナリズムというのものなら、ジャーナリズムに何を期待したらよいのだろうか。

1　宮城県漁協の幹部によると、「震災から十数日後に宮城県庁から復興方針の提案を要請されたが、まだ被害者の安否確認が続けられていたことからその要請には対応できなかった」という。

2　地元紙は水産業復興特区に関連する報道については慎重に取り扱い、全国紙は煽る記事が目立った。

3　漁協が管理する共同漁業権第二種の漁業。操業水域は漁協が管轄する水域であり、隣接する複数の漁協に属する漁民が入り会う漁場もあるが、操業できる水域は限られている。許可漁業による刺網漁業は漁協管轄の水域の外側なら岩手県内の海域すべてである。

4　刺網漁業が許可漁業になる前年に「沿岸サケ・マス漁業調整連絡会議」（一九七八年一月）が開催された。この会議は岩手県が水産庁、東北水研、北海道、青森県、秋田県、宮城県、山形県、福島県、新潟県、茨城県、富山県、石川県に呼びかけて設置された会議である。その後も連絡協議会は毎年のように続けられ、サケ漁獲に関する議論が行われた。

5　漁協経営は組合員の発展のために各種事業利用を促すが、一方で経営不振に陥る組合員の事業利用の未払い・未返済による不良債権（または引当金）を背負うため、そのリスクヘッジとして経営基盤が必要である。自営定置はそれ自体がハイリスクではあるが、岩手県内の場合、サケのふ化放流事業とセットになっていることから経営基盤として機能しやすい。

6　山内愛子「漁協自営定置網を中心とする漁業権所有形態の変化と利益配分の実態――岩手県大船渡市三陸地域を事例として」『漁業経済研究』（漁業経済学会五一巻一号、一―二二頁、二〇〇六年）は、サケ定置網漁がもたらした地域還元の実態を明らかにしている。

7　行政委員会である海区漁業調整委員会により承認される漁業であり、漁場、漁期、漁具、漁船などに制限が加えられる。本来自由に行われていた漁業をその漁業の存続のために、つまり競争緩和するために知事許可漁業にするが、その前に他の漁業との関係も含めて、さまざまな調整が必要である。また様子見も必要である。そのような漁業が承認漁業とされているケースが多い。知事許可漁業になると当該県漁業調整規則に位置づけられる。

8　河川の上流域では、河川漁協等（生産組合もある）がふ化場を所有し、ふ化放流事業を行っている。

9　漁業法上、定置漁業権は水深二七メートル以深に設置される定置網を免許の対象とされているが、北海道においては二七メートル以浅漁場に設置される定置網のうちサケ漁を目的とするものも免許の対象となっている。

10　二〇一一年秋期、北海道羅臼地区において刺網漁業者がサケを漁獲し、水産加工業者に無断販売していたとして北海道漁業調整規則違反の疑いで書類送検された事例がある（「秋サケ刺し網で密猟」『釧路新聞』（二〇一一年十二月十日）。

11　荒屋勝太郎「岩手県さけます延縄漁業の漁場自主管理」『漁場管理と漁協』（漁協経営センター出版部、七八―八八頁、一九八三年）。

12　サケ延縄漁業では、サケが釣れなくなっていることから、漁船漁業を営む経営者らは刺網漁法での解禁を訴えている。経営を継続していくためにも、サケを漁獲したいと要望すること自体は何ら問題ない。漁協との関係を改善して、経営対策を打ち出していくことが最も重要である。

13　平林平治・浜本幸生『水協法・漁業法の解説』（漁協経営センター出版部、第一四版、三一三頁、一九九一年）。

14　漁業法第六十五条「農林水産大臣又は都道府県知事は、漁業取締りその他漁業調整のため、特定の種類の水産動植物であつて農林水産省令若しくは規則で定めるものの採捕を目的として営む漁業若しくは特定の漁業の方法であつて農林水産省令若しくは規則で定めるものにより営む漁業（水産動植物の採捕に係るものに限る。）を禁止し、又はこれらの漁業について、農林水産省令若しくは規則で定めるところにより、農林水産大臣若しくは都道府県知事の許可を受けなければならないこととすることができる」。

15　三陸だけでなく各地の漁協経営の悪化は、総じて漁船漁業を営む漁民らの購買債務や借入返済の不履行によるところが大きい。近年ではサケ定置網漁の不振も響いているが、かつてサケ漁は漁船漁業がもたらした漁協経営の悪化を穴埋めしてきたのである。

第九章　放射能の海洋汚染と常磐の漁業

東日本大震災により発生した東京電力福島第一原発の事故は、日本の漁業界に未曾有の被害をもたらしている。操業自粛を行っている福島県では、海洋汚染が深刻になっただけでなく、操業再開をめぐる混乱が漁民を分裂させた。東京電力への賠償金請求で意見が分かれたり、放射能の検出を恐れたり、試験操業に踏み切れない漁業者と早期に操業を再開したい漁業者との間に意見の隔たりがあるからである。原発立地時にも漁民社会が分裂したが、それ以来の危機であろう。隣県の茨城県では、操業自粛する漁業と操業再開する漁業とが分かれた。また県内の北部と南部で対応が分かれた。海洋汚染の影響を受けながらも、福島県とは異なる様相である。

賠償金をめぐる請求行動は、福島県、茨城県だけでなく、宮城県、千葉県、北海道にまで及んだ。しかも漁業者だけではなく、水産流通加工業者も行動を起こした。漁業の操業自粛は流通を休止させ、流通加工業者の生業を侵すことになるからである。人と魚で繋がれた地域の経済は完全に分断された。

追い詰められる漁業者、地域はいったいどうすればよいのであろうか。この章では、原発事故対応を図る漁業者の取組みについて素描し、原発事故がもたらした社会災害の本質に接近したい。

1 常磐の漁業の特性

東京電力福島第一原発事故由来による海洋汚染は言うまでもなく、まず福島県の漁業界を直撃した。海洋汚染の影響は、太平洋北部海域の各沿岸県の漁業界すべてに被害が及んだが、操業自粛というかたちですぐに対応せざるをえないような状況に追い込まれたのは茨城県の漁業界であった。

原発事故の影響を見るために、まず原発立地地帯である常磐（福島県から千葉県外房まで）の漁業の特徴を摑んでおきたい。

常磐とは常陸国と磐城国の総称であり、主に現在の茨城県と福島県の浜通りを指す。宮城県と岩手県で形成されている三陸と同じように、類似した社会環境・自然環境をもつ地域となっている。それゆえ三陸と同様、両県で行われている主力の漁業種が似通っており、同時に三陸とは異なっている。

常磐の漁業が三陸と大きく異なるのは次の点である。三陸沿岸ではさまざまな養殖業種が発展し、養殖地帯が形成されているのに対して、常磐では沿岸域で養殖業がほとんど行われておらず、三陸では採介藻漁業が沿岸漁業の主力になっているのに対して、常磐ではマイナーであることである。

福島県、茨城県の統計を見ると、数量がまとまっているのはノリ養殖ぐらいである。ノリ養殖は、福島県相馬市にある松川浦という汽水湖で行われており、経営体数は複数存在している。その他の養殖として、ヒラメ、カキ、その他貝類があるが、それぞれ一、二の経営体しか着業しておらず、産業としての存在感はない。

二〇一〇年の採介藻漁業の数量を見ると、岩手県、宮城県の漁獲量は二千七六六トン、一千三八三トンであるのに対して、福島県、茨城県がたったの九二トン、四九トンであり、桁が違う状況であった。このような格差が生じるのは、リアス式海岸が入り組んだ三陸と単調で遠浅の海が広がっている常磐とで自然環境が大きく異なっていること、三陸に比べると常磐の漁業者は数が少ないこと、三陸では漁協に属する組合員ならほぼ全員に採介藻漁業の漁業権の行使権が与えられているのに対して、常磐では地先採鮑《さいほう》組合など沖合漁業を営まない組合員にしか継承されないというローカル・ルールがあったからである。

常磐ではどのような漁業が主力になっているのであろうか。漁獲数量のシェアが大きいのは、大中型旋網漁業、沖合底曳網漁業、小型底曳網漁業、サンマ棒受網漁業、船曳網漁業、遠洋カツオ・マグロ漁業、刺網漁業である。福島県沖や茨城県沖を主な漁場にしているのは船曳網漁業、刺網漁業、沖合底曳網漁業、小型底曳網漁業、貝桁《かいけた》曳網漁業である。大中型旋網漁業、サンマ棒受網漁業、遠洋カツオ・マグロ漁業においては、漁場としても水揚港としても、常磐にこだわる必要がなく、魚価形成に応じて全国の三種漁港で水揚げし、販売している。以下、これらの漁業の特徴を若干触れておきたい。

船曳網漁業は目の細かい袋状の網を曳いて小魚であるシラス（カタクチイワシなどの稚魚）、シラウオ（サケ目シラウオ科）、コウナゴ（イカナゴの未成魚）、メロード（イカナゴの成魚）を漁獲する。五トン未満の小さな漁船でありながら、艤装や漁具資材にかかる投資は大きい漁業である。投資額は数千万円である。

船曳網漁業は、資源回遊さえ問題がなければ利益率が高く、全国的にも優良部門に位置づけられてきた。常磐では、シラスやコウナゴなどは釜揚げや天日干し、近年では相模湾や駿河湾に次いで生食用加工が多くなっている。その加工を専門とする業者は、主として福島県との県境に近い茨城県内の大津地区に集中しており、県境沖で漁獲されたシラスやコウナゴは両県から大津地区に集められてきた。ただし福島県北部や茨城県南部からは距離があるため、それらの地区の船曳網漁業者が漁獲したシラスなどは福島県相馬地区や茨城県日立・大洗地区に立地している加工業者に流通してきた。このように船曳網漁業は、生産・流通ともに常磐一帯で完結しており、三〇億円以上の取引がある重要漁業であった。

沖合底曳網漁業と小型底曳網漁業はともに海底に生息している魚類を袋状の網を曳いて漁獲する漁法である。これらは漁船の規模や許可が異なるため、操業海域が異なる。沖合底曳網漁船は小型底曳網漁船よりも沖側で操業し、県外海域でも操業する。小型底曳網漁船は県内海域に限られており、操業できる水深は限られている。

漁船勢力が最も大きいのは福島県相馬原釜地区、次いで小名浜漁港を拠点にした福島県いわき地区である。茨城県平潟地区、茨城県日立久慈浜地区では数隻である。両底曳網漁業は夏場を除いて周年操業しており、ヒラメやカレイ類の他、常磐特産のメヒカリやアンコウなどさまざまな底魚類を漁獲している。魚種が多様であるだけでなく、高価な魚種も漁獲するため、優良漁船の売上げ規模は大きい。

刺網漁業の主力は、固定刺網と呼ばれる海底に刺網を一晩敷設して漁獲する漁業であり、主にヒラメやカレイ類などの底魚類を漁獲している業種である。常磐全体で行われているが、刺網漁業者数は相馬原釜や新地地区など福島県の北部に多い。

常磐を特徴づける地域漁業として、貝桁曳網漁業がある。福島県では全域でホッキガイが漁獲されている。茨城県でも鹿島灘でホッキガイが大量に漁獲されていたが、近年はハマグリが中心になっていた。これらの貝桁網漁業は資源管理という視点から、乱獲防止のためにプール制を導入したり、協業化を図ったりしてきた。福島県では、相馬市磯部地区における資源管理の取組みや、貝桁漁業を行う漁業者をすべて一つの協業体に集約した四倉地区の取組みが全国的に知られていた。

統計を見てみると、茨城県では大規模漁業である大中型旋網漁業のカ統数が福島県より多いことから、海面漁業の生産量は茨城県の方が大きいが、福島県では魚価が安定しているサンマ棒受網漁船が多く、遠洋カツオ・マグロ漁船などの遠洋漁業も営まれていたことから、両県の海面漁業の生産金額（二〇一〇年の属人統計、養殖除く）はほぼ均衡していた。福島県では約一八二億、茨城県では約一七九億円であった。北海道を除く、三九都府県の平均が一九一億円であることから、全国平均をやや下回る漁業県と見てよい。遠洋漁業が発展した宮城県の海面漁業の生産額（養殖除く）は五二三億円と国内三位に位置し、岩手県は二八三億円であった。

全国一、二位の後継者確保率

このように、全国平均を見ても、また三陸と比較してみても、常磐の漁業生産額は決して大きくない。だが、じつは両県には統計上で誇れる数値がある。それは後継者のいる漁業者の率が、福島県と茨城県が全国一、二位を争っているということである。[1]

第一一次漁業センサス（二〇〇八年）によると、自営漁業者（個人漁業経営体）の数は、全国が十万九千四五一であり、後継者のいる自営漁業者は一万九千九二九（一八パーセント）であった。自営漁業者総数を見ると福島県が七一六、茨城県が四六二であり、岩手県五千二〇四、宮城県三千八六〇と比較するとかなり見劣りするが、後継者のいる自営漁業者数は、福島県が二四四（三四パーセント）、茨城県が一六六（三六パーセント）となっており、率で見ると全国平均を大きく上回っているだけでなく、安定した養殖業が発展した岩手県一千五〇（二〇パーセント）、宮城県一千二四一（三二パーセント）をも上回っているのである。

後継者のいる自営漁業者とは、すでに後継者が漁業に就業しているという意味であり、多くの場合は親子操業を行っているケースを指す。現状では就業していないが、将来、長男、次男などが脱サラにより就業する可能性がある自営漁業者は含まれていない。福島県、茨城県では自営漁業者数が少ない（母数が小さい）

ことによる効果かもしれないが、安定指向型の養殖業が発展していない地域で、このように後継者が一定程度確保されているというのは、漁業経営が安定しやすい何らかの要素があったと思われる。[2]

しかしながら漁業全体は全国的な傾向と同様に縮小再編を続けており、各漁港の背後にある流通加工業も弱体化している。しかも、常磐における産地市場の活力は三陸以上に停滞している。漁業の規模が小さいにもかかわらず、市場の数が多いからである。二〇〇八年漁業センサスによると、三陸における卸売市場の総取扱金額は、岩手県が約四五四億円、宮城県が約一千四九四億円であり、卸売市場数はそれぞれ一一、一四である。それに対して、常磐の卸売市場の総取扱金額は、福島県が一三七億円、茨城県が八四億円であり、卸売市場数は、福島県が一二、茨城県が一一である。三陸と比較して、市場の取扱い規模が格段に小さい。[3] 買受人の減少が著しいことから価格形成力は弱くなる一方である。常磐において後継者のある漁業者の率が高いというのは、漁業経営体の淘汰が早く進んだ証と言えるかもしれない。すなわち、残るべくして残る漁業経営体が再生し、淘汰される漁業経営体はすでに淘汰された状況になっているとも言える。

産地市場の活力低迷への対応として、相馬原釜地区では漁協が販売会社を使って組合員の生産物を買い取り、外食大手や量販店などに直販し、一定の成果をあげていた。しかし、このような事例はまれであった。分散している市場を集約・統合し、一市場当たりの買受人を増やし、市場運営にかかるコストを削減しなければ、地域の水産業はますます縮小するという認識は現場では強かった。ただし、漁業者と買受人の両者にとってメリットが出る対策が付随していなければ、市場統合は進まない。その調整をどう図るかが常磐の産地の悩みでもあった。

2 原発事故と漁業

海洋汚染の広がり

東京電力福島第一原発から放射性物質が本格的に飛散したのは二〇一一年三月十五日であった。そのときに風が南東からであったことから内陸部の放射能汚染が心配された。しかし、放射能汚染はそのときすでに海に向かっていた。三月末、放水口から規制限界濃度の一千倍以上を超える放射能が検出されたのである。そして四月四日、低レベルではあるが放射能廃液が一万リットルも海に放水された。その後もたびたび原子力施設の亀裂から汚染水が漏水し、海へと流れるという事態が相次いだ。

全国漁業協同組合連合会を含め、漁業者団体は四月五日以後、東京電力へ何度も抗議活動を行ってきた。そのような活動が行われている最中も、放射能による海洋汚染は広がっていったのである。汚染は広範囲に及んだ。汚染源は東京電力福島第一原発であることには間違いないが、その立地場所から放水された汚染水が地先から外海へ広がったというだけでなく、内陸部に飛散した放射性物質が降雨などで河川に流れ、河川から海へと注がれ、離岸流、沿岸流で広がったのである。[4]

放射能汚染は、海水、海底泥、魚介藻類から放射性物質を検出することで確認された。震災から一〇日後の三月二十一日、東京電力福島第一原発の南放水口付近の海水から放射性ヨウ素が規制限界濃度の一二六・七倍で検出されたのが始まりであった。それを受けて、茨城県、千葉県が魚介類へのモニタリングを始めた。

政府は二〇一一年三月十七日、原子力安全委員会により指示された指標値（食品衛生法に基づく値）を、食品中の放射性物質の暫定規制値として設定した。関係自治体に対しては、その暫定規制値を超えた食材が食用に供されることがないよう通知した。その段階では、魚介類に示されていた暫定規制値はセシウムだけであり、その値は一キログラムあたり五〇〇ベクレルであった。四月一日、北茨城沖で採集されたイカナゴから食品衛生法で定めている暫定規制値の二倍に値する放射性ヨウ素が検出された。その後、しばらく北茨城沖で基準値を超えたイカナゴが採集された。しかしこの段階では原子力安全委員会が放射性ヨウ素の指標値を設定していなかったため、流通規制が行えなかった。四月五日になって、食品衛生法に基づく魚介類に対する放射性ヨウ素の暫定規制値キログラムあたり二〇〇〇ベクレルが設定された。各自治体ではこれを基準に、暫定規制値を超えた食材が市場に流通しないような措置をとってきた。

四月十三日には福島県いわき沖で採集されたイカナゴから暫定規制値の二五倍に当たる放射性セシウムが検出され、その後もこのような高濃度に汚染したイカナゴが何度も採集された。その分布は東京電力福島第一原発の南側三〇～七〇キロメートルに及んだのである。

常磐の漁業界の対応

福島県では漁業を再開させるどころではなく、全面的に操業停止状態になっていた。茨城県では福島県ほど津波被害がなかったことから、再開可能な漁業はいくつかあったが、海洋汚染が再開を阻んだのである。茨城県でもイカナゴについてはもはや漁獲対象となりえなかったため、船曳網漁船は操業自粛に入らざるをえなかった。

イカナゴ漁を除く他の漁業については全面的に自粛するのではなく、検出結果を見ながら操業を続けるという試験操業的な状況が続いた。現場としては通常の操業体制に戻ることを願っているのだが、検出結果に問題がなくても、産地市場における仲買人の買付意欲が弱く、価格が振るわない。流通先から放射能汚染に対する安全性が問われ、買い控えられているということであろう。出漁しても利益がでない。それゆえ操業は実質的にはサンプリング調査になってしまうのである。もちろんこれでは漁業経営を継続できないため、東京電力に営業補償を請求して経営・生活を維持するしかないことになる。こうして茨城県の漁業は、福島県のような全面自粛ではない、部分自粛、部分操業状態になり、試験操業状態になった。

沖合底曳網漁業については、操業自粛と操業再開を繰り返した二〇一一年四月以後、水深が深い沖合の底魚類のモニタリング調査においてほとんど放射性物質が検出されなかったことから操業を続けた。だが、九月になって茨城県北部の海域でエゾイソアイナメから規制値を超えた放射性物質が検出された。よって県北部に位置する日立市川尻沖（北緯三六度三八分）から福島県境までの県北部の海域（以下、茨城県北部海域）を操業自粛海域とした。底魚類とは言え、福島県に近い北部の海域では福島県から回遊する魚類が多いと判断したのである。

茨城県北部三漁協と言われる平潟漁協、大津漁協、川尻漁協に属する底曳網漁船は地先の漁場で操業できないことから日立市川尻沖以南で操業し、地元で水揚げした。もちろん許可上は、それらの海域での操業は問題ない。ただし政府の暫定規制値を超えた放射性物質が検出されたと指定された魚介藻類については出荷制限指示による出荷自粛とした。底曳網漁業については「茨城県北部海域は操業自粛海区、暫定規制値超え魚種は出荷自粛」というスタイルで操業が続けられている（二〇一二年十月現在も）。

次に茨城県の主要漁業の一つであるシラス漁について見ておこう。シラスは主にシラス干しの原料となる。シラスを漁獲するのは船曳網漁船であり、春はイカナゴ、夏から冬までシラス、時にはシラウオやオキアミなども漁獲する。イカナゴは出荷制限対象魚種であるが、シラスについては放射性物質が検出されていない。だが北部三漁協に属する漁船五〇隻は、二〇一一年八月まで操業自粛を続けた。当初、シラスにイカナゴが混じるというのがその理由であったが、操業再開したところで漁業が成り立たないという状況もあった。北部三漁協に属する船曳網漁船が漁獲したシラスを買い付けるシラス加工業の買付意欲が高まっていないからである。モニタリングで放射性物質が検出されていなくても、消費地市場からの引き合いが弱いままなのである。震災前の販路が回復していないのであろう。

北部三漁協に属する船曳網漁船は、このままでは埒があかないとして、二〇一二年八月六日から北部海域での操業を再開し、加工業者もそれを買い付けて加工し販売している。ただし週一回の操業に限られ、実質的には原料、加工品の放射性物質検査が伴った試験操業である。本格的な操業再開にはまだ時間を要するようである。

アワビ漁はほとんどの海域で再開されている。放射性物質がほとんど検出されていないにもかかわらず、価格が低迷しており、本格再開という状況にはなっていない。再開している他の漁業もほぼ同じ状況である。

生産水域表示

原発事故後、食材に対する安全性が問われ続けている。消費者が敏感になっているのは食材の産地である。それゆえに食品の産地表示はより意味をもつようになったが、風評被害を生む要因にもなっている。

福島県の農業被害に詳しい小山良太氏の見解を参考にしてみよう[6]。福島県内は大きく浜通り、中通り、会津の三つの地域に分けられているが、中通り地域では農作物に放射性物質が確認され、出荷制限がかけられてきた。これは実質被害である。他方、会津地域は福島第一原発から一〇〇キロメートル以上離れ、他県と比較しても放射性物質による汚染レベルは低く、作物を検査してもほとんどが検出限界以下だったという。にもかかわらず、会津とは言え「福島県産」であることから、会津地方の農作物が売れなかった。ちなみに会津地方で製造されていた工業製品も取引停止に追い込まれた。情報が錯綜していた時期だったとは言え、これは明らかに風評被害と言えよう。

農作物と違い、魚介藻類の産地表示には二つのタイプがある。一つは生産水域名であり、もうひとつは水揚港の都道府県名である。小売業界は、かねてから生産水域名（一般に知られる地名+沖名、または一般に知られている水域名）での流通を要望していた。それを受けて二〇〇三年六月には水産庁が「生鮮魚介類の生産水域名の表示のガイドライン」[7]を公表するに至った。

沖合に展開する漁船は一か所に止まってではなく、県境をまたいで操業を行うことが多く、その場合、複数の生産水域で漁獲した魚介類が漁船内の魚艙内に混在する。魚艙内に混在する魚を生産水域ごとに仕分けるのは不可能に等しい。産地から消費地に出荷する買受人は、同一県内の複数の漁港から魚介藻類を調達して、まとめて荷造りしたり、パッキングしたりすることが多い。一定のロットをまとめなければ、消費地の市場で相手にしてくれないからである。また漁港ごとに産地表示すれば、コストと手間がかかる。そのため漁港の所在都道府県名で「〜県産」という表示が大半を占めていた。小売業界としても少しでも安く仕入れたいため、多くの場合、妥協してきた。

原発災害が発生してから、小売業界からの生産水域名表示の要望があらためて強まった。福島第一原発を起点にしてどこの水域で漁獲された魚介類なのかが消費者にとって重要だからである。この要望は流通過程すべてに関係してくるため、小売業界と同時に流通の川中に位置する消費地市場の卸売業界からも強まった。要望先はもちろん被災地の産地卸売市場であり生産者である。

産地市場や生産者にとっては厳しい要望であった。復旧がまだ始まったばかりであり、産地市場では人員削減後のマンパワー不足のなかで放射能の検査体制づくりをしなくてはならず、何よりも生産水域の表示が生産者にとってどのようなメリットが生じるのかがはっきりとしていなかったからである。大量流通・大量消費時代に入り、水産物流通の主導権が小売業界の手中にあり、こうした圧力は今にはじまったものではないが、被災地である産地からすれば「いじめ」に近い感覚をもったであろう。

生産水域名の表示体制への統一的対応が進まなかったことに苛立ちを隠せなかった小売業界や卸売業界は、要望の矛先を産地から政府に移した。

二〇一一年十月五日、水産庁は「東日本太平洋における生鮮水産物の産地表示方法について[8]」として、回遊性魚種と沿岸性魚種とに分けて、産地の表示方法を産地および流通業界に対して指示したのである。回遊性魚種については生産水域名を**図1**のように定めた。法的拘束力はないが、小売業界や卸売業界を介した流通については事実上、この表示が義務づけられたと言える。

生産者団体も放射能検査の結果を自主的に情報発信したり、操業自粛を行ったりと、安心安全体制づくりを推進してきた。太平洋北部海域を操業海域としている旋網業界やサンマ棒受網業界である。

サンマ棒受網業界では、福島第一原発から半径一〇〇キロメートル圏内での操業を自粛し、毎月行うサンプリング検査の結果を全国サンマ漁業協会の公式ウェブサイトに掲載するなどの対応を図った。操業海域は、北海道根室沖から房総半島沖まで広く分布しているが、漁期中盤からの漁場になる宮城県沖から茨城県沖を除く海域で操業を行うことになった。本州の水揚港は、気仙沼漁港、女川漁港など被災地が主であるが、産地機能が回復していないことに加え、原発事故による風評被害を避けるために、サンマの水揚港は、根室花咲や釧路など北海道の漁港に偏った。北海道での集中水揚げによりサンマの産地価格はやや低調だったときもあるが、例年と比較して大きく見劣りするような状況ではなかった。

二〇一二年になり、サンマを含めた回遊性魚種からは放射能がほとんど検出されていない。サンマ棒受網漁業界は、二〇一一年の経験と放射能の検出結果を踏まえて、サンプリング検査の結果を引き続き情報発信

図１　政府による回遊性魚にかかる水域区分（太平洋北部）

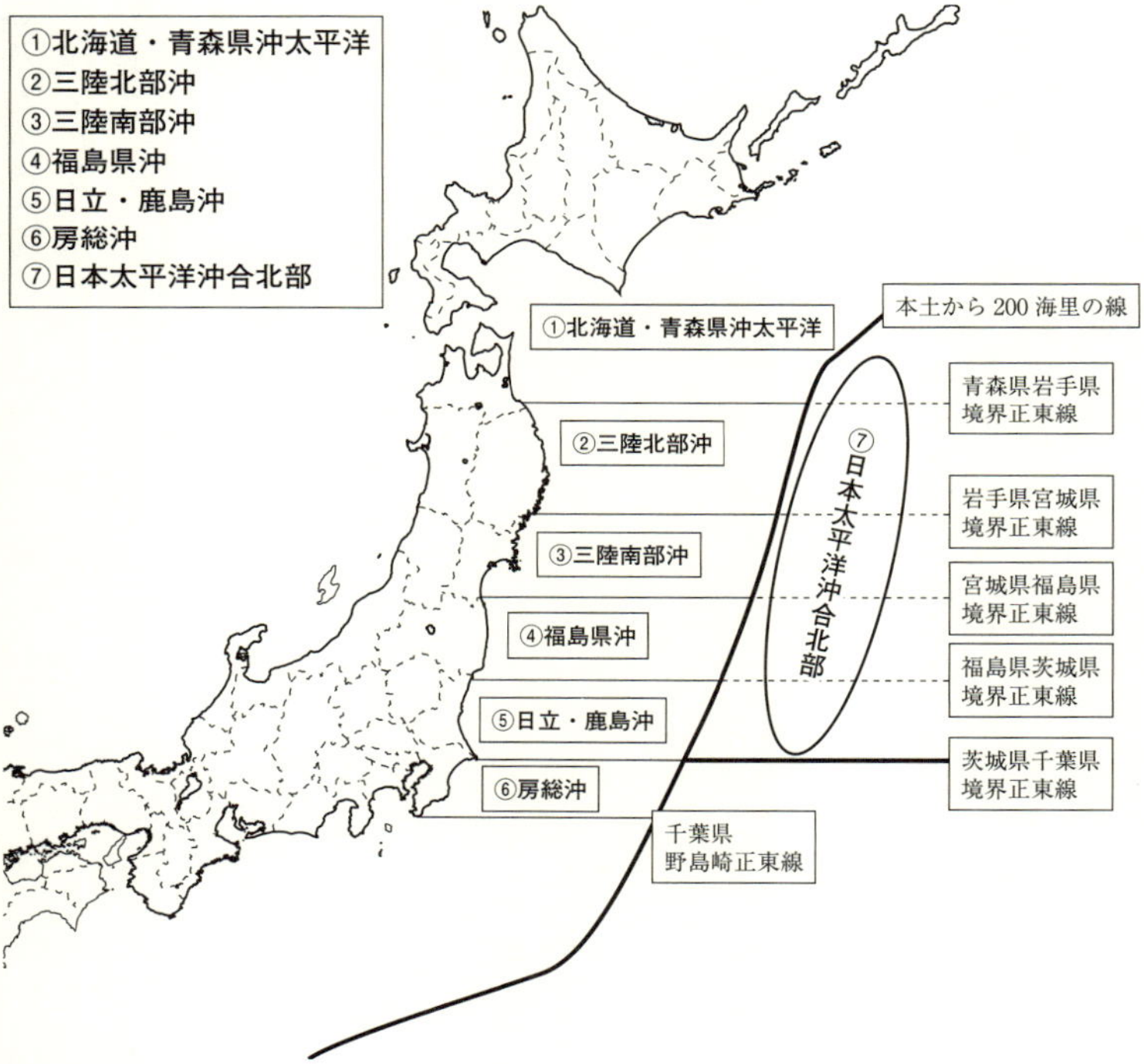

資料：水産庁

するものの、操業海域の自粛はしなかった。

福島・小名浜漁港の再開

福島県では、沿岸・近海で行う漁業については全面的に操業自粛体制に入ったが、県外の海域で操業する福島船籍船については操業を再開した。被災した漁船の再開は修繕後や代船取得後である。福島船籍で県外の海域で操業している漁船は、大中型旋網漁船、サンマ棒受網漁船、遠洋マグロ延縄漁船である。大中型旋網漁船およびサンマ棒受網漁船は太平洋北部全域を操業海域としており、時期により漁場を変えて操業を行っている。福島県で唯一再開した小名浜漁港では、この二漁業種の漁船が頼みの綱である。大中型旋網漁船はサバ類やカツオを水揚げしている。カツオについては四月から九月の間に限られてきた。サンマ棒受網漁船は八月や九月に水揚げすることもあるが、本格的に水揚げするのは十月から十一月にかけてである。

震災後、小名浜漁港の卸売市場が再開したのは六月十六日であった。だがこの日に予定していた旋網船団による初水揚げは断念した。東北一帯に店舗をもつ地元の大手スーパーが仕入れを拒否したためである。水揚げされる予定であったカツオは伊豆諸島で漁獲されたものであった。結局、小名浜漁港における初水揚げは八月二十九日となった。旋網船団が気仙沼沖で漁獲した一八・五トンのカツオであった。市場での平均取引価格は一キログラムあたり一五四円。前年八月期の平均価格同一八四円（月間約六〇〇トン）、前々年八月期の平均価格同四五八円（月間約八八トン）であることから、価格は低く、全国相場からしても低い数値であった。この日に水揚げされたカツオは福島県内で消費されるものが多かったようである。ただ、一部については テストケースで県外に出荷。出荷先の一つである築地市場ではなかなか買い手がつかず、最終的に産

小名浜港を出港する北洋サケマス漁船団。昭和31年頃

いわき地区・江名漁港。昭和30年

図2　2010年と2011年の小名浜漁港の月別水揚数量

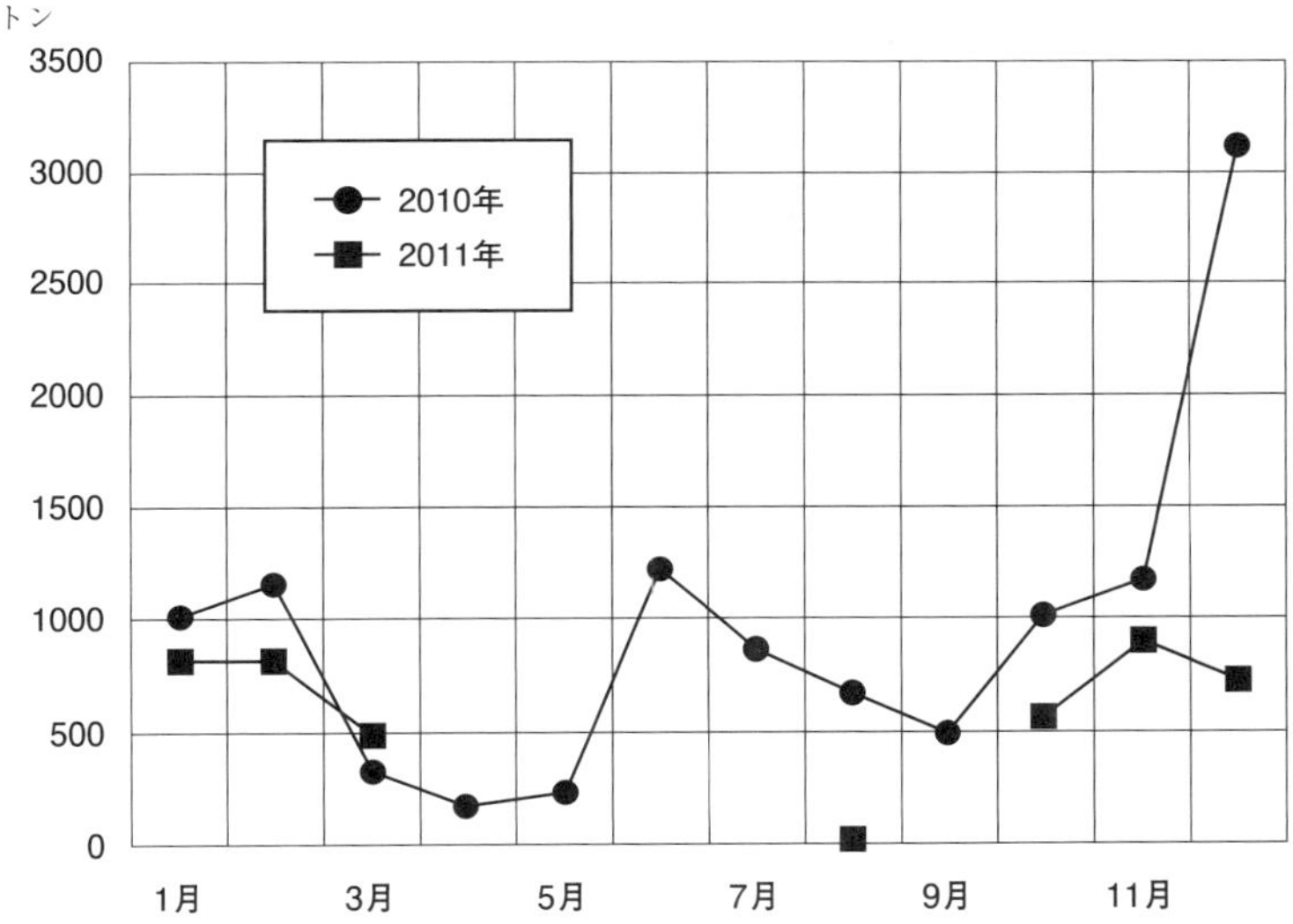

資料：漁業情報サービスセンター

地での買い取り価格以下のキロあたり一〇〇円で取引された。福島県沖で漁獲されたものではなく、また福島県の試験機関による放射性物質の検査なども行い、問題はなかったにもかかわらず、である。ちなみに二〇一一年のカツオの需給関係は逼迫していたことから、産地価格は例年と比較して高騰していた。

十月からはサンマの水揚げが始まった。地元のサンマ棒受網漁船が小名浜漁港に入港し、まとまった数量のサンマを上場した。年末までの平均価格はキロあたり九一円（総数量二千二八三トン）であり、前年が同九五円（総数量四千一一七トン）であったことから、過去の実績からすると見劣りする数値ではなかったが、地域内外問わず、大手の食品スーパーは小名浜漁港で水揚げされた水産物を買い控えたようである。

図2は二〇一〇年と二〇一一年の月別水揚げを比較したグラフである。二〇一一年八月

はカツオの水揚げ一回のみであり、それ以後水揚げを控えるようになった。十月から年末にかけて、サンマの水揚げが伸びたことから、結果的に水揚数量は前年比三六パーセント、水揚金額は三〇パーセントとなった。福島県では、いわき地区には八隻のサンマ棒受網漁船が所属しており、被災したのは一隻であった。他県船が廻来するような状況ではないなかで、地元のサンマ漁船の被災が少なかったことが不幸中の幸いであったと思われる。もちろん、大量生産型漁業である大中型旋網漁業の二船団が再開していることも、である。

新基準の導入と茨城県漁業界の対応

二〇一二年四月、政府はそれまで定めてきた暫定規制値を見直し、新基準をもうけた。ちなみに、魚介類を含む一般食品に対するEUの放射性物質の含有規制値は一キログラムあたり一二五〇ベクレル、米国の規制値は一二〇〇ベクレルであり、日本の暫定規制値は五〇〇ベクレルであった。FAOおよびWHOにより設置された国際的な政府間機関であり、国際食品規格の策定等を行っているコーデックス委員会の規制値は一〇〇〇ベクレルである。

日本の暫定規制値は先進諸国のそれと比較すると大きく下回るが、一般食品の新基準は一キログラムあたり一〇〇ベクレルとなった。

政府は暫定基準値でも安全は確保されるが、より一層安全性を確保するために新基準導入に踏み込んだとしている。暫定基準値は食品の被曝から受ける年間許容線量を五ミリシーベルトとして算定されていたが、新基準はそれを一ミリシーベルトにした。また、何をどれだけ食べているかといった食習慣から生じる摂取量の違いによって体内への介入線量が異なってくることから、新基準では最も危機に晒されやすい年齢層(一三歳から一八歳)に配慮したとしている。この算定は汚染されている食品が一定数量、食されていることが前提になっている[9]（流通している五〇パーセントが汚染）。

このように政府が規制値をより厳しくしたにもかかわらず、茨城県では自主規制値としてさらに低い五〇ベクレルを設定した。これは茨城県当局と漁業者団体とで決めた値であり、実施者は漁業者団体である。サンプリング検査で一検体でも五〇ベクレルを上回れば、その魚種は漁業者が自主的に出荷しないようにするという「自粛」である。そうすれば、サンプリング検査による出荷であっても、一〇〇ベクレルを上回る魚介類が流通する確率が大きく落ちる、というのがその理由である。これは流通する茨城県産の水産物は安全であるというアピールになるものと考えられたのであろうが、この措置が即、茨城県産水産物の消費促進に繋がるというものではない。安全性を担保するために流通を控えることで消費者の信用を得ようとしているのだから、むしろ放射性物質による海洋汚染が収まらない間は出荷をできるだけ我慢するという措置なのである。ただし一か月間、基準値を下回った魚種については出荷自粛を解除できる。

茨城県では二〇一二年三月以後に行った検査結果によって、一〇〇ベクレルを超えたウスメバル、コモンフグが出荷・販売自粛要請対象魚となった。すでに出荷規制指示となっていたイシガレイ、コモンカスべ、シロメバル、ニベ、ヒラメ、スズキが加わり、合計八魚種が実質的出荷規制となった（二〇一二年十月十日現在）。のちにマダラも加わった。さらに一〇〇ベクレル以下であるが五〇ベクレルを超えた一一魚種が加えられた。これは生産者による出荷自粛であり、対象魚は海域ごとに定められた。その後、検出結果を受けて、基準に基づいて魚種により自粛が解除されたり、また自粛に加えられたりした[10]。自粛対象、自粛解除を繰り返した魚種もあった。二〇一三年二月六日時点では、北部海域はアイナメ、アカシタビラメ、キツネメバル、クロソイ、クロダイ、ヒガンフグ、県央部海域はアカエイ、クロメバル、ヒガンフグ、南部海域はアカエイ、キツネメバル、マルアジが生産自粛対象魚種になっている。

図 3　茨城県におけるヒラメの出荷制限を解除した海域（2012年 8 月30日）

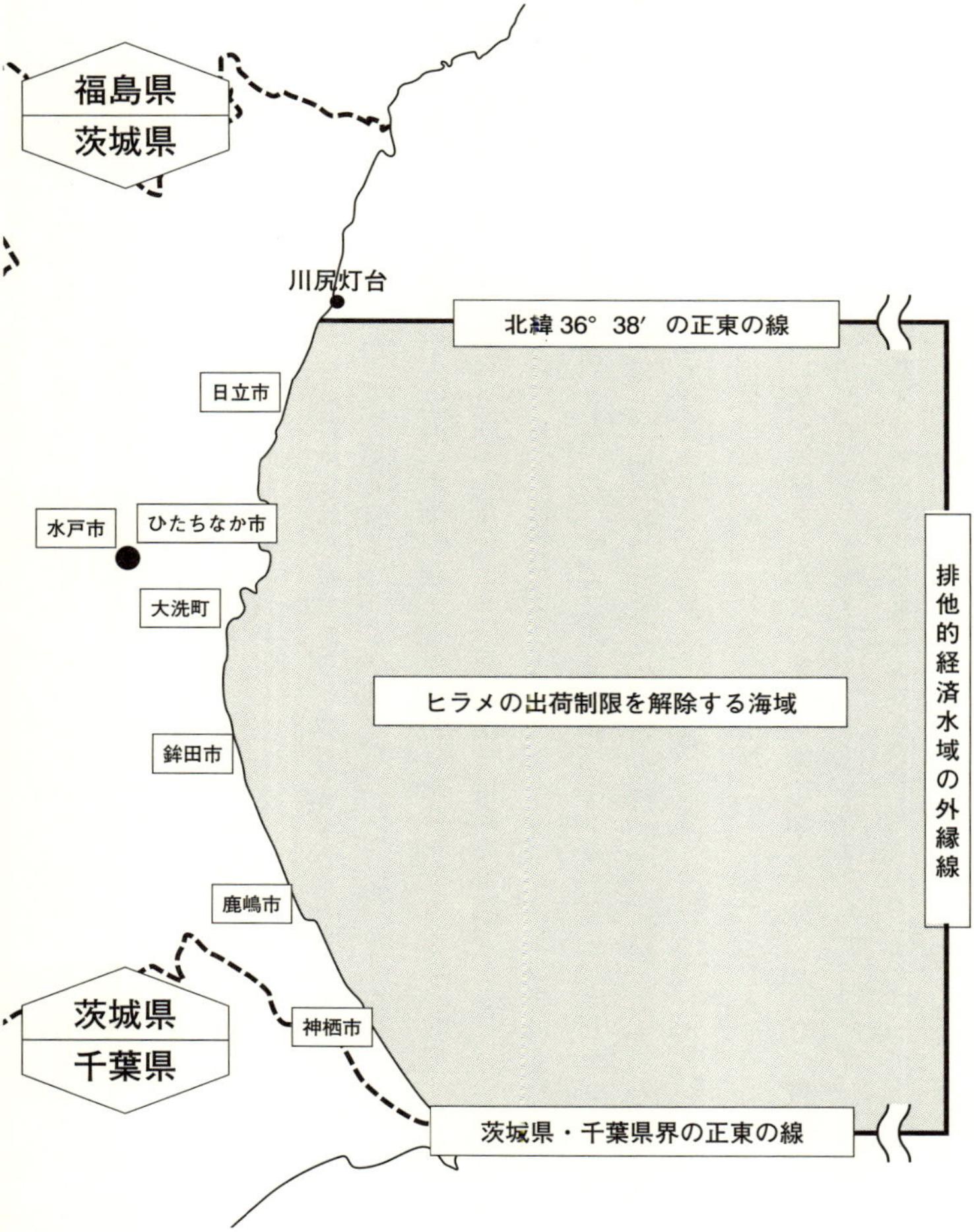

資料：茨城県

ちなみにヒラメは茨城県の特産物の一つであり、底曳網漁業や固定式刺網漁業の売上げに貢献する魚種である。沖合底曳網漁業や小型底曳網漁業は漁獲されたヒラメについては再放流するという対応を図ったが、固定式刺網漁業は、ヒラメを出荷しないのなら漁業が成り立たないとして、操業を自粛した。意欲的な漁業者にとっては受け入れがたかったであろう。その後、ヒラメは一か月間の検査で基準値を下回ったことから、二〇一二年八月末、県央部と南部海域で出荷規制が解除された（**図3**）。それにより県央部と南部における固定式刺網漁業は再開することができた。ただし北部海域については解除されなかったことから、北部三漁協に属する刺網漁船は休漁状態を続けている。ヒラメを主たる漁獲対象としていた釣漁業も同様である。

新基準の波紋

政府が二〇一二年四月からの新基準を公表すると、小売業界に波紋が広がった。小売業界の大手は独自に検査体制を敷き、独自の制限基準を設定していた。もちろん独自の制限基準は政府の暫定規制値を上回ってはいない。ただ政府の新基準が公表されたことにより、さらにそれを下回る独自の制限基準を設定する動きがでたのである。しかもそれが基準の引き下げ競争のようになった。例えば、魚介類や水産加工品に対する独自基準を五〇ベクレルと設定した例[11]が目立つ。茨城県における操業自粛の自主基準はこれに同調したかのように見える。すでに、極端な対応としては「放射能ゼロが目標[12]」とか、福島県や茨城県で水揚げされる魚介類を取り扱わないという厳しい対応があったが、新基準の設定は厳格化の競争に拍車をかけてしまった。政府は小売業界に対して、独自基準の設定を控えるよう業界団体に通知したが、何ら効果はなく、被災地産食材の買い控えの姿勢はむしろ強まってしまったように思える。

小売業界だけでなく流通関係業者のなかにも被災地産の食材を買い控える業者もいる。これらの業者は流通の川中におり、聞き取りでしか確認できず、特定はできないが、流通の川下にいる業者のニーズに応えたものと考えられる。

千葉県銚子地区は、各地の被災地の復旧が遅れるなかで、他の被災地の代替地として水産加工業の稼働量は増加し、地域の景気は上向きであった。そのこともあって銚子漁港における二〇一一年の水揚量は二〇〇年を超えていた。しかし新基準導入後、銚子地区の流通業者の販売が不振に陥ったのである。新基準が直接的な原因かどうかは定かではないし、その頃、銚子沖合の海底泥の放射能汚染の報道などがあったことが影響しているかもしれないが、販路からの買い控えが急に始まったという。これまで放射能検査で基準値を超えたことがない銚子沖合で漁獲されたヒラメでさえ、消費地で買い控えられるという状況となった。そして銚子の底曳網漁業者や刺網漁業者らは自主休漁を行わざるをえなくなったのである。疑わしい産地からの仕入れは控えるべきという小売業界サイドの判断であろうか。

3 「えら呼吸の日々」――避難漁民の苦難と選択

警戒区域の漁村・漁協

東日本大震災後、漁業者を最も苦しめたのは、海で働く場を奪われたことである。それでも三陸では瓦礫撤去などの浜仕事を行えたし、残った漁船を使って協業体制の操業を始めることができた。自主休漁、操業自粛という名目で、仕事場を奪われ続けているのは、福島県および茨城県の漁業者である。また常磐のなかでもその状況や展望が異なる。しかも警戒区域で暮らしていた漁業者は地元に帰ることさえできず、今もなお故郷から離れたところで暮らす日々が続いている。

福島第一原発から半径二〇キロメートル圏内が、作業目的などで許可がない限り、人の立ち入りが許されない警戒区域であった。[13] 二〇一二年四月以後、避難指示解除準備区域、居住制限区域、帰宅困難区域、計画的避難区域に分けられ、徐々にではあるがこれらの地域に住んでいた元住民が制限をつけられながらも地元に戻ることができるようになっている。

警戒区域に入っていた漁村はどうであろうか。浪江町にある請戸《うけど》漁港の周辺漁村と富岡町にある富岡漁港の周辺の漁村である。前者は福島第一原発の北側にあり、後者は南側にあるが、これらの漁村はいまだ警戒区域内にあり、当分の間は再開できないとされている。

浪江町、富岡町には、旧請戸漁協、旧富熊漁協があった。しかし二〇〇三年に県央部から県北にある七つの漁協が合併し、現在は相馬双葉漁協の請戸支所、富熊支所となっている。

この両支所の地域は、原発に隣接するがゆえに原発との関係において共通点がある。原発関連の仕事に関わっている住民が少なくないこと、なかには漁家の構成員が東京電力に勤めているというケースもある。しかし両支所の組合員の状況は、震災前も震災後もたがいに大きく異なっている。

請戸地区の漁民

請戸支所は正組合員一四四名、准組合員六九名と、相馬双葉漁協七支所のなかで三番目の規模である。また震災前、請戸漁港は地元船のみしか使われていなかったが、第三種であることから県外船の受け入れも可能な港であり、それなりの規模を有している。漁業としては、ヒラメやカレイなどを漁獲対象とした固定式刺網漁業、シラス、コウナゴを漁獲する船曳網漁業、タコ籠漁業、一本釣漁業が盛んであった。二〇〇八年漁業センサスによると、請戸支所の管轄地域（浪江町、南相馬市小高区）においては後継者をもつ漁業者が約三〇パーセントだった。相馬原釜支所の五〇パーセントほどではないが、全国平均をはるかに上回る状況であった。乾政秀氏が行った調査[14]によると、震災前の正組合員の年齢分布は、二〇歳代が三人、三〇歳代一六人、四〇歳代が二五人、五〇歳代が二三人、六〇〜六五歳が三七人、六五歳以上の高齢者は四〇人であり、全国の傾向からすると若手の漁業者は少なくなかった。この地区の震災による人への被害は、死者・行方不明者二七人（正一六人、准一一人）、震災後の病死八人（正三人、准五人）であった。死者・行方不明者は高齢者が中心であるが、三〇〜四〇歳代が四人おり、また父子操業を行っていた二一経営体のうち、四経営体が父親を亡くし、三経営体が子供を亡くした。

生存した漁業者は県内外に避難している。宮城県、山形県、新潟県といった近隣の県だけでなく、熊本県、愛知県蒲郡、東京都江東区にも避難している。他の被災地と違い、避難した漁業者は地元に戻ってくるあてもない。それは漁業者だけでなく漁協の職員も、である。

東京都江東区に避難した漁業世帯は四世帯あり、浪江町からの避難者として集団で移動して公務員宿舎である東雲《しののめ》住宅に入居している。東雲住宅は高層ビルで、すぐに東京湾が見える地区ではあるが、漁業者にとっては暮らしにくい空間のようである。富田宏氏の調査[15]によると、彼らは漁業を今後も続けていきたいと思ってはいるが、地元に戻れない限り無理だと感じているようである。すなわち、彼らは慣れ親しんだ海でないと、またそこに同じコミュニティが存在しないと、《操業再開》が想像できないようである。考えとして、福島県内の他の地域で再開するということもあろうが、都内で暮らしている以上、なにも進展しないし、なにも決まらないことがストレスになるようである。こうした感覚は県外で避難生活をしている他の漁業者も同じであろう。

地元近隣で避難生活を送っている請戸支所所属の漁業者らは操業再開に向けて準備を始めていた。震災後、沖出しして残った漁船は一一隻。補正予算（共同利用漁船等復旧支援対策事業）を活用して新船建造を発注した漁船は六隻。中古船などを修繕した漁船は三隻。再開の目処はまったくついていないが、請戸支所の漁船勢力は二〇隻になる予定である。

震災後ちりぢりになって暮らしていた組合員は二〇一一年七月、瓦礫処理事業が行われることから近隣に戻ってきた。補正予算で準備された瓦礫撤去事業は三陸では実質四月から始められていたが、遅れて福島県内でも始められていた。請戸支所の組合員は三九名が参画した。ただ、福島市内や二本松市内から通っている組合員もおり、八〇〜九〇世帯の漁家で構成されていたコミュニティが再開されたとは言いがたい。

再開準備を進めている漁業者らは、将来的には請戸漁港での再開を目指すことにしている。幸いにして、請戸漁港周辺は警戒区域内ではあるが、福島市内より空間線量が低い。それゆえに、希望を捨て切れないのである。請戸支所の管轄地域内でも、南相馬市小高区は警戒区域が解除されて、避難指示解除準備区域に指定された。この地区の漁業者らは将来的に地元に戻り漁業を再開できる可能性が出てきたのである。

現状では、展望をもてたとしても地元での再開をすぐには実現できない。現実的な対応として、南相馬市小高区よりさらに北側にある南相馬市鹿島地区の真野川漁港を拠点として再開を目指すことになっている。もちろん鹿島支所と協力し合ってである。

真野川漁港は真野川から繋がる漁港であり、河川と漁港の間の航路が津波により泥で埋まってしまった。現在、浚渫が行われるなど、漁港の復旧工事が進められている。岸壁では工場の建屋はないが地元造船所の操業が再開しており、復興の兆しが見え始めている（二〇一二年夏時点）。かつて請戸支所の卸売市場で水揚物を買付けにきていた買受人は、鹿島支所の卸売市場でも仕入れていたことから、流通サイドとの関係からも鹿島支所での再開が合理的である。福島県内の沿岸漁業が再開できず、まだ具体的な復興計画を描くことはできないであろうが、この構想は徐々に進むと思われる。

二つの原発が立地した富熊支所

富熊支所は、正組合員一五名、准組合員二四名と、正組合員数は水産業協同組合法の法定定員を下回っており、合併により支所として生き残った地区である。主に漁業はホッキ桁曳網、刺網漁業、釣漁業が行われてきた。

富熊支所は旧富熊漁協であったとき、一九七〇年頃まで組合員数は七〇を超えていたが、東京電力福島第一原発と第二原発の間にあることから、これらの原発立地により多くの漁業者が漁業を辞めて原発関連の仕事に移っていた。一九九一年には正組合員数が二三人にまで減っていた。

一九九一年に富岡地区を調査した秋谷重男氏によると、当時の富熊漁協には職員がおらず、小良ヶ浜港という断崖絶壁に囲まれた船溜場がない天然港を拠点に、昔ながらの小漁業が続けられていたという[16]。現代技術の結晶でもある原子力発電所の麓で、である。秋谷氏はその光景を「現代おとぎ話」と表現した。

その後、建設された富岡漁港に拠点が移り、残った漁業者は、レジャー産業、原発産業との共存を図る道を歩むことになったという。富岡地区は二つの原発立地により翻弄され、地域漁業は風前の灯となったが、県央部で唯一、遊漁案内業があり、漁業センサスによると後継者のいる自営漁業者が四人いた。福島県沿岸の主力漁業である小型底曳網漁船が三隻存在していた。限界集落と言えるような地域かもしれないが、漁業が消滅していたという状況ではなかった。

東日本大震災はそのような地域に追い打ちをかけた。津波被害により富熊支所で暮らしていた組合員

被災した富岡漁港

富岡漁港から東京電力福島第二原子力発電所を臨む

（正・准）は二名が死亡し、二四名が行方不明となった。生存者はたったの一三名となった。富岡地区は、警戒区域内であり、今後もどうなるのかまったく見通しが立っていない。再開を望んでいる漁業者は、現在いわき市漁協の久之浜支所の組合員らと行動を共にしている。所属漁協は異なるが、久之浜漁港は富熊支所から約二〇キロメートル海岸線沿いに南に移動した場所にあり、富熊支所の組合員は以前から久之浜漁港で水揚げをしていたという。そのような経緯もあり、再開するとなれば久之浜が拠点になる見通しである。

警戒区域外漁業の苦境

警戒区域外の漁民の状況は、県北（相馬）と県南（いわき）で大きく異なる。県北の相馬原釜地区は、福島県内だけでなく、国内でも有数の活力がある地区である。若手の漁業者が多く、先にも触れたが後継者も多い。漁協の青年部や女性部の活動も活発である。活力があった地域であったうえ、県南と比較すると放射能汚染が低レベルであったことから、漁業を早期に再開しようという意欲的な漁業者が多い。

とくに主力の沖合底曳網漁業は再開に意欲的である。後に述べるが、相馬原釜地区の沖合底曳網漁業は、福島県内で初めて試験操業に取り組んだ。

当地区の沖合底曳網漁業の震災前の漁船勢力は二九隻。津波によりほとんどの漁船が被災した。このうち一九隻は修理で復旧し、中古船購入と新船建造により二隻が加わり、二一隻が操業再開できる。さらに二〇一二年八月時点で一隻建造中である。この時点で建造を迷っている漁業者もおり、今後、震災前に近づく可能性が強いという。

その他、船曳網漁業、刺網漁業、ホッキ漁業がある。これらの漁業の操業海域は比較的沿岸域であることから、まだ試験操業の目処は立っていない。

県南では、震災後しばらくは暫定規制値を超える放射性物質が検出される魚種が多く、海洋汚染は深刻であった。二〇一二年八月時点では暫定規制値や新基準を下回る魚種が多くなり、魚介類への汚染は落ち着きつつある。しかしながら、試験操業などに取り組む気配はない。その傾向は県北の沖合底曳網漁業者以外の漁業者も同様である。

このような意識格差はなぜ出てくるのであろうか。その理由はまず、相馬原釜地区の沖合底曳網漁業が特殊であることである。試験操業とは言え、漁獲物から新基準を超える放射性物質が検出されることは許されない。沖合底曳網漁船は比較的、漁船規模が大きく、汚染が進んでいない沖合の深海部の魚類を漁獲できることから、試験操業に取り組みやすい。それ以外の漁業は沿岸部に近いところで操業するため、試験操業をするとやぶ蛇になる可能性がある。また風評被害を恐れて地元の買受人や加工業者の買付け意欲が高まっていないこと、瓦礫撤去、サンプリング調査のための用船、休漁補償による現金収入があることから漁業者は生活には困っていないことなどが挙げられる。試験操業であっても、新基準を超えた魚介類を漁獲すれば市場から見放され、本格再開がさらに遅れる。そのため、リスクを冒してまでも試験操業を行う必要はない、という判断になるのだろう。至極当然のことである。

しかし一週間に二、三回、瓦礫撤去などの仕事やサンプリング調査の仕事を行うといった状況を今後も長期間にわたり続けるのは、漁業者にとっては肉体面からも精神面からも健全ではない。それはもちろん、漁業者自身も漁協関係者も理解している。だが漁業者は他産業に就いても性に合わず、続かない。実際、震災後に土建業やサラリーマンに転業した漁業者もいたが、その後の状況を聞くと三日間も続かなかったという例が多かった。

漁業者が漁業者であり続けるための手立てがあればよいが、次に述べる試験操業の取組み以外に「打つ手なし」というのが現状である。

4 試験操業

福島県における漁業の再開は三陸とは異なり、数年先になるという見通しが強かった。原発災害に伴う海洋汚染が深刻な状況だからである。しかし時間の経過とともに暫定規制値を超えた魚介類の検体が少なくなってきた。そのことから、相馬双葉漁協の相馬原釜支所から試験操業の要望が、二〇一一年十月に開催された福島県内の漁協の組合長会議に提出された。相馬原釜支所の主力漁業、沖合底曳網漁業からの要望である。しかし、その場では「時期尚早」ということで認められなかった。その後も試験操業の要望を出したが、進展しなかった。

漁業者なら誰しもが震災前の状態に戻ることを強く望んでいる。それは地元の流通業者、消費者も、である。だが、原発事故による海洋汚染に対する国民が受けたショックはあまりにも大きかった。たとえモニタリング調査で暫定規制値を超えた検体が発見されなくても、試験操業において販売先で暫定規制値を超える魚介類が出れば、福島の漁業は完全に市場から追放される。時期尚早というのは、ほぼ一〇〇パーセントそのような事故が起こらない条件が揃うまでは試験操業でもやるべきでない、ということなのである。

そこで、漁業者団体だけでなく、行政機関、試験研究機関、地元流通加工業者、消費者団体、小売業界、学識経験者からの意見を踏まえて操業試験の実施計画を策定する福島県地域漁業復興協議会が二〇一二年二月に設置され、翌月から協議を始めている。この協議会で策定された実施計画が福島県内の漁協組合長会議での承認を経れば、試験操業を実施できるというものである。

二〇一二年四月以後、すぐさま試験操業を行うためにこの機構が動きだした。その第一弾は操業再開を計画していた相馬双葉漁協の相馬原釜支所の取組みである。相馬原釜では卸売市場の近隣にプレハブ検査室（ヨウ化ナトリウムシンチレーションスペクトルメータ二台配備、研修を受けた五名の職員配置）を整備し、試験操業体制を整えていた。試験操業は二〇一二年六月十四日（第一航海）、二十二日（第二航海）、二十七日（第三航海）に相馬原釜地区の沖合底曳網漁船により実施された。

この試験操業では、二〇一一年の七月頃から長期間放射性セシウムが検出されたことがなく、水深が深い海域に生息する、ヤナギダコ（アマダコ）、ミズダコ、シライトマキバイ（マキツブ）が漁獲対象となった[17]。しかも漁場は宮城県との県境の沖合二〇キロメートル以遠であり、福島第一原発からは五〇キロメートル以上離れている海域に限られた。試験操業では、漁獲物を漁業者団体が相馬原釜魚市場買受人協同組合加入の加工業者に委託してボイル製品にし、それを冷蔵庫に保存したうえで検査、その後、買受人に販売して流通させるという内容である。商品には、原産地名として福島県相馬、原材料、内容量、消費期限、製造日、保存方法、製造業者、販売業者名（相馬双葉漁協）を記すことにした。

第一航海では加工までの過程を行い、第二航海、第三航海の試験操業では流通試験まで行った。試験操業に参加した船は九隻であり、漁獲の成果は、ヤナギダコ三二七キログラム、ミズダコ二千二八四キログラム、シライトマキバイ一千二〇キログラムであった。九隻の沖合底曳網漁船が操業したわりには物足りない漁獲成績であるが、対象魚種が三種のみなので、それ以外の魚類は漁獲しても、すべて放流せねばならない。そのため、このような成績になった。

放射性物質検査は船ごと魚種別ごとに行われ、すべてが不検出であった。加工後のものもすべて不検出であった。末端の販売先は流通業者の取引範囲であるが、福島県内とした。価格についてはそれぞれが決めるとしたが、消費者への販売価格は県外産のものと比較して二割～五割安であったという。商品は完売した。

二〇一二年七月十四日、沖合タコ籠漁業の試験操業が行われた。タコ籠漁法とは約二キロメートルの幹縄に二〇メートル間隔で餌を入れた籠をつけて海底に敷設するという方法である。沖合底曳網漁法とはまったく違うが、試験操業の方法や操業海域は沖合底曳網漁業で行った試験操業と同じであった。出漁船は一一隻でミズダコ三三トン、シライトマキバイ一一トンを漁獲、各漁船、魚種ごとに放射能検査を行い、すべて不検出であった。販売先は、福島県内の卸売市場や小売店舗だけでなく、仙台市、東京、名古屋などの卸売市場にも拡大した。漁業者団体から買受人への販売は七月十九日から八月八日まで、九回に分けて行った。漁業者団体（相馬双葉漁協）から買受人への引き渡し価格は六月に行った試験操業よりも一キログラムあたり一〇〇～二〇〇円値上げした。県内外に出荷された他産地のものと同等の価格で取引された。漁獲だけでなく、出荷販売についても慎重に行われた。

二〇一二年九月以後も沖合底曳網漁業の試験操業が行われた。魚種については、先の三魚種に加えて、チジミエゾボラ（シロツブ）、ケガニ、スルメイカ、エゾボラモドキ、ナガバイ、ヤリイカ、キチジが加わり、一〇魚種が漁獲対象候補となった。もちろん、魚種拡大や試験方法の変更については福島県地域漁業復興協議会での協議や組合長会議の合意形成を経ている。さらに、二〇一二年十一月からは漁獲対象魚種としてメヒカリ、ミギガレイ、ズワイガニが加わった。操業海域も拡張した（**図4**）。

九月からの試験操業において実際に漁獲対象となったのは、ミズダコ、ヤナギダコ、スルメイカ、ケガニであり、その他としてチジミエゾボラとシライトマキバイが十一月の操業で水揚げされたぐらいで、水揚げ実績は漁獲対象候補一三魚種の半分にも及ばなかった。

図４　福島県相馬原釜地区における試験操業の海域図

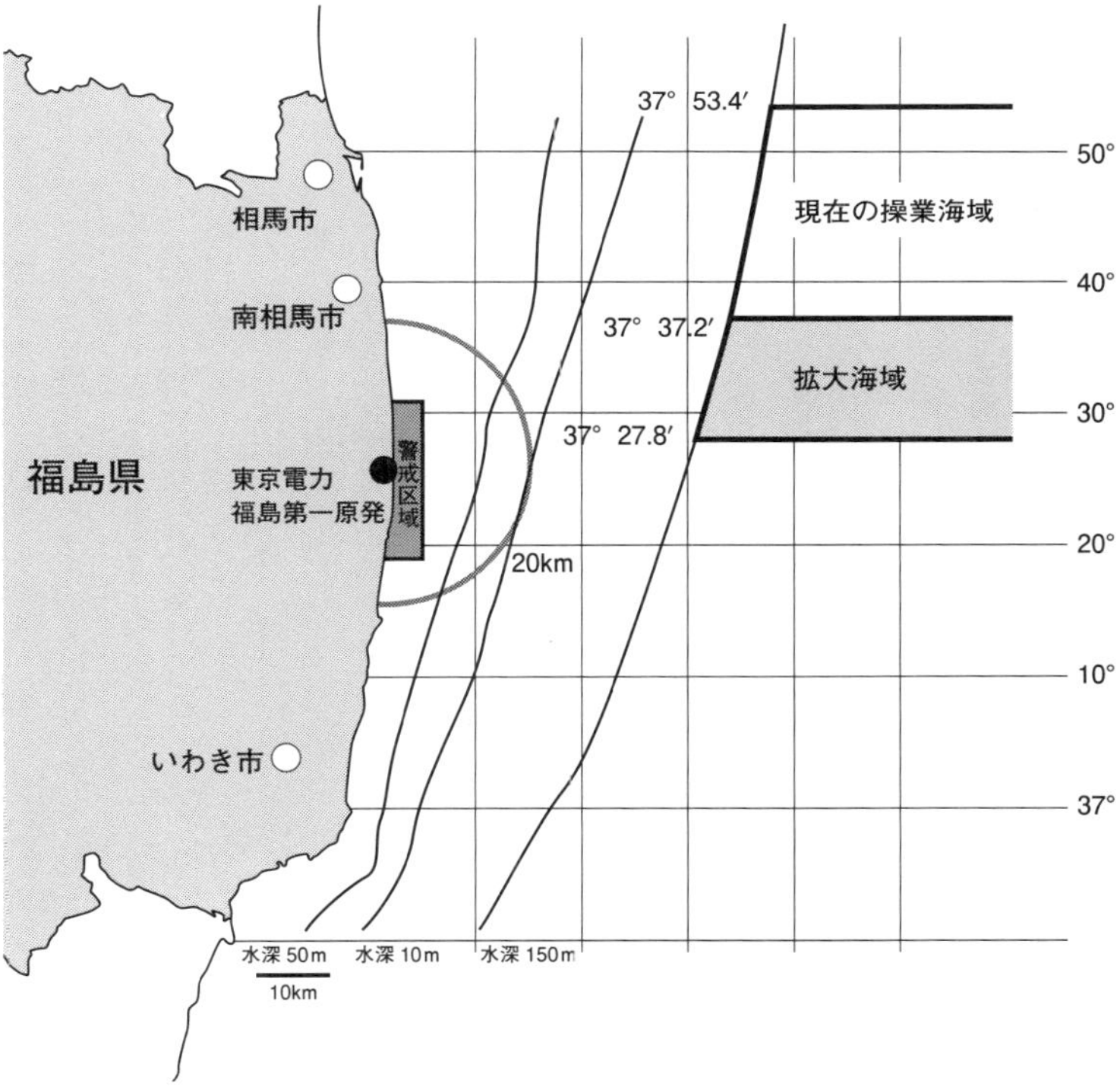

注：「現在の操業海域」は2012年6月以後の試験操業、「拡大海域」は2012年11月から拡大された海域である。
資料：福島県漁連

ちなみに九月から十一月末までの水揚量は次のようになった。ミズダコ二一トン、ヤナギダコ二〇トン、スルメイカ三三八トン、ケガニ二・八トン、チジミエゾボラ〇・一トン、シライトマキバイ〇・八トンであった。月二〜三回の試験操業であるから、水揚量は震災前と比較するとごくわずかと言わざるをえない。当初、ボイル加工による流通のみであったが、スルメイカ、ケガニなどで生鮮流通も行われるようになった。流通先は県内の卸売市場および名古屋、金沢、福井、仙台などであった。試験操業で取り扱う魚種はわずか三種類であり、製造、販売も限られた範囲で行っていたが、相馬原釜地区における漁業者や流通加工業者の再開意欲が強く、漁業種、参加漁船数、対象魚種、操業海域が広げられ、販売先も試験計画のたびに拡大された。

漁獲対象魚種や操業海域については、福島県水産試験場などが継続的に行ってきたモニタリング調査や餌料などの汚染調査を踏まえて、実態的にも理論的にも安全であることを確認、協議しながら試験操業を拡張している。現時点ではまだ見通しはないが、将来的には出荷制限指示対象魚種[18]を解除するなどの手続きが行われることになろう。

ただし試験操業の拡張により、想定されていた現場の葛藤がすでに生じている。全数検査は現実的ではない漁業において、どのような検査体制が適正なのかという問題である。六月に行った試験操業では、三魚種に対して検体数は一八だったが、六人体制で検査とりまとめまで一八時間を要している。そのため、漁獲対象魚種を増やしても、この点がネックになり、実際には半分の魚種が水揚げされなかった。

現在は補助金を受けた試験操業であり、また操業は断続的にしか行っていないため、コストは製品に上乗せされていないし、再開されていない漁協の事業が多いから職員の配置も間に合っている。「安心」をより担保するには、船ごと、魚種ごと、日ごとなど、検体を細かく分けて検体数を増やさなければならない。漁獲量や魚種が増加すると、検査に費やされる時間と費用は膨大になる。商業ベースになるとコストを採算ベースに見合う範囲内に収めなくてはならないため、きめ細かく対応していくわけにはいかない。試験操業を拡張していくなかで、今後「安心」と「コスト」の問題を解決することも考えなくてはならないのである。

福島県では以上のような難題を抱えながら、試験操業を徐々に拡張することにより実際の操業に近づけ、漁業復興を遂げようとしている。しかしながら、こうした試験操業に対して否定的な反応もあった。「計測器の検出限界が示されていないではないか」「セシウムだけでプルトニウムの検査を行っていないではないか」などである。放射能をまき散らす、あってはならない原発災害が発生したうえ、正確な情報が適確に国民に伝わっていないことから、そうした反応があるのは致し方ない。

産地の関係者、研究機関、行政、消費者の間で、しっかりとしたリスクコミュニケーションがとられていない問題を見過ごすわけにはいかない。試験操業では今後、「安心」と「コスト」の問題への対応を含めて、真のリスクコミュニケーションの体制づくりをしっかりと進めていく必要がある。

5　原発事故の社会災害がもたらす分断

常磐の漁業、とくに福島県北の漁業の状況は、津波被害だけでも甚大であったが、それに追い打ちをかけるように原発災害が復興の大きな妨げとなっている。原発事故自体がもたらす災害も深刻だが、そこから派生する放射能のリスクをめぐる社会災害は表面化しにくく、その規模は計り知れない。また社会災害は情報化社会のなかに寄生しているため、世論や世間の風向きに応じ、ときに膨張したり、ときに収縮したりを繰り返し続けている。

この社会災害には実質被害と風評被害とがある。実質被害は、原発事故由来の放射能により汚染される被害である。作物や魚介藻類の汚染はもとより、それが販売できないことも実質被害である。これは生産者が直接的に受ける被害であるが、間接的には流通部門もその被害を受ける。また食材の汚染が発見されなければ、その被害は消費者にも及ぶ。

一方の風評被害は、原発事故由来の放射能汚染の可能性によって作物や魚介藻類が買い控えられるという被害である。もっぱら生産者や、それに関わる販売者が受ける被害である。

この社会被害を考えるとき、損害賠償請求以外では、実質被害か風評被害かを特定する意味はなにもない。消費者や小売業界が被災地の食材を買い控えるのは実質被害を回避するための行動であるが、その行動が社会的に積み重なって生じる食材の販売不振は、生産者サイドに立てば風評被害だからである。

先述したように政府は二〇一二年四月から放射性物質の新基準を導入したが、小売業界と生産者団体はそれぞれ基準を下回る独自基準を設ける対応を図った。国よりも低い基準を設け、被害を最小に抑えようという点では同様の行為を行った両者だが、小売業界は実質被害を避けるために起こした行動であり、一方の生産者団体は実質被害を避けるためよりむしろ消費者から信用を得るための、風評被害の発生を防ぐための対応であった。基準を引き下げるという対応ひとつとっても、その意味は表裏一体の関係である。

水産物のように、流通・消費の特性上、時間と高コストを要する全数検査が実質的に見合わない分野では、消費者は実質災害を完全に回避するためには、原発災害を被った被災地を切り離すしかない。一方で生産者はそのような消費者の行動を受けて風評被害である、と訴えていくしかない。

もともと生産者と消費者は、売手と買手という利害が相反する関係にある。とくに利害が相反するのは価格であるが、放射性物質の出荷制限基準についても同じであり、両者の受け止め方が真逆になるのはある意味で当たり前なのである。

そもそも生鮮食品流通には、自然の恵みを分かち合う人と人との関係があり、生産者と消費者の間には豊かなコミュニケーションの連鎖が存在してしかるべきである。しかし食の安心安全が叫ばれるようになって以降、両者の関係は基準や表示に依存したリスクコミュニケーションの世界に落とし込まれ、冷徹な関係へと変質していった。原発災害はまさにこうした状況のなかで起きたのである。

なにより悲惨なのは、この社会災害により社会が分断されていくことである。生産者の間では漁業の再開をめぐり意見が対立し、分断が広がっている。また、実質被害か風評被害かをめぐり、生産者と消費者の間でも分断が広がっている。基準を設けようとすればするほど、科学的根拠に頼ろうとすればするほど、社会災害の解決は遠のいていくのである。社会災害の解決には、社会災害の本質とそこにある構造に気づくことから始める以外ないのである。

1　二〇〇三年の漁業センサス統計では、福島県が二九パーセントで国内一位、茨城県が二七パーセントで国内二位であった。二〇〇八年では茨城県三六パーセント、福島県が三四パーセントで逆転した。なお、茨城県については二〇〇三年次後継者のいる漁業自営業者が一五六人であった。二〇〇八年が一六六人であることから後継者は増加したことになる。

2　あくまで他県との相対化した状況であるため、新規就業者を順調に確保できて、地域漁業がうまく再生産されているということではない。決して他県より漁業が好調ということでもない。

3　県外の沖合漁船が頻繁に利用する港が少なく、三陸に多い大型定置網漁業が常磐には一経営体しかないからである。

4 乾政秀「原発事故と福島県漁業の動向」『別冊「水産振興」東日本大震災特集Ⅱ 漁業・漁村の再建とその課題――大震災から500日、被災地の現状を見る』(東京水産振興会、一〇四―一一六頁、二〇一二年八月)によると、海洋への放射性物質の負荷は、「①原子炉格納容器内の圧力を下げるために講じた措置や容器の破損、水素爆発により大気中に放出した放射性核種が海に降下、②原子炉建屋地下に溜まった高レベル汚染水の漏洩と低レベル汚染水の意図的な放流、③陸域に降下し、河川等を通じて海に流入」の三つのルートによってもたらされたようである。また、水口憲哉「福島原発の事故は海のチェルノブイリ……安心で美味しい魚をどう選ぶ？」『食品の放射能汚染　完全対策マニュアル』(宝島社、七四―八九頁、二〇一二年三月)によると、福島第一原発による海洋への放射能汚染の原因は、意図的なものを除けば、少なくとも次の三つがあるとしている。①西の方向海洋上に気流として流れて、雨とともに海に降下したもの。陸上部に降下した量の数倍あると言われている。②福島第一原発の地下に浸透して、地下水とともに、海底から海に流れ込んでいるもの。③陸上で降下したが、結局は川の流れや雨水とともに海に流れ込んだもの。

5 福島県内でも被害状況に格差がある。津波被害は県北が大きく、放射能汚染の影響は県央・県南の方が強い。福島県内の被害状況の差異を知るには次の文献が参考になる。井上健・阿部高樹・小山良太「福島県の海面漁業における被害状況と現状について」『北日本漁業』(北日本漁業経済学会、三九―四八頁、二〇一二年三月)。

6 小山良太「原子力災害と福島県農業」『放射能汚染から食と農の再生を』(小山良太編著、家の光協会、八―九頁、二〇一二年八月)。

7 水産庁公式ウェブサイト http://www.jfa.maff.go.jp/j/kakou/hyouzi/seisen.html

8 水産庁公式ウェブサイト http://www.jfa.maff.go.jp/j/press/kakou/111005.html

9 厚生労働省医薬食品局食品安全部基準審査課「食品中の放射性物質の新たな基準値について」。

10 例えば、二〇一二年七月三十一日に茨城県の県央部の海域でマゴチの自粛が解除され、同年八月二十四日に県北の海域でマガレイが生産自粛の対象となったが、同年十月十日に県北でマガレイの自粛が解除され、同年九月六日に県北海域のホウボウの自粛が解除された。

11 パルシステム連合会、生活クラブ生協連合会、大地を守る会などが一キログラムあたり五〇ベクレルを魚介類の独自基準とした。

12　例えば、イオンリテールが二〇一一年十一月に「放射能ゼロ宣言」をした。ただし、イオンリテールは、二〇一二年六月末から福島県小名浜漁港で水揚げされたカツオを、二〇一二年九月からサンマを仕入れるなど、取引により被災地支援を行っている。カツオは八丈島近海で漁獲されたもの、サンマは北海道沖で漁獲されたものであり、検査結果では放射性物質は基準値を大きく下回っている。

13　それに加えて放射能汚染が著しかった飯館村、葛尾村、浪江町の全域、川俣町、南相馬市の一部が計画的避難区域に指示されていた。

14　前掲4、乾政秀「原発事故と福島県漁業の動向」。

15　富田宏「〝陸に上がった漁師〟の無念と決意　属地性を否定された沿岸漁業と漁村の再生シナリオを考える」『脱原発の大義　地域破壊の歴史に終止符を』（農山漁村文化協会発行、七二―八八頁、二〇一二年五月）。

16　秋谷重男「原発のある風景と、漁業のありかた」『漁協（くみあい）』（八巻三号、全国漁業協同組合連合会、一九九一年）。

17　当初、先の三魚種に加えて、キチジ、チジミエゾボラ（シロツブ）、ケガニ、アオメエソ（メヒカリ）、ミギガレイ（ニクモチ）、ヒメエゾボラ（ナダツブ）、ジンドウイカ（ヒイカ）、ヤリイカ、マダコ、イイダコの一〇魚種も漁獲対象候補として取り上げられていた。これらの魚種すべてから、検体調査で放射能が検出されなかったか、検出されたとしても放射性セシウムが一キログラムあたり二〇ベクレル以下だった。しかしながら、なかでもより安全だとされている三魚種に絞られたのである。より安全に、ということでである。

18　二〇一二年十月三日時点で、出荷制限指示対象魚種は四〇種である。

第十章　地域漁業のゆくえ

被災地の復興を見るときには、いくつかの視点がある。地域の視点、産業の視点、人の視点である。これらの視点はどれも切り離せない関係にあり、密接不可分である。地域には、人が暮らし、人が働き、人の暮らしと仕事が再生産されていることで、独自の産業が形成されているからである。

水産復興を見るときもこの視点は欠かせない。だが、被災地という地域をとっても、状況は一様ではない。県ごと、市町村ごと、漁村集落ごとにも状況は異なる。ただ言えるのは、震災前から全体として縮小再編が進んでいることである。漁業者数の減少傾向と、後継者の継続が漁村ごとに異なるのである。漁業再生は条件や状況が異なるなかでそれぞれに実現されるのであり、その動向を捉えずして語れないものである。

本章では、水産業の構造再編が外形的にはどのように進むのか、また、その過程で出てくる漁協が抱える内的問題や、震災前から始まっていた現場での改革的取組み、水産加工業の取組みの実態を見て、地域漁業の復興のゆくえを考えたい。

1　縮小再編の加速

わが国における漁業就業者数は一貫して減少し、残る漁業就業者の平均年齢は一貫して上昇してきた。もちろん後継者などの新規就業者の数も年々減ってきた。漁家の減少は第二種兼業（漁業収入を主としていない兼業漁家）、次いで第一種兼業（漁業収入を主とする兼業漁家）に多く、専業漁家数は維持している。中核的年齢層（四〇～五九歳）を経営者とする漁家はむしろ増加している。経済不況で兼業の仕事がなくなったのかもしれない。他産業への就業が難しくなり、新規就業者数が近年底を打ち、わずかながら逓増傾向に転じているようである。[1]

この状況をマクロ的に判断すると、細々と漁業・養殖業を続けてきた漁業者が毎年大量に廃業してきたことにより、残った漁業者が使える一人あたりの漁場は徐々に広がってきたと言える。確かに、漁業者数が減少しているにもかかわらず、漁業・養殖業の生産量が減らない、あるいはある魚種が減っても他の魚種が伸びるという現象が生じている。マイワシ、マサバ、スケソウダラなどの大量生産資源の大変動を除けば、日本の総量は大きく変化していない。高度経済成長期から見ると、漁業者一人あたりの生産性はずいぶん上昇したのである。すなわち専業漁家のような中核的な漁業者層が、撤退する高齢者や兼業漁業者の漁場を吸収してきたと言える。東日本大震災はこのような構造再編が振興している最中で起こったのである。

宮城県漁協が行った組合員への意識調査をもう一度確認しておこう（第二章・表2）。二〇一一年五月時点では、継続意志有りの割合が正組合員七一パーセント、准組合員五二パーセントであった。次いで八月から九月にかけて行われた調査によると、正組合員八一パーセント、准組合員三九パーセントとなった。正・准で格差が生じるものの、廃業を選ぶ者は高齢者や兼業漁業者であり、専業的に漁業を営んできた漁業者の継続意志は強かったようである。

宮城県漁協の意識調査は、正組合員と准組合員の相異を示しているが、組合員資格が厳格化している今日では、准組合員はほぼ兼業漁家であり、正組合員は専業漁家が多く、残りは漁家収入において漁業を主としている兼業漁家の組合員だろう。したがって、正組合員に継続意志のある者が多く、准組合員に少ないという調査結果は、専業漁家が残り、兼業漁家が廃業していくという全国的な傾向と一致している。

この意識調査の結果からも明らかであるが、東日本大震災は今日的な構造再編を加速させた災害であったと言えよう。廃業していく漁業者がどのような漁業者なのかについて詳しく調べた調査はないが、先行き不安で廃業した若齢層の漁業者もいる。多くは経営不振により再開のための再投資ができない漁業者、廃業を予定していた漁業者あるいは引退が近づいていた漁業者であり、意欲があり能力がある漁業者が廃業するというケースは少なかったと思われる。たとえ若齢・壮年層でもない六〇歳以上の漁業者でも、意欲があり漁業で生計を立ててきた漁業者はしっかりと再開している。宮城県気仙沼近隣の唐桑地区や大島地区における養殖漁家数や収穫量の動向を分析した工藤貴史氏の調査[2]がまさにその傾向を実証している。

沿岸漁業だけでなく、沖合・遠洋漁業の状況も沿岸漁業と同じ傾向にある。二〇〇〇年以後、沖合・遠洋漁業では漁業経営の財務状況が改善せず、漁船の船齢が高齢化し、漁船の老朽化への対応施策が創出されてきた。政府は二〇〇七年から抜本的な改革を行うための「漁船漁業構造改革総合対策事業」を継続して行ってきた。八戸漁港、気仙沼漁港、石巻漁港、小名浜漁港などでは津波により、イカ釣漁船、サンマ棒受網漁船、マグロ延縄漁船、旋網漁船等、沖合・遠洋漁船が岸壁や漁港用地に乗り上げたり、座礁したり、転覆したりした。

それらの漁船を所有する経営者には、廃船した者もいれば、「共同利用漁船等復旧支援対策事業」により代船建造を行う者もいた。もちろん廃船を選択した経営者は、成績不振が続く漁船については手放さざるをえない、あるいは新たに建造しても先行きに見込みがないという判断が働いたのであろう。資金調達の三重苦[3]に直面していた維持困難な経営体が多かったことも背景にある。

高度な技術で限られた資源を競争して漁獲していた沖合・遠洋漁業では、競争が緩和され、平均船齢も低下して、東日本大震災により構造改革が進んだということになる。

水産加工業では震災後、事業再開を断念したのは零細事業者と大企業であった。

再開を希望していた水産加工業者のなかには、財政支援の交付が決定していたにもかかわらず、事業再開が決まらない事業者も存在する。金融機関から再開のための資金が調達できなかったからである。与信審査は通常と変わらず、新規の借入には債権区分が重視されるという。震災前に経営不振に陥っていた業者は金融機関から見放され、経営再建の目処がたたず、事業再開を断念しているのである。

一方、大企業は、震災前から不採算事業であった部門についてはすぐに事業撤退と判断した。事業撤退後は、被災地以外の地域にある工場に従業員とその機能を移転している。

規模拡大、工場を増設する、新規事業や新商品の開発に取り組むなど、震災後に飛躍している企業がある。金融機関の信頼が厚く、事業の再建の目処を早期に立てた企業である。そのような企業は被災地以外にも工場を所有しており、被災した工場をもすぐに復旧させて、事業を再開させていた。そのことが余力をもたらしたのであろう、補助金の支援に手厚い岩手県などに進出する企業も目立った。

復興交付金を使った支援事業が創設され、新たな設備導入も進められようとしている。この支援事業は基礎自治体が行うが、企業誘致にも活用できることから、地域外の有力企業を呼び込める。実際、各県には企業誘致に活用している自治体がある。

2 漁協の停滞と再建

協同組合は相互扶助の精神に基づいて組合員が事業利用のために設立した法人であるが、協同組合法人を運営していくうえで果たす本来の役割は、たんに事業を展開するというわけではなく、収益事業で得た資金を元手にして組合員の発展に資する活動を行うことである。漁協（ＪＦグループ）の場合、農協（ＪＡグループ）と同じく、販売・購買など経済事業や共済・信用などの金融事業を行い、そこで出た利益を、非収益部門の事業である漁業権管理、組合員指導、行政代行、地域貢献のための活動に還元してきた。最大の収益源は、農協が金融事業であるのに対して漁協は販売事業である。少なくともバブル期までは販売事業は堅調であり、組合員数は減っても職員数は拡充し、沿岸漁業構造改善事業などを活用して施設整備も積極的に行ってきた。

ところがデフレ不況に入ってからは、長期にわたり魚価低迷が続き、最大の収益源だった販売事業が不振となり、漁業経営は厳しい状況が続いた。このような状況に鑑み、経営合理化のため九〇年代中頃から漁協の広域合併や県域の信用漁業協同組合連合会への信用事業譲渡が推進された。二〇〇〇年代になって大分県、秋田県、山口県、島根県、石川県、宮城県の各県で、いわゆる県一漁協が誕生した。

集落単位あるいは旧漁協単位による漁業者の「結合体」が点在するなか、「事業体」としての漁協は広域化したのである。そのため支所となった旧漁協に就いていた職員は減らされ、組合員へのサービス力は低下していった。そのことは、組合員と事業体としての漁協との距離が広がる原因となった。ただでさえ漁業経営が厳しい状況で、組合員としては漁協には魚価向上対策を切望するところであるが、人員・人材不足に陥る漁協には漁業経営を改善する大々的な事業改革がなかなか創出できなかったのである。

魚価対策では販売事業（漁連が行う系統販売事業も含む）が重要である。だが、漁協が行う販売事業は生産者と流通業者（買受人）との間に入り、セリ、入札行為によって相場を形成させ、与信管理や代金決済の機能を果たすものであり、漁協は生産者団体とは言え、生産者と流通業者の間に立つ中立的な役回りを演じなければならない。不当に価格をつり上げると、その交易システムは壊れる。

各県の漁連や漁協は魚価対策として、販売子会社あるいは自営工場を設立して、自ら県産品のブランド化や高付加価値を図るなどして直接販売を実践している。しかしながらそうした取組みは漁業経営の底上げに繋がるまでには至らず、ほとんどが黎明段階である。直接販売体制が拡大するには、価格、供給量共に安定することが条件であるが、もし魚介藻類が不漁のため不足した場合、組合員はセリ、入札で販売した方がメリットを得る。また組合員の生産したものを全量買付けして全量直接販売するとなると、消費地に営業所を設けてサプライチェーンを確保しなくてはならず、そのような営業・物流網を構築するだけの再投資力とノウハウは漁協や漁連にはない。既存の流通業者との取引関係を発展させた方が安全かつ安定的な供給が可能になる。それゆえ、直接販売を手がけると、組合員にも、漁協にもリスクが生じるため、リスクを避けるためにも、直接販売は安定的に扱える数量に抑えざるをえないのである。

東日本大震災は、全国で合併による漁協の大型化・広域化と、上部団体への信用事業譲渡が進められ、販売事業などの流通対策が打たれてきたなかで発生した。どの漁協も数億から十数億円の単位で特別損失を被り、億単位の繰越欠損金を抱えることになったのである。今後、財務改善が必要となるが、基本的には組合員の事業再開、事業再建を支援しつつ、事業利用を回復させていくしかない。漁協の事業利益（事業総利益から事業管理費を差し引いた売上総利益に該当する利益）が改善されるためには、不必要なコストをかけないで、販売事業、購買事業、自営漁業事業、加工事業など収益事業の取扱い高を震災前より伸ばす必要がある。そのためには、何よりも漁協が管轄する漁場の生産力を向上させ、漁業者の操業意欲を高めるような事業体制を構築しなくてはならない。

岩手県では、ワカメ、カキ、ホタテガイなどの養殖業と大型定置網漁業を早期に再建し、販売取扱い高を回復させて、早期に事業利益を確保しようとする動きが急である。とくに重茂《おもえ》漁協は、組合長のリーダーシップのもと、漁協が内部留保してきた資金で漁船を調達し、協業グループを形成させて漁業・養殖業の早期再開を果たしてきた。役職員と組合員が一体となった対応をしたのである。

ほとんどの漁協では、収入が乏しい組合員の現状に配慮して、漁協職員には減給措置がとられている。一方で、職員と組合員が隣住する仮設住宅に暮らしている以上、できる限り組合員と接するよう、減給せずに職員に手当を付けている漁協もある。たとえば田老町漁協である。復興のためには職員がフル稼働しなくてはならず、そのためには対価として給与を与えなくてはならないという考え方のようである。もちろん日頃から組合員の水揚げから出資金を積み立ててきたことで、純資産が潤沢にある漁協だからこそ可能なのである。

漁業者による法人組織

漁協のサポートに頼らない自立的な発展を目指す漁業者グループによる法人組織がいくつも誕生した。一八八―九頁でも触れたが、とくに宮城県である。このような漁業者グループの多くは当初、「共同利用漁船等復旧支援対策事業」を活用するための受け皿として組織・法人化されたが、地域内外の流通関係者や市民グループの支援を受けながら、やがてカキ、ワカメ、ホタテガイ、ギンザケなどの生産物を自ら販売することも始めた。

こうした自立路線は震災後に始まったわけではなく、震災前からすでにその予兆があった。しかし、震災により県一漁協の宮城県漁協の事業体制が財務状況悪化から混迷していたこと、各支所では事業再開が遅れたうえ、自主財源がないため柔軟な対応ができなかったことなどが、漁協機能の回復を待っていても仕方がない、自ら再生し、復興していくしかないと考える漁業者を増やしたようである。

販売・購買事業を収益基盤として運営してきた漁協は、今後、販売体制を自ら築き上げようとする漁業者グループとどのような関係をつくっていくのかが問われている。もちろんこれは宮城県だけではなく、岩手県も、である。

漁協は総合事業体として、組合員へのサービスを維持するために販売体制強化を行いつつ、販売・購買事業を主たる収益源として運営していくのか、それとも総合事業体からより身軽な団体として漁業権管理団体に近づいていくのか。それ以外の体制転換を図るのか。いずれにしても各漁協は、協同組合として発展していく方策を考えなくてはならないであろう。

3　震災前からの現場改革

「震災前には改革がなされていなかったので、水産業の再生はこれからであり、これを機会に改革すべきだ、資源管理をすべきだ」などと判を押したようなことを吹く論者が少なくない。またメディアもそのような論調を煽りたてた。こうした論調に対してほとんどの関係者は拍子抜けし、静観するしかなかった。ここでは、被災地において震災前から進められていた漁業再生のためのいくつかの改革について触れておきたい。

紛争多発地帯だった仙台湾[4]

仙台湾はカレイ類・ヒラメなどの底魚類からサケ、サバ類などの回遊魚などさまざまな魚種の宝庫であり優良漁場である。そのため、固定刺網、底曳網、旋網などの漁船が集まり、漁場はこみ合う。とくに仙台湾の漁場で競合する固定刺網漁業者、小型底曳網漁業者は、漁場の取り合いをめぐり紛争が絶えなかった。固定刺網漁法は漁具を海底に設置する漁法、底曳網漁法は漁具を曳いて漁獲する漁法であるため、後者が前者の漁具を引っかけて破損させたり、前者が漁場を占拠し後者を漁場に入れないようにしたりすることが多発し、沖合で怒鳴りあうことが多々あったのである。

そのような敵対・競合関係でありながらも、彼らは互いに歩み寄り漁場利用の在り方を正す方向を探ったのである。

仙台湾では二〇〇〇年代に入ってからマコガレイの漁獲量が年々減少していた。マコガレイは両漁業種ともに重要魚種であることから、漁民は徐々に危機感を募らせた。そこで宮城県水産総合技術センター（以下、技術センター）に資源調査を要望、技術センターは資源のコーホート分析（年魚群の分布による予測）や産卵場の調査を実施した。刺網漁業者は技術センターのサポートを受けながら、二〇〇五年、産卵親魚の保護区の位置を自ら策定した。その後、彼らは海区漁業調整委員会に働きかけて、行政指示付きの保護区にさせた（**図1**）。

しかし目印がなければ、海の上のどこからどこまでが保護区か分からない。そこで遊漁者や他の漁業者に

図1　仙台湾におけるマコガレイの保護区

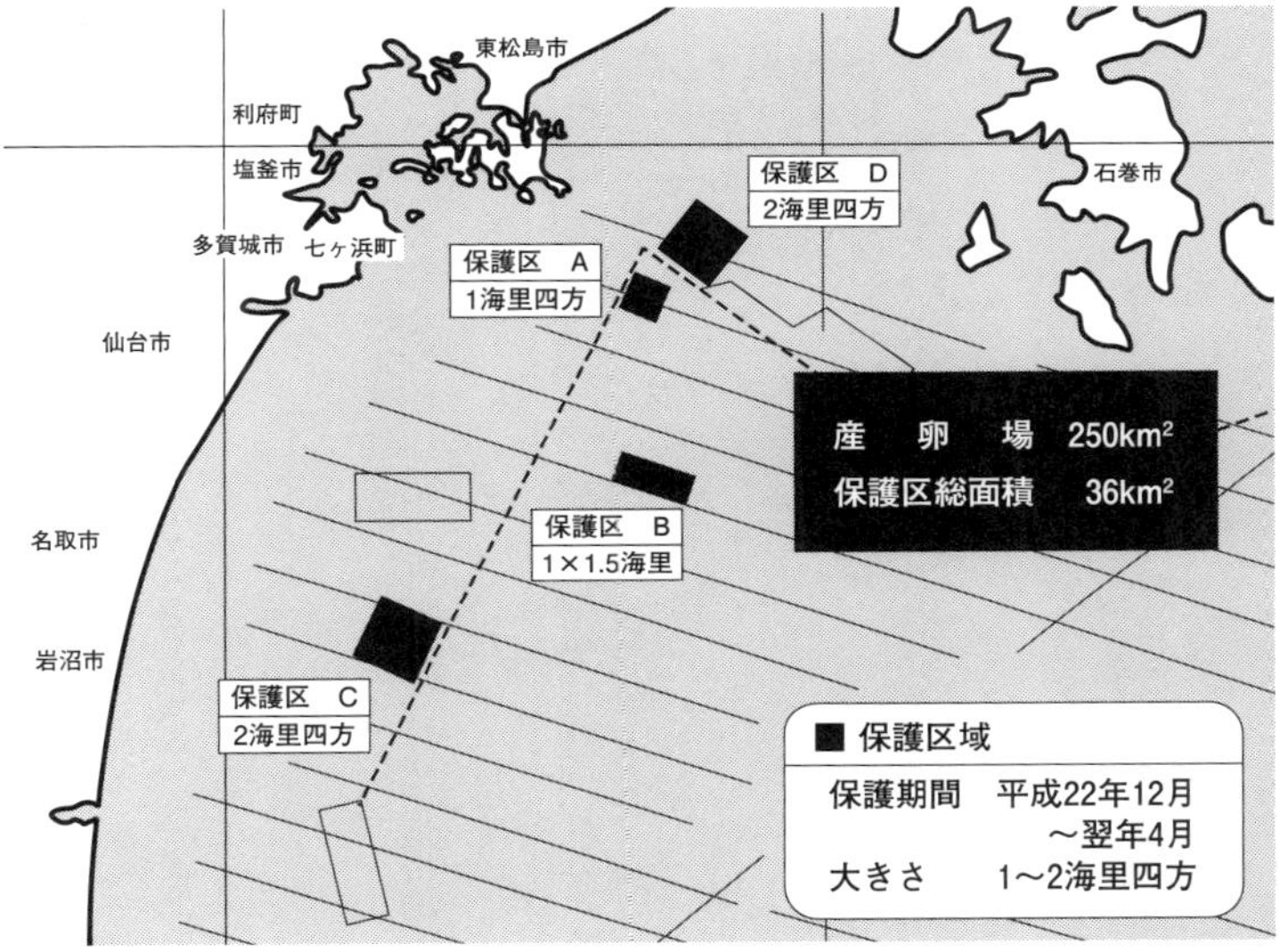

資料：JF みやぎ

も保護区が分かるように、保護区の角にボンデン（目印となる浮き）を立てるなどの作業を行った。こうして保護区は視覚的に認知されるようになり、産卵親魚の漁場を無事休ませることができるようになった。その後、漁獲量はみごとにV字回復し、二〇〇九年にはボトムであった二〇〇五年漁獲量の倍以上に回復した。科学の力を借りながら漁業者が資源を回復させたのである。

この事例は、短期間のうちに資源回復をもたらしたきわめて優良な事例ではあるが、ここに至るまでには長い苦難の軌跡があった。仙台湾は、ヒラメ・カレイ類など高価な底物の魚種が多い優良漁場であり、小型底曳網漁業者がその漁場利用の先発であった。ところが、遠洋漁船の離職者が沿岸に戻ってきて刺網漁船を始めたことにより、刺網漁船が増加、そのうち能力のある刺網漁船が漁場を沖合へ移していった。そこか

図２　仙台湾における刺網漁業と小型底曳網漁業の漁場輪番の海域図

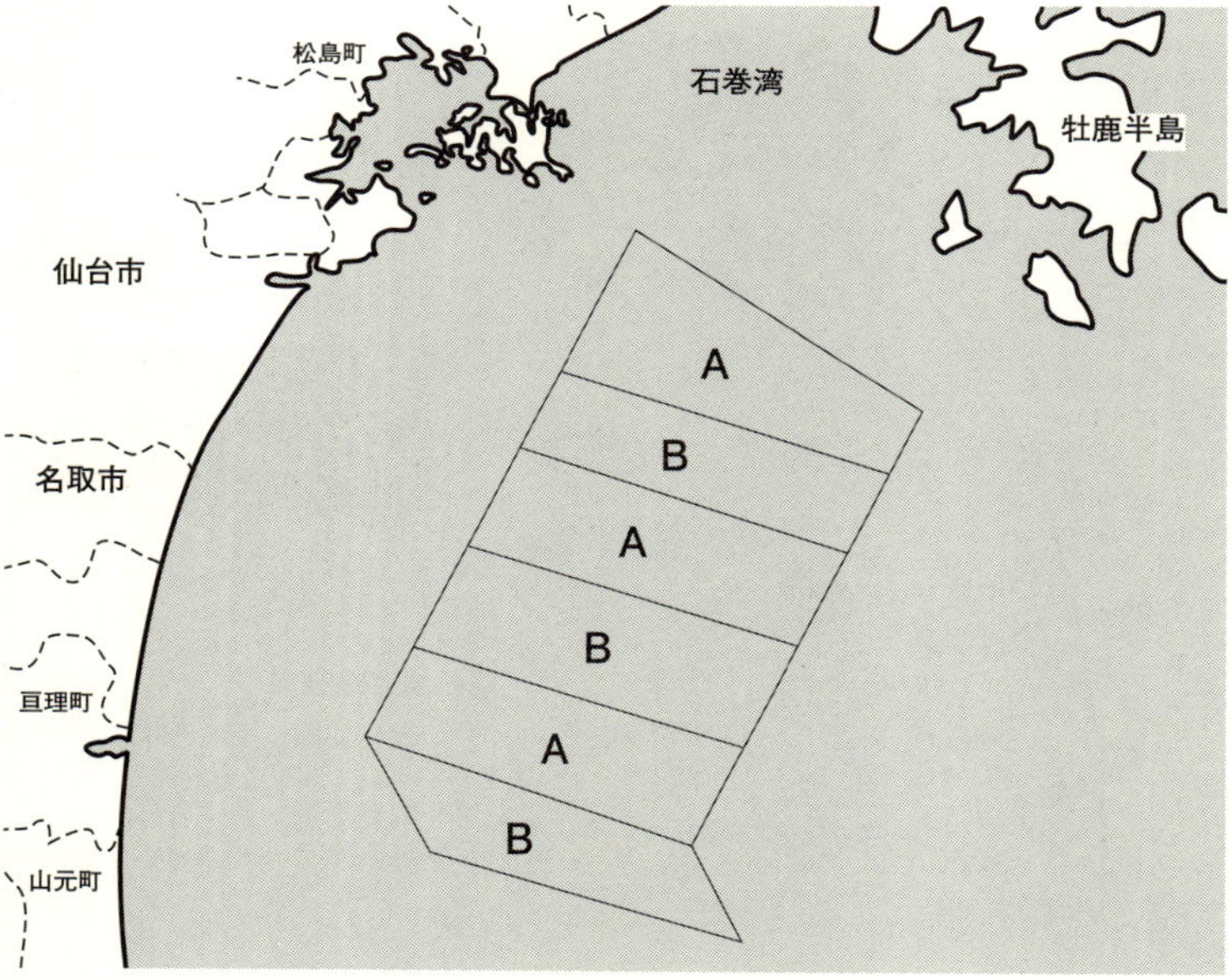

注：刺網漁業者と小型底曳網漁業者が紛争を起こさないように図中のＡとＢの漁場を交代で利用している。
資料：JF みやぎ

ら小型底曳網漁船との衝突が始まり、漁具被害が多発した。さらに他県船の刺網漁船も入ってきて、仙台湾は紛争の海と化した。一九七〇年代のことである。

しかし両漁業は、険悪な関係でありながらも、当時の宮城県漁連、宮城県庁を挟んで、少しずつ歩み寄っていった。そして二〇〇三年、広い仙台湾の漁場を六区画に分割して、それぞれの区画を二か月交代で、刺網漁船と小型底曳網漁船が操業するという、漁場輪番体制が構築された（**図2**）。彼らは地域が広域かつ複数にまたがり、しかも異業種の漁業者である。理解し合うのはきわめて難しいが、同じテーブルについて何度も話し合ってきた。テーブルを叩き、けんか腰の交渉が続いたという。それでも話し合いをやめなかった。その努力が実を結び、漁場輪番体制の構築に繋がったのである。さらに二〇〇七年からは、ほとんど価値がつかないマコガレイの産卵後親魚への標識放流も実践している。出荷せず放流すれば、数か月後には高価になることを実証し、それを漁業者の間で広げるためである。

かつて犬猿の仲であった両者は、今では互いを尊重し合うことで秩序形成を図り、共存関係になっている。このような関係づくりが試験研究機関や行政との連携を強め、共通する漁獲資源であるマコガレイの資源回復の実践に繋がったといっても過言ではない。

東日本大震災から一年もたたぬうちに海区漁業調整委員会で保護区があらためて設定された。二〇一二年九月、刺網漁業者らは技術センターに調査を働きかけて新たな保護区の設定を検討している。

茨城県日立地区川尻漁協の「川尻磯もの部隊」[5]

茨城県日立市内にある川尻漁協は組合員七〇人前後の小規模の漁協である。組合員はさまざまな漁業を営んでいるが、シラス、イカナゴを漁獲対象にした船曳網漁業が盛んで、三〇名近い組合員が着業していた。その他、スズキやヒラメ等を漁獲対象にした延縄《はえなわ》や釣漁業、そして磯場ではアワビ漁などが行われている。

船曳網漁業を営む組合員が地域の中核的な漁業者である。船曳網漁業とは、袋状の網を船で曳いて小魚を捕獲する漁法である。この漁業はかつて安定した漁業として存立していたが、近年、浮魚《うきうお》類のシラス、イカナゴなど資源の来遊量の年変動が激しくなるなかで、シラスやイカナゴを釜揚げする地元の加工業者が弱体化し、廃業が進んだ。そのため、豊漁となっても、すぐに地元の加工能力を超えてしまい、価格が暴落する。担い手層が営んできた漁業種とは言え、このままでは先細りになることが明らかであった。

こうした危機からの脱却を図るために地域で取り組んだのは、素潜《すもぐり》漁であるアワビ漁との兼業であった。

船曳網漁業は夏期が漁閑期となるが、アワビ漁は夏期に盛んになる。アワビは高級商材であることから手取りが高く、実現すれば漁業経営は安定する。

しかしこの地域には漁業権の配分をめぐり「古いしきたり」があったことから、こうした対策がすぐに実現できるものではなかった。アワビ漁を行う者は船曳網漁に着業できず、逆に船曳網漁を行う者はアワビ漁を行うことができないというローカル・ルールがあったのである。資源管理上、アワビ漁への参入者を抑制せざるをえなかったのであろう。

参入抑制のしきたりはそれだけではなかった。アワビ漁の漁業権の継承は、漁業権行使者の長男にしか許されていなかった。「素潜漁」は技能的ハードルが高いことから、外からでも意欲的な参入希望者を受け入れていくべきであるが、その入口は開かれておらず、そのため一九六〇年に一五人いたアワビ漁師は徐々に減り、九六年には三人になった。年間水揚げはわずか一トン程度にまで落ち込んでいた。これはピーク時の一〇分の一以下の水揚げである。

アワビ漁を営む漁業者らは、代々受け継いできた漁場を守りながら漁を続けてきた。たとえ三人になっても、簡単に新たな参入者を受け入れたくはない。だからといって、船曳網漁業者を見殺しにはできない。そこで話し合いを繰り返した結果、船曳網漁業者の強い要望を受け入れ、一九九七年から船曳網漁を営んでいた二六人の漁業者のアワビ漁の兼業を認めることにした。慣れない素潜漁とは言え、漁業権行使者が急増することになるので、船曳網漁業者らは「川尻磯もの部隊」を結成し、資源管理型漁業の推進を図ることにした。資源管理の手法としては、一日一人アワビ八キログラムという漁獲制限を設け、売上金についてはプール制とした。

こうしてアワビ漁が拡大再生されたことで、水揚量は六〜八トンまで回復、県内で一番のアワビ産地とな

アワビファーム造成のための漁業者による調査。
写真提供：茨城県

った。さらに、茨城県の力をかりつつ、着業者全員で沖合の未利用の漁場に種苗放流をして自ら成長調査を行うなどの新規の漁場造成も実施している。いわばアワビファームの造成である。

船曳網漁業者らは夏場の安定収入の機会（一五〇万円程度）を得るとともに、アワビ資源の培養、密漁監視、漁場造成、資源管理型漁業を実践し、地域漁業の再生の手がかりを摑んだ。まさに現場での改革である。

震災により川尻漁港は被災したが、磯もの部隊のメンバーは無事であった。原発災害により船曳網漁業は操業自粛しなくてはならないが、磯もの部隊の取組みは再開している。

青森県八戸地区鮫浦漁協の漁法開発[6]

青森県八戸地区の鮫浦漁協の小型船部会は、カレイ・ヒラメ類を主漁獲対象とする刺網漁を行う漁業者で構成されている。高価な魚種であるヒラメが彼らにとってとくに重要魚種である。青森県がヒラメを県の魚に認定して、ふ化放流事業を行っていることからもそのことがうかがえよう。

しかし韓国産養殖ヒラメが大量に出回るようになってからは、価格が振るわなくなった。差別化を図らない限り、ヒラメは高級魚扱いされなくなったのである。

刺網漁は網に魚をからませるため、魚体に傷をつけたり、魚を苦悶死させたりすることから、釣漁法と比べると大量に漁獲できるが漁獲物の品質が劣るという性質をもっている。またヒラメは体長三五センチ以上という漁獲規制があるが、規制をはずれたサイズのヒラメが漁獲されても、生かしたまま再放流できない場合が多い。刺網漁はヒラメの資源管理上でも弱点をもっていたのである。

この問題を克服するために、鮫浦漁協の小型船部会のメンバー一一人は一丸となって、擬餌針を使った「ヒラメの曳縄釣」(船を走らせて擬餌針の付いた釣糸を曳く)という漁法を開発した。この漁法は沖合の深場での漁を可能とし、大物のヒラメを漁獲でき、かつ大型クラゲが発生しても支障なく操業できる。また、三五センチ未満のヒラメが釣れた場合は生かしたまま再放流ができる。その特性を生かし、小型船部会は卸売市場に働きかけて、活魚販売を実現。しかも一匹ずつ計量してから販売している。この活魚販売体制が功を奏し、販売価格は従前の二倍以上になった。小型船部会は資源に優しいだけでなく収益性をよくする操業体制を築き上げたのである。

腕を競う釣漁業の場合、競合相手に漁具のしかけを開示することは滅多にない。しかしこの取組みでは、部会のメンバーが包み隠さず日々の操業で試した漁法を互いに見せ合うことで共同開発が進められた。また、近隣の他の漁協の漁業者にもこの操業方法を普及し、仲間づくりにも努めている。出荷ロットがまとまらないと需要が形成されないからだ。彼らは組合内部に限らず地域の同業者を巻き込みながらヒラメ漁業の再生を図っている。

東日本大震災で八戸漁港は被災したが、漁船は沖出しにより助かった。鮫浦漁協の小型船部会の漁業者は、八戸市水産物卸売市場が再開されるとともに漁業を再開している。

岩手県陸前高田でエゾイシカゲガイ養殖

岩手県陸前高田は唐桑半島と広田半島の間にある広田湾奥部にあり、東日本大震災では甚大な津波被害にあった地域として知られている。広田湾では、ワカメ、カキ、ホタテ、ホヤなどの養殖が盛んに行われてきた。二〇〇三年以後、養殖ホタテガイが大量斃死するなどで養殖経営は停滞していたなかで、エゾイシカゲガイというハマグリに似た貝の養殖業の試験開発が進められ、事業化に成功した。

エゾイシカゲガイはハマグリのような味をしていて、高値で取引されていた。漁業者の間では、広田湾で幼生が発生することが知られていた。陸前高田の米崎地区の青年部が二〇〇四年からエゾイシカゲガイ研究会を発足し、市場調査と採苗技術の開発を行い、エゾイシカゲガイの養殖試験を本格化させた。ホタテガイ用に使われていた施設を利用した。養殖サイクルは三年であることから、収穫・出荷は二〇〇六年からとなった。四経営体が着業し、初年度の出荷は若干量であったが、二〇〇七年には一トンを超え、二〇〇八年は四トン、二〇〇九年は一〇トンを超えた。生産金額は二億二五〇〇万円を超えた。二〇一〇年はチリ沖地震由来の津波により養殖施設が破損したため、収穫数量が六トン、生産金額が一千二〇〇万円代にまで落ち込んだが、この災害がなければさらに数量、金額ともに伸びていたことであろう。

既存の養殖業が低迷するなかで、この地域では新規養殖業を成長させていたのである。チリ沖地震による津波から立ち上がろうという時に東日本大震災で壊滅したが、震災後、エゾイシカゲガイ養殖は協業体制で再開している。出荷は二〇一三年以後と思われるが、数年後には震災前以上の産業規模になる可能性がある。

以上、被災地では、震災前から漁業再生を図るために資源管理・漁場利用の在り方を自ら見直し実践し、漁業経営を改善していくための努力を図り、新種の養殖業を開発していた。現場では、言われるまでもなく、改革を進めているのである。

4　異業種との連携

漁業者が生産だけでなく加工や販売まで行ったり、漁業者と異業種が連携したりする取組みは六次産業化と呼ばれている。東日本大震災復興構想会議で公表された「復興への提言～悲惨のなかの希望」や宮城県の復興の方針にも、この六次産業化の推進が謳われた。しかし被災地では、震災前から漁業と異業種との連携がいくつか行われていた。

広田湾漁協によるワカメの契約栽培

岩手県では、漁協が大手企業のグループ子会社（最大手ワカメ製品メーカー）と漁業者とに養殖ワカメの栽培契約を結ばせて、その件数を拡大してきた事例がある。広田湾漁協では、当該企業と栽培契約を結ぶのは二〇〇〇年頃は八漁家であったが、現在二二漁家になっている。[7]

ワカメ養殖は七月から翌年の四月までで終わる。三月からの出荷期になると、漁業者は沖合で育てたワカメを刈り取って水揚げし、陸上で湯通し塩蔵そして漬け置きして、ワカメの葉体と芯を分離（芯抜き）して製品化する。出荷先は岩手県漁連の共同販売場であり、約一か月半の間に一定間隔で何回かに分けて入札が行われる。短期間で刈り取りして製品化して出荷しなければならないため、規模が大きい漁家では製品化する作業時に人手不足となるので、多数の作業者を雇わなければならない。とくに芯抜き作業は一枚ごと手で葉から芯をちぎり取る手間がかかるため、人手を要するのである。

しかし契約栽培を行っている漁家は、漁協から冷蔵庫を有料で借りて湯通し塩蔵したワカメをいったん保管して、雇用なしで約三〜四か月の間で家族だけでゆっくりと芯抜き作業を行うことができる。雇用費が発生しないうえ、取引価格が相場＋α（保管費、電気料など）であることから、生産者にはかなりの収益メリットがある。この方式の取引は、雇用拡大を要せず製品数量を増やすことができるため、漁家が規模拡大する動機にもなる。

生産者は直接販売する企業に対して責任が生じるため、しっかりとした規格の製品をつくらなければならない。漁協にも、責任をもてる生産者の選定と、企業に対して品質を保証する責任が生じる。企業サイドは、安定して良質な塩蔵ワカメ製品を調達できるというメリットを享受できるから、相場より高いワカメを購入するのである。この企業は震災後、被災した生産者に対して支援したという。

かつて三陸ではギンザケ養殖で契約栽培が行われたが、企業は買取り販売だけではなく生産者に餌料も供給する方式であったことから、結局ギンザケ価格の低迷で撤退し、生産者の経営破綻による負債が漁協に残されるという悲劇が伴った。

ワカメの契約栽培方式は、その時とはシステムが異なり、漁業者に品質の高い製品を製造させるための仕組みと、漁協が介在することで生産者と企業にもメリットが生じるという、三方一両得になる仕組みがある。

日立市の地産地消「ひたち地魚倶楽部」

茨城県日立市の「ひたち地域資源活用有限責任事業組合」[8]（以下、ひたちＬＬＰ）は、二〇〇八年七月に日立市の久慈町漁業協同組合と商工会議所に属する飲食店業者らの出資により設立された組織である。これまで市場価値の低かったイラコアナゴ、タボギス、オキハモ、カンテンゲンゲ、サクラギス、トウジン、アカドンコなど、あまり耳にしないし見慣れない未利用魚を「隠れた地魚」として地元飲食店に流通・販売してきた。飲食店業者らは「ひたち地魚倶楽部」と名乗って、未利用魚を用いた料理を開発し、仲間の飲食店にそれらの料理を普及させた。加盟店は三六店舗になった。季節によって変わる代表的な地魚も多種取り扱うようになった。地域の漁業と商店街の活性化が同時進行し、市場価値がつかなかったカンテンゲンゲという未利用魚に一キログラムあたり一五〇円という価値がつくようになった。

かつては地元で漁獲された魚介類の多くが首都圏など地域外に販売され、地元に流通しないことがあった。漁業者は漁獲物を顔の見えない末端流通業者に買いたたかれ、一方で地元の飲食店街は新鮮な地元の水産物を買い付けできなかったのである。これまで漁業者が廃棄していた未利用魚に価値をつけて販売し地元での消費が拡大すれば、その他の地魚も流通しやすくなる。地域の漁業経営にダイレクトに反映するような状況にはまだ至っていないが、ひたちＬＬＰは「隠れた地魚」に着眼した独自の地産地消スタイルを追求してきた。

ひたちＬＬＰでは、高鮮度流通が難しいシラス商品の開発にも取り組んでいた。久慈浜丸小漁協及び久慈町漁協に所属するシラス曳網漁業者が、茨城県水産試験所が開発した船上鮮度保持技術を活用した高鮮度生シラスを水揚げし、それをひたちＬＬＰで取り扱うのである。

震災により日立市の漁港や漁船、そして漁業者には三陸や福島のような大きな被害は出なかったが、原発事故による茨城県産の農産物・魚介類からの消費者離れは著しく、せっかくのひたちＬＬＰの取組みは暗礁に乗り上げてしまった。

しかし、ひたちＬＬＰは復興に向けてひるまず活動を強化した。まず定期的に行われる地魚の検査結果のデータを茨城県庁から受け取り、この検査体制を介して地魚を取り扱っていることを、消費者にアピールしている（次頁）。ひたちＬＬＰがつくったポスターを各店舗に貼ってもらい、各店舗には、顧客に求められれば検査結果をすぐに提示するよう指導している。そのような努力が実り、遠のいた客足は戻ってきた。

ひたちＬＬＰは震災前から行っていたシラス商品の開発も再開した。商品開発は市内の飲食店と水産加工業者および大学との連携により行われた。二〇一一年十二月、「ひたち浜漬け生しらす」の商品化にこぎ着けた。原料は高鮮度出荷技術を身につけた久慈浜丸小漁協所属のシラス曳網漁業者が漁獲するシラスである。商品は、この連携事業で開発した専用のたれに漬け込んだものであり、冷凍ストックできる商品である。首都圏の商品展示会に出品後、各地から引き合いがきて、原料不足に陥っている状況である。

ひたちＬＬＰは風評被害と向き合いつつ、地元の消費者に信頼される流通体制を体現しようと日々知恵を絞り、新たな対応策を考えている。地域内で漁業者と消費者をどう繋げるかという取組みであることに、震災前後でなんら違いはないのである。

漁業の再生は漁業者の自助努力のみでは不可能である。そもそも水産業は生産部門から流通部門まで多種多様な同業者・異業者の間で互いに不足している部分を補いながら発展してきた産業だからである。

風評被害に脅かされている被災地では、郷土や風土あるいは魚食文化を共有できる消費者や関連業者たちとの連携・連帯が不可欠である。これは消費地に漁業・漁村の理解者を増やすことを意味する。これからの漁業の再生にはこうした視点が欠かせない。

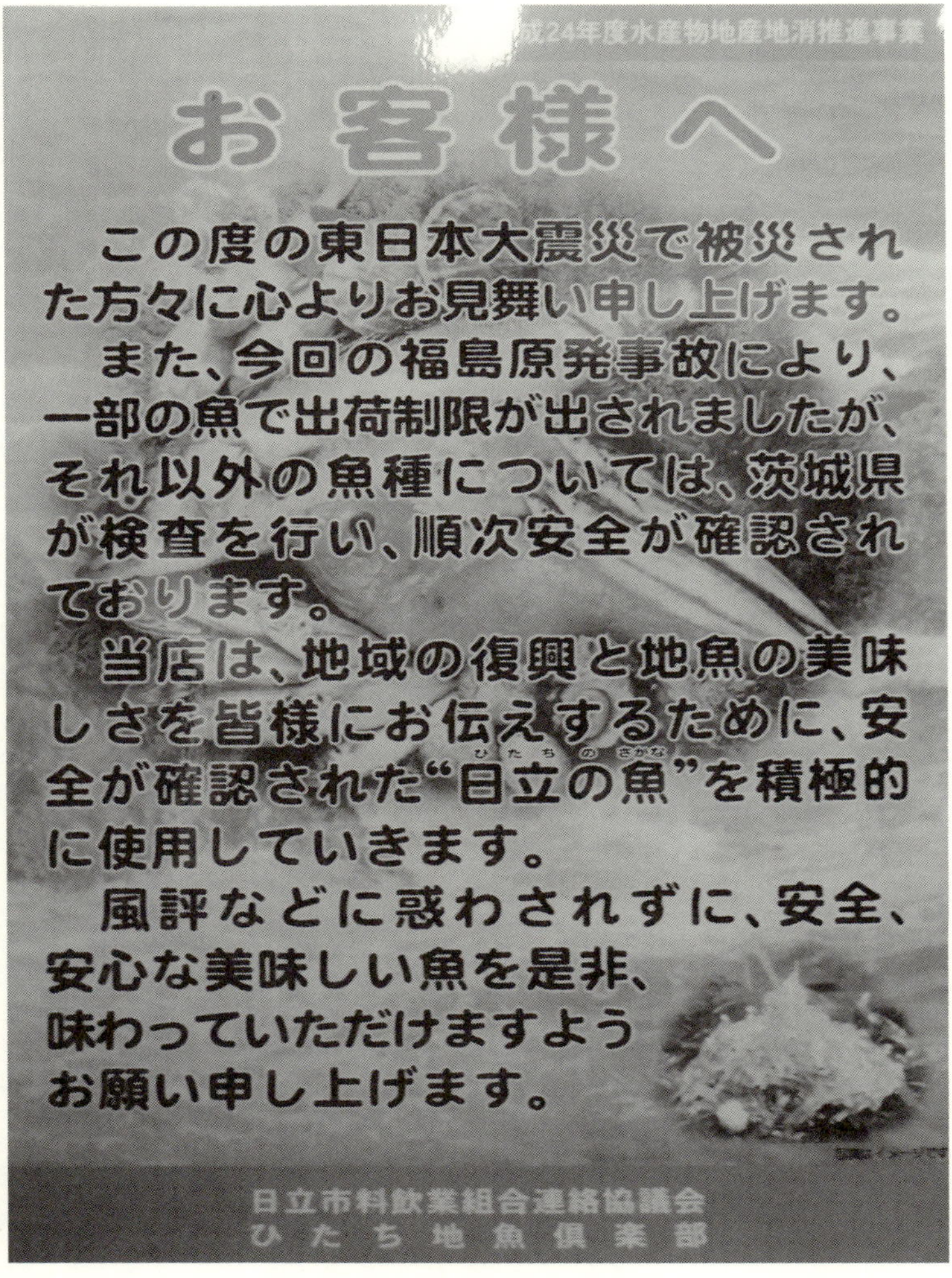

成24年度水産物地産地消推進事業
お客様へ
この度の東日本大震災で被災された方々に心よりお見舞い申し上げます。
また、今回の福島原発事故により、一部の魚で出荷制限が出されましたが、それ以外の魚種については、茨城県が検査を行い、順次安全が確認されております。
当店は、地域の復興と地魚の美味しさを皆様にお伝えするために、安全が確認された“日立《ひたち》の魚《さかな》”を積極的に使用していきます。
風評などに惑わされずに、安全、安心な美味しい魚を是非、味わっていただけますようお願い申し上げます。
日立市料飲業組合連絡協議会
ひたち地魚倶楽部

茨城県日立市内の飲食店に貼られている風評被害対策用ポスター

仕入れたい魚を漁業者に伝達

産地市場における水揚物の価格は、卸売市場に登録されている買受人が競争買付することによって決められる。すなわち買受人の買付意欲が高まれば、市場価格は高いし、買付意欲がなければ市場価格は低い。その相場はとくに需給関係で決まるが、価格が低調ぎみでも高く取引されるものもある。それは買受人が仕入れたい魚が、仕入れたい姿で市場に出荷された時に起こる現象である。流通業者は、仕入れたい魚であれば、魚が不足していなくても高値で仕入れるのである。

そのような思惑を漁業者に伝えて、市場に仕入れたい魚を仕入れたい姿にして出荷させる漁業者と流通業者の取組みがある。セリを通して販売されるのだから、市場流通そのものであるが、漁業者にとっては高く買う出荷者に向けて販売しているようなものである。このような取組みは、沖合で操業する漁業者に流通業者が市況や仕入れたい魚（漁場も指定）を伝えるという、漁業者と流通業者の信頼関係やネットワークにより実践されていることから表面化しない。筆者が知る限り、被災地では石巻地区の沖合底曳網漁業と廻船問屋で、そして銚子地区の小型底曳網漁業と買受人との間で行われている。

既存の流通機構を活用するため、代金決済やアソートリスクを背負わないで魚価を確保する方法である。

漁業者と流通業者のパートナーシップ

異業種連携や六次産業化という取組みは被災地でも震災前から存在していたが、全体から見ればごくわずかである。

全国を見わたすと、漁業者グループや漁家が法人化している例や、六次産業化の取組みで話題を呼んでいる事例はあるが、どれも経営実態は厳しい。水産物のブランド化に取り組み、後継者が次々と戻っているという事例はあまり聞かない。水産物のブランド化、六次産業化の議論そのものが形骸化している面もある。

異業種連携や六次産業化に対して期待すべきは、漁業者と流通業者の間にある大きな隔たりを徐々に排除し、信頼関係が築かれていくことである。めざすべきは利害が相反する関係をパートナーとしての信頼関係へと発展させ、復興を果たすことではないだろうか。

5 水産加工団地

水産加工業者の再開状況には地域格差が生じている。地域にとっても企業にとっても、早期復旧が命であった。そのことを踏まえて、国の補正予算の活用を支援したり、工場の復旧や再建に制限を加えたりしなかった地域では、全損した水産加工業者でも再建にこぎ着けている。補助金をできる限り早く広く行きわたらせるという岩手県のやり方は妥当であったと思われる。宮城県内から岩手県内に積極的に移転したという業者も存在するが、輸出先国の規制により宮城県内の工場からは出荷できないという事情がある。

二〇一一年末、気仙沼を対象に大手商社連合が復興支援として団地構想を計画したが、[9] 二〇一二年三月には事業協同組合の設立に至らず、計画倒れとなった。団地構想になると土地買収も含めた大々的な再開発計画となるため、早く復旧したい業者と意向のずれが生じたのである。

ところが二〇一二年六月になって、気仙沼地区と女川地区の漁港周辺地区で水産加工団地の構想が具体化した。国、県、市の協力体制のもと、省令変更の手続きを行って漁港区域を拡大したのである。二〇一二年九月には釜石地区でも漁港区域の拡張申請が認められた。漁港区域を拡大して広範囲にわたって地盤沈下している漁港周辺用地を嵩上げし、道路を造成、さらに土地区画整理までを公的資金で行う計画である。公的資金とは水産基盤整備事業であるが、この予算は漁港区域にしか使えないため、漁港区域を拡張する煩雑な手続きがなされたのであった。

それを受けて、気仙沼漁港の背後の用地（南気仙沼地区、二二・四ヘクタール）を対象にした団地組合（事業協同組合）が設立された。この団地組合は共同利用施設等の補助金を活用して共同排水処理施設等を整備する予定である。二〇一二年九月二十五日には気仙沼母体田《もたいだ》地区にも仮設水産加工団地が竣工した。

例えば気仙沼の水産加工団地構想などは、強力な活性化策がとられたならば、水産基地発展の起爆剤になる可能性もある。気仙沼地区では復旧に時間を要しているが、震災前に実施してきた地域ブランドや地域ＨＡＣＣＰなどをあらためて実施していくことが必要ではないだろうか[10]。

水産加工業界では、震災からの復旧・復興を契機に企業の紐帯が強まっているケースがある。グループ支援事業や水産業共同利用施設復旧支援事業などの財政支援を受けるために企業がまとまる必要があったという面もあろうが、それぞれの販路を活かして各社の製品を販売するという取組みも行われているのである。

6　集落の再生なしに漁業は再生しない

漁業者の多くは仮設住宅での暮らしを余儀なくされている。漁村という空間はまったくと言っていいほど再生されていない。本章では、インフラや暮らし面についてはあまりにも進捗状況が芳しくないため、ほとんど触れなかったが、集落移転先やその方法がまだ決まっていないケースさえある。

漁業の再生は、漁業集落が再生するまで終わらない。漁業は生業だからである。中小企業がその担い手である水産加工業においても同様である。そこで働く従業員の暮らしが戻っていない限り、水産加工業も再生したとは言えない。同時にこれは水産業の再生がまだまだだということになる。

とはいえ、復興の槌音《つちおと》は響いている。しかも漁業を継続する者のパイは一人あたりで見ると拡大する。構造再編は勝手に進むのである。震災前からあった現場での改革も再開している。

水産流通加工業者は再開していても、震災前の事業水準になかなか戻らないようである。再開したくても、用地が見つからない、用地が見つかっても工場を再建できる資金がない、工場を再建しても十分な従業員が見つからない、従業員を見つけても販売先を失っているなど、乗り越えなくてはならない壁が何重にもなっている。水産加工業界への政策的支援の物足りなさは、誰しもが考えるところであろう。

復興の在り方は復興の主体が築き上げていくものだから多様である。政策提言には、漁業者や流通関係者、あるいは行政関係者が共有でき納得できる内容が求められる。歴史を介して形成されてきた漁業制度、水産物流通、漁業技術、協同組合、企業経営そして地域経済など、水産業に関連する諸分野について深く認識し、国内外の大きな動向も俯瞰しつつ、現地・現場の細かな動向を捉えなければならない。

地域漁業が真の意味で復興するには、直面する課題から目を背けずに漁業者同士が向き合って創意工夫をする、漁協では本来の協同の姿をとり戻すことである。そのうえで、流通・加工関連業者・観光業者らとの新しい信頼関係をつくり、縮小再編過程の中で内発的で維持可能な経済を創出していくことである。

そのためには国土利用の在り方を考え直す必要がある。海の豊かさは山や土地から生まれる。日本固有の国土の使い方、国土に適した産地と消費地との関係、生産者と消費者の関係を見直す必要がある。都市の論理に漁村が振り回されているようでは、いつまでも漁業は再生されない。

われわれはまずこのことに気づかなくてはならないのである。

被災地の漁業に対しては、営利企業、公企業、ＮＰＯ法人など、さまざまな団体から人的・物的支援があった。これらの支援でどれだけの漁業者が救われたことか。本来、こうしたところもしっかりと見ていく必要がある。しかし、筆者の調査はそこまで及んでいないゆえ、本書ではこうした団体からの側面支援については割愛した。別の機会に調査して考えていきたい。

1　「水産白書　平成二四年度版」では、新規就業者の動向を追っているが、継続的に行われている調査はなく、農林水産省「農林水産新規就業者調査結果」（二〇〇三年）、「漁業センサス」（二〇〇八年）及び各都道府県（二〇〇九年、二〇一〇年）、大日本水産界による漁協への調査結果（二〇〇五―〇七年）によりまとめている。新規就業者数は、二〇〇三年一千五一四人、〇七年が最低で一千八一人であり、〇八年には一千七八四人、二〇〇九年には二千二人、二〇一〇年は一千八六七人となっている。

2　工藤貴史「ワカメ・カキ・ホタテガイ養殖における復旧の現状と課題――宮城県気仙沼市唐桑地区・大島地区を事例に」本書第六章注3に前掲『別冊「水産振興」』（東京水産振興会、一五―二七頁、二〇一二年八月）。

3　資金調達の三重苦とは「①長引くデフレ不況により、固定化負債が増大し、資本不足、債務超過が他産業以上に顕著になっていること、②資金調達の担保としての漁権（のれん代）の資産価値が急落していること、③金融機関の健全化法が制定されてから、金融検査マニュアルによる融資審査が厳格化しており、金融機関の貸付態度が極めて硬化していること」（拙著「漁船漁業構造改革の理論と実践を検証する」『海洋水産エンジニアリング』八七号、海洋水産システム協会、三〇―三八頁、二〇〇九年九月）である。

4　拙著「仙台湾におけるマコガレイの資源回復への展開」『平成二二年度資源回復計画等の作成及び普及の推進事業関連産業者意識調査』（全国漁業協同組合連合会、一―五一頁、二〇一一年三月）。

5 拙著「日本農林漁業振興会会長賞・受賞者・川尻磯もの部隊」『平成二二年度（第四九回）農林水産祭受賞者の業績（技術と経営）――天皇杯・内閣総理大臣賞・日本農林漁業振興会会長賞』（日本農林漁業振興会、二二四―二三二、二〇一一年三月）。

6 拙著「日本農林漁業振興会会長賞・受賞者・八戸鮫浦漁業協同組合小型船部会」『平成二三年度（第五〇回）農林水産祭受賞者の業績（技術と経営）――天皇杯・内閣総理大臣賞・日本農林漁業振興会会長賞』（日本農林漁業振興会、二二八―二三八頁、二〇一二年三月）。

7 清水幸男「広田町漁協におけるワカメ養殖協業化への取組」『平成一四年度日本水産工学会春期シンポジウム――シンポジウム要旨集』（日本水産工学会、一三―一六頁、二〇〇二年）。

8 拙著「日本の漁業を再生するためには」『解体新書』（集英社の有料サイト「imidas」二〇一二年六月）。

9 一九六八年から始まった水産物産地流通加工センター形成事業により水産加工団地が各地で造成され、共同排水処理施設、共同残滓処理施設などが整備された。この過程で静岡県焼津地区などでは、中小企業等事業協同組合法に基づく団地組合が設立された。

10 拙著「宮城県気仙沼市における水産加工業の現状と課題」『構造再編下の水産加工業の現状と課題――平成二一年度事業報告』（東京水産振興会、三三二―四三頁、二〇一〇年六月）。

漁業再生の鍵を握るのは今後の漁民の動向である。しかしながら、漁民の数は減少することはあっても増えることはない。

この傾向は、オープンアクセスを許さず、許認可行政が機能している先進国ならどこの国の漁業でも同じである。日本国内には好調な漁村がいくつかあるが、そのような漁村ですら漁業者数はこれまでも減ってきたし、これからもしばらくは増えることはない。なぜなら生産技術の発展が生産者間の競争を促進させ、それにより経営体の利益率が低迷し、その繰り返しのなかで不振経営者が淘汰されていくというのは、資本主義経済体制下の通常の現象だからである。

しかも日本社会全体が少子高齢化、人口減少に突き進んでいる。このような成熟した社会において漁村は農山村と並び、少子高齢・人口減少・成熟社会の先進地なのである。漁業再生はこうした成熟社会を前提に議論を進めなくてはならないだけでなく、今や流行の「脱成長」路線の在り方を考えなくてはならないかもしれない。

問題は、漁民数が減少していくのは自明のものとしても、この状況がどこまで続き、どこで底を打つかである。「底が抜ける」という可能性さえも否定できない状況である。とくに生業型の沿岸漁業よりも先に、営利企業が担い手の資本制漁業である沖合・遠洋漁業がそのような局面にある。

沖合・遠洋漁業の漁船数は二〇〇海里元年（一九七七年）に比べ、二〇〇九年には一七パーセントに落ち込んだが、[1]残っている漁業経営体の経営基盤が盤石かと言えばそうではない。依然として脆弱な経営体が多く、多くの漁船が更新されずに老朽化している。第二章で見たように、バブル経済期終焉までの乱脈融資が終わってからは、漁船に投資が向かわなくなっている。しかも漁業の労働力は外国人なしでは成り立たなくなっており、邦人船員が再生産されていない。もはや漁業経営体の再投資力が失われているだけでなく、漁船乗組員を輩出してきた漁村も、漁民や漁船乗組員を再生産させる力を失っていると言えよう。

　こうしたなか、今、漁業政策として求められているのは、いかにしてこの状況をくい止めるかである。これこそが漁業再生なのであり、それを進めるためには、漁業者の輩出地である漁村の復興と沿岸漁業の再生が不可欠なのである。漁村、沿岸漁業はこれまで、地先の海という自然の生産力に立脚しており、この自然の生産力をどう活用するかが、沿岸における漁業再生、ひいては漁村復興の鍵となるが、経済のグローバル化が進むなか、そもそも自然と人間の「関係」そのものが危うくなってきている。

　したがって日本の漁業の再生を考えるには、この国の漁業がこの国の自然と人間の関係から成り立ってきたというごく当たり前の認識を、あらためてもつところからしか始まらないのである。

1　海が痩せてきている

農業、工業を問わず、財を生産する産業はみな、その技術に自然の法則を合目的的に利用している。そして産業の発展とは、いかに自然を克服するか、いかに確実な生産体系を構築するかにあった。同時にそれは、生産現場における人間の統制（労働の統制）をも問うことであった。

しかし漁業においては、生産環境は自然そのものであり、生産対象とする資源も生態系内にあるため、他の産業以上に克服できない部分が大きい。しかも漁業は、陸上環境よりも変動幅が大きい海洋環境のなかで行われているという特殊性がある。そのことから、閉鎖された空間での生産行為が実践可能な製造業とは大きく異なる。また土壌改良や施肥により地力を増強するなどして、圃場《ほじょう》環境を一定程度コントロールできる農業とも異なる。もちろん海面で行われる以上、養殖業においても、である。つまり漁業は、つねに刻々と変化する自然と向き合って実践されてきたため、計画生産は難しく、大きな変動を前提に経営を展開しなくてはならない。どんなに技術が進化しても、陸上で行われている産業と同じ論理では考えられないのである。

現在、日本の漁業が向き合っている自然はどのような状況にあるのだろうか。日本の沿岸域の海を見わたしてみると、磯焼け現象、海水中における貧酸素塊の発生、海水の貧栄養化などにより、海洋生物の再生産力が落ち込んでいる。魚影が少なくなり、ノリなどの海藻が育たなくなっており、植物プランクトンも発生しにくい。植物プランクトンが発生しにくいなら、貝類や動物プランクトンも増えない。動物プランクトンが増えないと、魚類が増えないことにつながる。つまり海域全体の悪循環が起きているのである。

海そのものが痩せてきている現象の原因としては諸説取り上げられるが、人為的なものとして考えられる最も大きな要因は、今日まで続いた国土開発であろう。山林の伐採や山林所有者の放置による山林の荒廃、治水・利水のための河口堰やダムの建設、休耕田の増加、沿岸部の干拓工事や臨海工業地帯の形成による浚渫・埋立て、それに伴う藻場《もば》・干潟の減少、下水処理の整備などである。開発の進行につれて農林業が衰退していったことで、山が痩せ、川が痩せ、大地が痩せ、海が痩せてしまったのである。

乱獲と環境劣化

また近年では、海流や海水温など海洋環境の変化に漁民が悩まされるというケースがよくある。夏場以後の海水温が上がったまま冷えないため、サケ類など北方系の遡河性の魚類が接岸しにくくなっている一方で、東北地方でほとんど漁獲量がなかったサワラが大量に水揚げされており、ブリの豊漁も続いた。さらにはエチゼンクラゲ、キタミズクラゲ、ナルトビエイ、ザラボヤなど有害生物[2]が異常発生するようになっている。大きな資源変動や魚種交替は、地球環境のレジームシフトであるという説もある。

ある魚種の資源量が減少する主要因を、ただちに漁業による乱獲のせいにする論も少なくない。確かに漁業は自然を克服しえないため、在り方次第では、人間が自然を欲していない姿に変え、自然が人間に襲いかかってくることも起こりうる。その最も顕著な例が、漁獲の行き過ぎによる資源の枯渇である。それに伴い、当該魚種の生産量は落ち込み、漁業の低迷が引き起こされる。

しかし注意深く観察すれば、事態はそう単純ではないことが分かる。つまり生産量の落ち込みは、漁獲努力量（漁船数、操業日数、操業回数など）の低下と連動しているのである。漁獲努力量とは漁業者の経済活動の指標である。費用対効果が上がらなければ、漁に出る数は減り、漁業者も淘汰されていく。生産量は総合的な産業の実態が反映されてはじき出されるのである。

繰り返しになるが、二〇世紀後半の国土開発と環境問題が大きく海洋環境を変動させているのは日本だけでなく、世界規模で起きているのは周知の事実である。漁業による乱獲は海を痩せさせている一要因ではあるが、資源管理（乱獲防止）さえすれば海洋環境が回復するという単純な、そして楽観的な状況ではないことは間違いない。

いずれにせよ、東日本大震災が発生する以前から、日本の漁業は明らかに劣勢環境に立たされていた。デフレ不況や魚食文化の衰退など、漁業をめぐる社会環境もさることながら、海そのものの環境劣化も進行していたのである。

震災後の現在、この抗えない自然環境リスクとあらためてどう向き合うかが、漁民の最大の課題となるであろう。

2　漁獲枠の証券化と個別割当て制度

東日本大震災からの復興を提言する内容には、今後はしっかりと資源管理を行うべきだという文言が目につく。まるで震災前はなにもしていなかったと受け取られてもおかしくない。そしてどうやら「資源管理」という言葉の裏にあるのは、北欧で行われている事例のようである。

前述したように、漁獲変動の谷間の部分を捉え、安易にその状態が乱獲状態であるとか、魚が小型化して枯渇しているというレッテル貼りが少なくない。しかも、「漁獲量の減少」＝「資源管理の失敗」と簡単に結論づけ、アイスランドやノルウェーの資源管理を模倣すべきだという論が多くなっている。しかしこれらの論では不思議なことに、模倣すべきとする諸国において漁獲量が減少しても、資源管理の失敗と指摘されることはない。現にこれらの国でも、漁獲量の増減は日常茶飯事なのである。つまり日本が資源管理に失敗しているという論は、日本漁業の不調なところと、海外漁業の好調なところを切り取ってつくられているのである。

アイスランドやニュージーランドなどでは、研究機関が資源量の再生産モデルを考慮し、はじき出した生物学的漁獲許容量（ABC：Allowable Biological Catch）を参考にして、魚種別漁獲許容量（TAC：Total Allowable Catch）を決め、[3]それを個別企業に分割する割当て（IQ：Individual Quota）、さらにそれを売買できる譲渡性個別割当て（ITQ：Individual Transferable Quota）制度が採用されている。漁獲量の枠を証券化できることから、市場万能主義に通じる制度であり、一九八〇年代にサッチャー政権が誕生し、新自由主義路線を突き進んだ英国の影響を受けて導入された。[4]

この制度では、漁獲量の枠を守らなくてはならないが、漁獲枠の所有者は漁業とは関係ない都市部の人でもよい。漁獲枠内で漁民に漁獲させて利益を得るという構造だから、漁獲枠の所有者は地元の漁村や漁場がどうなろうともかまわないという意識をもちうる。つまり、権利から得られる利益さえあればよいという発想である。一方の漁業者は、所有者に言われるがままに魚を獲っていればよいという意識になりがちである。この制度のもとでは、漁業者は経営者ではなくサラリーマン、悪く言うと小作人という位置づけになる。漁村の地域経済の内発的発展よりも外来型開発を推進するという考え方が、この制度の背後にはある。つまり漁村にいないクオータホルダー（漁獲枠の所有者）は、漁場利用者としての主体性をもつ必要はないから、主体的に漁場保全活動を行わなくてよい。他の漁場利用者と交わる必要もない。この体制は、机上の理論を実践に結びつけた事例である。

漁民は新自由主義に舵を切った国家の経済体制の犠牲になったのである。こうなると、漁場に愛着のないものが漁場を使い、漁場を使い捨てにできる。しかもクオータが資金借入れの担保物件になるし、譲渡性であるがゆえにクオータは流通するので、海外にさえ流出する。リーマンショックの発生によるアイスランドの金融破綻は記憶に新しいが、投資家にはこのITQの債権だけが残ったとされている。

一方、日本近海においては、かりに知らない漁船が突然漁場に出没し身勝手な操業を行ったりすれば、すぐに紛争になる。なぜなら日本近海では、利害が対立する漁業者が向き合って話し合いを続け、協定などを結び、時間をかけて漁場利用のルールづくりが行われてきたからである。その努力は今なお日々続けられている。漁業者らは競合・対立関係にあっても海の上では秩序を共有しているから、身勝手な漁場利用を控えるのであり、紛争を起こさないように努力しているのである。

日本において、ＩＴＱ制度導入となると、これまで積み上げられてきた漁場利用の歴史が踏みにじられることになる。新規参入者がクオータを獲得するたびに、漁業調整を行わなくてはならなくなるが、既存の漁業者と新規参入の漁業者の調整が簡単に決着するわけがない。そのことから、制度が導入されてもせいぜい既存の漁業者の間でクオータの取引をすることぐらいしか実現性はない。そうであれば、経営主体の効率的な入れ替えを可能とするＩＴＱ制度の本領が発揮されないため、わざわざ制度化する必要がないのである。

ＩＶＱ制度は選択肢のひとつにすぎない

またノルウェーでは、各漁船にクオータを割り当てる船別割当て（ＩＶＱ：Individual Vessel Quota）制度が導入されている。これは漁業種別団体に配分されてから再配分されている。漁船へのＩＶＱが決まればたいへん厳格に漁獲管理が行われる一方で、漁業への参入制限があり、既存の漁業者は保護され、競争環境は排除される。しかもＴＡＣやＩＶＱは、漁業者との合意形成がしっかりとなされたうえで政府が決めている。そして減船事業（政府と残る漁業者とで撤退する漁業者に補償金を支払う事業）などで廃業する漁船のクオータは、残存する漁業者に再配分されるゆえ、残る漁業者は規模拡大ができるという仕組みになっている。

つまりノルウェーでは、漁業者も漁船も一貫して減少してきたが、ＩＶＱの再配分により、漁業経営の集約化と効率化が進められ、官民一体となって輸出振興に取組んだ。業界では取引窓口を一元化し、水揚調整、買取り最低価格制度などの価格対策[5]を講じてきたから、高い利益率[6]が維持できたのである。政府と業界が歩調を合わせて進めてきたからこそ、縮小再編の時流にあって競争力のある漁業経営を形成させることができたのであろう。

このIVQ制度であれば、日本政府のもとでも三魚種（日本海ベニズワイガニ、ミナミマグロ、大西洋クロマグロ）で導入されている。いずれも厳格な管理がなされている。さらに日本各地を見渡せば、漁民集団がIVQ制度のように自主的に漁獲上限を決めて資源管理に取組む例も散見できる。これらの例のほとんどは漁民による漁場利用の調整の結果により行われている。そこに至るまでには多大な時間と労力を要しているが、なぜそのような努力投入が行われうるのかというと、資源と地域との関係が強い場合が多い。諸外国でもそうであるが、どのような資源に対しても行われるというものではない。

IVQを導入すると、漁獲競争が取り除かれるので投資が抑制され、小型の魚を獲らなくなり、より単価の高い大型の魚を漁獲するようになり、漁業は儲かる産業になるという議論をよく見る。この議論を受けて少し考えてみると、漁民みながそのような行動をとれば、小型魚よりも少ない大型魚を人より早く漁獲するために、高度な魚群探知機を導入して漁船の速力を向上させるために機関の馬力アップを図り、大型魚の乱獲が発生し、価格暴落に繋がることにならないであろうか。このような実証的に検証を重ねない不毛な議論なら、いくらでもできる。IVQ制度は全体の漁獲抑制が必要なときの調整手段の一選択肢なのである。

漁業制度全体から見れば枝葉でしかない漁獲枠の議論が、漁業構造を規定してしまうかのような論が多すぎる。諸外国の好調な部分のみを捉えて、IQ制度あるいはITQ制度を導入すれば漁業は儲かるという議論は、あまりに資源管理の議論を矮小化したものにすぎない。

3　日本漁業と資源管理

日本では、近世から水産資源を守り続けてきた長い歴史がある。例えば魚付林を保護したり、産卵場を保全したり、河川に遡上するサケなどの資源の漁獲を制限したり、保護河川を指定したり、という営みがあった。

明治期以後、漁具の発展や漁船の動力化などの技術革新が起こるなかで、沖合資源に対する漁獲圧が高まり、資源枯渇の危機にたびたび直面し、そのたびに資源保護の必要性が説かれた。

戦後を見ると、政府が食糧難を背景に漁船が急増するよう誘導したこともあって、日本近海域は乱獲状態となったが、その状態を解消するために政府は減船政策や漁船を海外に向かわせる政策転換を実施してきた。しかし二〇〇海里体制という海洋分割の時代（一九七七年以後）に入って、世界に展開していた日本漁船が次々と沿岸国により閉め出され、水産物の供給力が弱まるという危機感が強まった。

一九八〇年代からは日本近海資源の保護がよりいっそう重要だという共通認識が国内全体で持たれるようになり、国策として資源管理の実践が目指すことになった。それは「資源管理型漁業」と呼ばれ、試行錯誤をしつつ、行政、漁協あるいは漁業団体の指導体制が構築され、広がっていった。

伝統漁独自の漁獲制限

もちろん以前から、禁漁期、漁具制限、禁漁区、漁獲制限、操業時間制限など資源への漁獲圧力を制限する取組みは行われていた。

とくに磯場の漁ではきわめて厳格な制限が設けられている。例えば三陸の磯場で行われているアワビ漁やウニ漁などの伝統漁は、漁師一人がサッパ船という小型漁船に乗船し、「かがみ」と呼ばれる海中眼鏡を使って足で櫂を操って操船し、水深約五メートルの海底からアワビやウニを「かぎ」という原始的な漁具で引っかけて獲る。船外機以外に近代的な装備はなく、漁民らが腕・技を競うのである。限られた期間に限られた時間で一斉に行われる。アワビ漁では漁期間中操業実日数が十数日しかないが、水揚げが三〇万円ぐらいの漁民もいれば、名人ともなれば三〇〇万円にもなる。この格差は腕・技のレベルの差により生じている。アワビ、ウニの水揚げ金の一部（定率）は協力金として種苗生産・放流費に回される。それゆえ、たくさん水揚げした人ほど協力金をたくさん支払うことになる。

漁民はそうした支払い格差が生じていても、植林や磯掃除を行って漁場環境を保全する活動を平等に行い、密漁監視も行う。資源の採捕を伝統的漁法に限り、操業時間を限定し、そのなかで競争するが、他方で協調して漁場を守り、資源の再生が維持されるように、しっかりと漁民自治を継承してきたのである。その歴史は三〇〇年という。

一方で禁漁期など漁獲制限措置は、もっぱら漁業者間の漁場対立・紛争を経験して始まったものであり、その後、各県の漁業調整規則として取り入れられた。新たな資源管理型漁業は、こうした各県の漁業調整規則のうえに、試験研究機関の科学的データなどを参考にして、より資源の状況に対応した操業体制を敷いたものである。資源管理型漁業はあくまで漁業経営の発展を促すものであると同時に、資源の再生産と漁業経営の再生産を考慮したものであった。

漁場での過度な競争を避けるために、漁船の協業化を図ったり、漁場を分割して順番に使う漁場輪番制を確立したり、水揚げ金を平等分配する水揚げプール制を導入したりするなどの実践例も少なくない。例えば被災地では、福島県沿岸部で行われていたホッキ漁が有名である。協業化と漁獲サイズ制限により資源と経営の再生を図るその方式は、青森県や北海道のホッキ漁にも拡大していた。

ただしこうした取組みは、漁業者間の衝突を繰り返しながら長い時間をかけて調整、実践されてきたものである。感情的なぶつかり合いも避けては通れない。協業化やプール制などによる競争抑制対策は、漁業者の仕事ぶりに差があっても手取金が同じということが発生するため、個人の技能が成果につながらなくなってしまうから、こうした対策は漁獲圧力と同時に、漁業者の操業意欲まで落としてしまいかねないのである。

日本漁業の調整力

このように日本の沿岸域では、個別の利害を超えて漁村という地域の利益を考えた漁業が実践されてきた。近世から漁村の地先の漁場は当該漁村の「総有《そうゆう》」であり、また、総有漁場の沖側は入会《いりあい》漁場だから、近隣漁村の漁場利用者みなで秩序形成を図り、漁場を守らなくてはならないという「思想」があった。

この「思想」は、自然のなかに生きる人間の経験と漁村という小社会の積み上げによって形成されてきた。それは漁民の身体に蓄積された伝統的技能と漁民集団の習性において継承され、漁業法や水産業協同組合法がそうした漁村地域の固有制度を保証している。

つまり日本では固有の自然環境に則した漁村社会の在り方が踏襲されており、その経験則が漁場利用の在り方を決めてきた。近代的な技術の導入により漁場では混乱が生じたが、そのたびに調整が図られてきたのである。

日本における漁村と漁業の営みは、近代的な技術や科学によって支えられてはきたものの、技術や科学を前提として漁業の体制を大きく転換してきた西欧諸国とはかなり趣が違う。日本ではあくまで前例主義で、積み上げられた漁場利用の慣習や知恵が尊重され、ときには粘り強い調整の結果として資源管理が実践されているのである。

国連海洋法条約を批准してからは、国の制度で定めたTACにより漁獲制限している魚種（スルメイカ、サバ類、マアジ、マイワシ、スケソウダラ、サンマ、ズワイガニ）とIVQ制度を導入している先述した三魚種がある。日本での資源管理とは、漁業者間の話し合いを基本とした漁業調整によって漁船間の漁獲努力のバランス化を図ってきた成果なのである。

4　漁業と科学者

自然中心主義のディープエコロジー思想をもつ欧米の急進的な環境NGOは、漁業の監視者としてさまざまな活動を行っている。よく知られているのは反捕鯨運動である。周知のように日本の調査捕鯨に対する攻撃は近年エスカレートしている。また和歌山県太地《たいじ》町で行われているイルカの追い込み漁は、「ザ・コーヴ」「The Cove」として映画化され、世界からバッシングされた。彼らは、異国の伝統・文化といえども、動物愛護の精神に反するものは断固許さないのである。

日本の漁業において批判を浴びているのは、捕鯨やイルカ漁だけではない。マグロ延縄漁業や北太平洋公海イカ刺網漁業なども標的にされた。マグロ延縄漁業に対しては、あるときは海鳥類を混獲していると、あるときはクロマグロを獲りすぎていると、あるときはサメ類のヒレ部以外を投棄し漁獲報告していないと、彼らはさまざまなメディアを通してキャンペーンを張った。北太平洋公海イカ刺網漁業に対しては、オットセイなどの海獣類や海鳥類を混獲するとして、一九九二年にモラトリアムにまで追い込んだ。

こうした環境NGOの活動は、ほ乳類動物の捕獲や混獲、あるいは希少資源の漁獲を非難するものが多かったが、近年は資源管理と環境保全を重ね合わせて、漁業管理体制への非難も強めている。さらには、資源の悪化状況を消費者に問いかけて、持続可能な漁業を行っている漁業者から水産物を買うべきだとも訴えている。そして差別化を図るエコラベル（環境に優しい漁業を行っているかどうかの認証制度）も広げた。一見、彼らの主張はもっともに思えるが、認識の浅さから生じる問題については、やはり看過できない。

ここで問題になるのが、「持続可能な漁業」という考え方である。彼らによると、持続可能とは、科学者の勧告を守って漁業が営まれているかどうかのようである。

近年、西欧諸国でTACによる漁獲管理が資源管理の主流をなしている現状からすると、科学者とは、水産資源の動向を評価する研究者（あるいはそうした研究者で構成される科学委員会など）のことであろう。目先の利益のために漁獲を急ぐ漁業者に警鐘を鳴らすことができるのは、確かにこうした水産資源の動態を分析している研究者しかいない。

だが研究者がいくら警鐘を鳴らしても、それが全面的に受け入れられるとは限らない。TAC管理を行っている場合でも、資源評価はあくまで参考として扱われてきたからである。急激な漁獲量削減を求められても、漁民には生活がかかっているため、簡単には受け入れられないのである。さらに日本の場合、研究者の警鐘を簡単に受け入れない理由には、さまざまな事情が輻輳している。

日本では一つの魚種をめぐり複数の漁業種で漁獲しており、しかも沖合に展開する大型漁船から沿岸の小型漁船まで階層間の競合もある。すなわち漁場では一つの資源をめぐって絶えず競合・対立がある。こうした複雑にからむ利害関係が存在しているところに、研究者がいくら警告しても、誰が統制するのかという問題が浮上し、なにも進まないことが多いのである。

広がるディープエコロジー思想

では、資源管理の優良事例では、どのように体制づくりが進められたのであろうか。一九八〇年代から始められた資源管理型漁業の実践例を見ると、多くの場合、利害関係にある漁民の間で漁場利用秩序をめぐる話し合いを粘り強く続け、同時に研究者、行政関係者、漁協そして漁民の間で資源問題を共有する作業を行っている。漁民それぞれは自らの利益と全体の利益を考えなくてはならないため、そうした作業は微妙なバランスの上ではじめて成立する。水産資源の資源管理とは、こうした利害調整を進めるなかで、さまざまな関係者の努力により実現できるものであり、個々の漁民でできるものでもなければ、行政の強権力でできるものでもなく、ましてや研究者の勧告だけで進むものでもない。

さらには、資源評価が的確でなかったことが多々あり、魚種によっては不確実性と信憑性のなさがつねにつきまとうため、漁業の現場では、科学的知見が必ずしも信頼されていない。しかも研究者サイドに立てば、資源を増やすには漁獲を抑制する方針に傾くため、漁民の意向とはたいてい対峙する関係になる。それゆえ多くの場合、研究者の提言が受け入れられるかどうかは、漁業者と研究者との信頼関係が問われることになる。その関係性の在り方が、漁業と科学の関係を決定づける。

筆者が知るところでは、資源調査を自ら行うことなくデータを使った卓上の計算結果のみで判断する研究者の意見は現場では受け入れられず、漁業者と一緒になって研究を積み上げてきた研究者（水産試験場の研究員など）の意見は比較的受け入れられる傾向にある。つまり、後者の場合にはじめて相互関係のなかで信頼が醸成され、漁業と科学の共存が現実化するのである。

そのことから、持続可能な漁業の実現は科学者の勧告を受け入れるかどうかにかかっているとする環境NGOの主張は、現実を知らない消費者を巻き込むことはできても、漁民に対してはたんなる圧力的言説にしかならない。彼らは、漁業と科学の関係が信頼関係のなかで成り立つことを理解せず、漁民を科学にひれ伏させるために何を仕掛けるかが関心事であるかのように行動するのである。

環境NGOの言い分が漁民に受け入れられるときは、沖合漁業者と沿岸漁業者との間にある対立に割って入り、小規模に営む沿岸漁業者に寄り添い、大量漁獲する沖合漁業者を非難するときぐらいである。しかも、受け入れる漁民は対立関係の一方の側でしかない。

他方、北欧の漁業先進国は、環境NGOに攻撃されないように賢い選択をしている。例えばノルウェーでは、大量漁獲する漁業においても、科学委員会が算定したABC（生物学的漁獲許容量）をしっかりと参考にしてTACが設定されており、また漁船にはIVQが配分されて、漁獲管理が徹底されている。こうして科学的な根拠に基づいて実行されるのであれば、乱獲が防止され、生態系が保全されていることになる。しかも政府はTACを配分する調整会議などに環境保護団体をオブザーバーとして招いている。こうした場で、資源管理と環境保護を合致させる努力が環境ビジネスを生んだりもする。

自然を人間から峻別してそれを守ろうとする西洋由来のディープエコロジー思想は、確実に世界に広がっている。これもある種のグローバルスタンダード化という現象に思える。こうした思想は異なる異国の文化・環境を人間の内側から破壊しかねない。それゆえに漁民がそれに屈してしまうと、人間と自然の関係、そこにある人間と人間の社会関係、そして自然そのものも崩れてしまうことになりかねない。このことは自然環境が公害などで汚染されるより、ある意味では破壊的である。

5 《魚屋職人》の復権を

水産物の流通は、市場流通と市場外流通とに大きく分かれる。市場流通とは水産物が生産者から消費者に届くまでに、産地市場の卸と仲卸、消費地市場の卸と仲卸、小売（または中食、外食）が介在する水産物特有の流通である。この市場流通においては、いくつもの段階があることから、生産者の販売価格が安く、消費者の購入価格が高く、また卸売市場を挟んでいることから価格が安定しない、という評価がなされてきた。その批判を受けるかたちで、すでに七〇年代から市場外流通が形成され、拡大してきた。いわゆる産地直送や直接取引と言われる流通である。

この市場外流通が拡大したのは、とくに九〇年代以後である。デフレ不況になり、また小売業界の再編により、今日では水産物販売の七割がスーパーに占められるようになった。これにより産地市場における魚価が大きく落ち込んだことが、さらなる市場外流通の拡大につながった。

しかし、価格というのは相対的なものである。市場流通が相場を形成しているからこそ、市場外流通が成り立つのであり、市場外流通は市場流通に取って代わる存在にはなりえていない。市場流通と市場外流通を天秤にかけて仕入れる小売業者もいるほどである。ちなみに現在でも、水産物流通の半分以上は市場流通である。

つまり魚価が低迷するなかで、市場流通体制が本来の機能を果たせなくなっていることが根本的な問題なのである。この市場流通に関わる流通業者の職能と仕事への誇り、そしてしっかりとしたコミュニケーションが行われなければ、品質の高い水産物と漁村からの魚食文化は消費者に届かないのである。

周知のとおり、米国の圧力によって実現した一九九一年の大店法改正以来、小売業界における出店調整機能が失われ、大型店舗が続々と出店するようになった。消費者との対面販売を得意としてあらゆる鮮魚の消費促進に貢献してきた鮮魚店は顧客を奪われ、その数はピーク時の半分以下となった。

一方、大手チェーンストア系資本における各地への店舗展開は急速に早まり、チェーンストアの売場面積は二〇年で倍近くに膨れあがった。

その結果、価格訴求力を梃《てこ》にした集客競争という消耗戦が繰り広げられ、コスト節減のため、スーパーの鮮魚売場からは専門職人と丸魚が消え、簡便性の高い加工製品が主となり、魚価の低価格化が進んだ。対面販売が行われないようになってからは、売れ筋、定番の水産加工製品が売場の商品棚の大半を占めるようになり、しかもそれらの製品の原料は海外産が多く、国産の鮮魚の出番はほとんど失われた。鮮魚売場は名ばかりとなったのである。

こうして水産物のサプライチェーンの主導権は小売業界に偏り、市場流通の体制さえも小売業界に統制されるようになった。卸売市場では、セリや入札において競争価格を実現できず、もっぱら現物を見ないで価格とスペックで取引する事前相対が支配的になり、卸売市場はもはやチェーンストアのデリバリセンターになったという見方も強まった。卸売市場でさえ、魚を取り扱う職能、いわゆる目利き機能が「疎外」されるようになったのである。

つまり、産地から消費地、そして卸売から小売といった間で繰り広げられてきた双方向的なコミュニケーションは、垂直統合的な流通が形成されるなかで失われようとしている。

流通業者のネットワークを活かす道

多段階流通と言われる水産物の市場流通は、原料のサイズのばらつきが大きく、数量の年変動、日変動が大きい水産資源の供給特性に対応して、自然の豊かな恵みを消費者に届けるために形成されてきた。出荷されてきた水産物は全量売り切るという卸業者の役割により、この市場流通は成立している。さらに、市場流通機構は、水産物流通にある代金決済リスク、在庫リスク、アソートリスク、販売ロスなど多くのリスクを、役割の異なる複数の流通業者が関わることによって分散しているのである。

この流通業者のネットワークこそ、社会関係資本（この場合は社会的生産関係資本）であり、市場流通機構にある価値である。水産物価格の中間マージンにはこの価値が含まれているのである。この中間マージンの否定は、《魚屋職人》でもある流通業者の否定である。

今日の水産物流通の最大の悲劇は、安売りによる集客競争が生きるか死ぬかのデスマッチ状態となって、小売業界が流通支配力をより強めたことから、水産物流通内の各パートの魚屋職人が継承してきた魚食文化の伝達という本来の職能を発揮できず、流通に従事する者の関係がそれぞれに悪化しているという点である。

産地市場の卸は仲卸である仲買人の買付意欲の弱体化を受けて、消費地市場の価格形成力のなさを非難し、仲買人は思いどおりの魚が市場に上場されないことから漁業者を非難する一方で、大量ロットと低価格を求める小売業界に従わざるをえない消費地の卸を非難し、消費地市場の卸は消費地のニーズに応えない産地市場や、漁業者および水産物を買い叩くうえ、センターフィ（デリバリセンターを介した店舗までの物流経費）や協力金の支払いを求めるチェーンストアを非難している。

流通関係者はそれぞれに価格をめぐり利害が相反するため、こうした非難は流通機構に潜在している。

だが近年の流通業界の紛争・摩擦は、かつてないほど激化している。荷主・荷受・仲卸などの相互交流が盛んであった卸売市場の人的ネットワークそのものも分解し始めているのである。

このままでは水産物流通のネットワークが壊れ、消費者には品質の良い水産物は供給されなくなってしまう。市場流通機構に関わる流通業者が機能しなければ、市場外流通も成立しないのである。

魚食文化を支える《魚屋職人》の職能が活かされていない現況から脱却しない限り、漁業再生は実現できない。そのためにはまず、各流通段階の魚屋の職人的誇りを回復させ、分断されているコミュニケーションを復権させるところから始めなければならない。

拡大する海外の輸出市場に活路を見いだすという考え方もあるが、国内においてまず具体的に始めるべきは、名ばかりの状態になってしまっている小売業界の鮮魚売場を、《魚屋職人》が活躍する鮮魚売場に再生させることである。消費者のニーズにも応えつつ、不確実な自然の恵みを消費者に提供でき、かつ回転率が高い鮮魚売場の復権が必要である。水産物流通の再々編は、最も川下の小売業界の体制を、消費者と《魚屋職人》とのコミュニケーションの復権を通じて変えていくことからしか始まらないのではないか。

6　漁協とTPP

自然から得られる恵みを商品に転化する役割を果たすのはまず漁民であるが、彼らの仕事や暮らしを支えてきたのは、漁協という協同組合である。

漁協の起源は、一村専用漁場制度により守られてきた漁村集落の共同体社会そのものである。今でも行政庁から免許されている漁業権の管理や漁場保全活動については漁民らの実質的自治により運営されている。

漁協はこれら漁民の自治を法的に担保した非営利法人である。

漁村の地先にある水面は、先にも触れたようにその漁村の「総有」であるとされている。これは分割して分配できないものであり、現在の漁民だけでなく、この漁村でこれからも漁業を営む漁民や子孫のものでもある。

だから漁場では、敵対している漁民同士であっても、みなでこれを守らなければならない。よほどのことがない限り、そこに行政庁が口を挟むことはない。さまざまな問題や新たな取組みへの対応は、あくまで漁民の主体性と自治に任されているのである。

それゆえ、漁場総有説に立つ漁民は漁協をつぶしてはならないという意識をもっている。漁協がなくなれば、漁民は法的に担保されてきた自治を失うからである。

この自治が喪失することになれば、それまで漁場を維持してきた経済、環境そして文化を失うことになる。先祖代々つくりあげて守ってきた漁村と漁場が崩壊するのである。

漁場か、開発受け入れか

この共同体が崩壊の危機に直面した例はたくさんある。例えば高度経済成長期、埋立て・浚渫が伴う臨海工業地帯、大規模港湾、発電所の建設など都市部近郊の沿岸域で進んだ地域開発時である。

こうした開発が及んだ地域では、漁業権放棄と補償金の受け取りが引き替えとなった。漁民がそれまで守ってきたものを手放して開発に協力したことになる。

しかしそうした地区でも、突きつけられた開発案を諸手を挙げて受け入れたわけではない。開発に対する賛成派と反対派による攻防があった。それは、現状の漁場を守るか、開発を受け入れて国益に協力して地域の近代化を図るかという二者択一が突きつけられた攻防であった。

最終的に漁協の組合員総会における決議によって開発を阻止した例もあるが、多くの場合、開発が受け入れられたのである。電源開発や原発立地も、である。開発を受け入れたということは、地域経済の他律的な発展を選んだということと同義である。

これらは漁村から生産労働力が都市部に吸収され、衰退の一途をたどる状況から、再生の道筋が見えないことにおける苦肉の選択だったと思われる。太平洋ベルト地帯の開発や全国総合開発計画による拠点開発の犠牲になった例が多い。しかも、臨海部に立地した工場から出た排水が海洋汚染を招いたため、開発後も追い打ちをかけるように公害問題が漁民を悩ませてきたことは周知のとおりである。

いずれにせよ漁村の衰退は、都市部との関係において進まざるをえなかった。それは国家が戦後経済の核を二次産業に移し、その後は三次産業に移行するなかで、回避不可能なこととされた。

もちろん政府は、漁村への対策を行ってきた。沿岸漁業構造改善事業[7]や漁業近代化資金[8]などの制度資金、あるいは漁業災害補償制度[9]などを創設して、漁業経営の近代化、養殖業の開発、沿岸漁業・漁村の振興対策など、財政面、金融面での施策を打ってきた。また漁港や漁場の整備など、漁村の近代化を図る公共事業も充実させてきた。

沿岸漁業に関わるこれらの振興対策の多くは、漁協を核にして進められた。行政庁は漁協を、漁民への説明役、漁民間の利害の調整役に位置づけてきたのである。

こうした振興対策が進められていくなかで、次第に漁協の行政代行機能が充実化し、ハード面でも近代化して事務組織主導の事業推進体制が築かれたことから、皮肉にも協同組合としての漁協の姿が薄れていったことは否めない。

つまり漁協は、漁民の自治組織であり、漁民結合体の運動組織であったにもかかわらず、戦後の復興時に機能してきた協同組合運動が次第に形骸化していき、漁民らの内発的な発展の方向性が希薄化してしまったのである。

以上のことはすでに七〇年代から内在していた問題だったが、バブル経済崩壊以後の魚価低迷のなかで、漁協事業の最大の収益源であった販売事業の取扱い高が減少してから、目に見えて顕在化した。

九〇年代に入り、漁協の販売事業の衰退傾向が顕著になると、それまでに膨れ上がった一般管理費の負担が漁協の経営を一気に悪化させた。それへの対応として、政府主導の下、漁協合併促進法に基づき漁協の広域合併や信用事業統合が進められた。

こうした一連の対応は、新たな問題を生むことになる。合理化で職員が削減され、細々とした非収益的なサービスが漁民に行き届かなくなったのである。漁民と漁協とを繋いでいた仕事は後回しになり、漁民の意識が漁協から離れていった。

つまり漁協の職員と漁民との関係は、両者が頻繁に顔を突き合わせることで維持されてきたが、両者の接する機会が減じていった。それにつれて漁協への漁民の不満は蓄積し、漁協運営への漁民の参加意欲が喪失した。このままでは漁民が自治の力を弱め、漁協が機能不全に陥り、漁民社会は分解してしまう。漁民社会が分解すると、無駄な対立や紛争も再発しかねない。それゆえ、そこからの脱却を図らなければ、漁業再生はありえないのである。

かつて林業が衰退し、山林が荒れた

しかも組織の弱体化が顕著になっているなかで、漁協にはさらなる試練が待ち受けている。ＴＰＰである。

かつて木材の輸入自由化、関税撤廃で林業は漁業以上に衰退し続け、生産の社会関係資本（いわゆる共同体社会）が失われ、山林は荒れに荒れた。

これに対して、水産物はすでに低関税率になっているから完全撤廃されてもあまり影響はないという議論があるが、ＴＰＰは関税撤廃よりも、経済制度の一元化を図っていく方向性が強く出ることの方を問題視しなければならない。外国の企業活動に支障を来す当該国独自の経済制度が、ＩＳＤ条項（外資系会社が進出した国で差別的待遇を受けたとき、その国の政府に賠償を求めることができる）により壊される可能性が否定できないからである。ＴＰＰ参加となれば、もちろん漁業制度が壊されかねない。漁業権などの制度が壊されると、共同体的な漁村の人間関係が分断され、経済の論理で漁村の社会関係が物象的関係に陥っていく。そうなると、山林にあった社会関係が壊れてしまったように、自然と人間との関係が断ち切られ、国土が荒れ、周辺海域が荒れていく可能性は否めない。

国内では、漁協は最も協同組合らしい協同組合と言われてきた。それは、組合員同士が向き合って話し合い、利害を調整し、問題解決するための相互扶助の実践をどの協同組合よりも続けてきたからに他ならない[10]。漁協は、漁場という環境を守り、食糧生産を続ける、生産共同体的な社会関係（アソシエーション）の受け皿である。協同組合関連法の枠組みのなかで、このような生産共同体が自然に立脚した産業を維持している例はきわめて少ない。海外から視察が訪れるほどである。

漁業権を独占しているなどと、漁協にはいろいろな批判はあれども、この存在は大事であり、そこには自然を利用しながら自然を保全するという、自然と共生しようとする日本的伝統が残されている[11]。

漁協への外圧に対抗するには、協同組合としての原点回帰を図り、本来の存在意義を発揮するしかない。

7　働く「人格」をとり戻す

「はじめに」で述べたように、日本の漁業は、漁民らの諸活動とその背後にある二つの分業社会により支えられ、発展してきた。二つの分業社会とは、一つが漁業内部にある分業社会であり、もう一つは漁業外部との関係から成り立っている分業社会である。前者は漁協や行政組織など、後者は水産関連業界である。漁民と二つの分業社会で構成されるこの社会関係は、「人間と自然との関係」でもあった。

この社会関係の核には、「海や魚と関わる経験から培われてきた職能をもった生身の人間」が存在している。水産物、とくに鮮魚は、自然のなかから魚を獲り、鮮度を維持し、活きのよさを判断し、それを購入する人に伝える職能をもった人間あっての商品である。この商品に関わる職能は、たんなる技だけではなく、魚という自然の恵みを通じて、四季折々の「自然の息吹」を消費者に届けるという表現の豊かさを兼ね備えていた。そのことから、日本の魚食文化は、魚を獲る人、魚を卸す人、魚を売る人など、魚を扱ってきた人たちにより築き上げられてきた。

だが大量生産・大量流通・大量消費時代に入り、商品の価格と特定のスペックばかりが重要視されるようになってからは、自然への依存が強かった魚食文化が衰退し、抗えない自然の変動や不確実性を補ってきた彼らの職能は軽視・冷遇されるようになった。自然と向き合いながら多様な側面をもっていた「職能」が、発展した商品経済のなかで物を生産し流通させるたんなる「機能」に置き換えられてしまったのである。商品経済の深化は、わが国の漁業を支えてきた「人間と自然の関係」を危機的状況に追い込んでいった。

この危機から脱却するには、魚をめぐる社会関係において、「経験から培われてきた職能をもった生身の人間」をどう復権させるかが重要である。そしてそこに接近するには、「人間の尊厳」、もっと言えば「多様な個性を備えた人間の尊厳」を、商品経済体制の下で生きるわれわれがどう取り戻せばよいのかを考える必要がある。

そこで、最後に、「多様な個性を備えた人間」をここでは「人格」と定義して、考えることにしよう。「人格」とは一般に、「人間としての在り方」をいうが、本論では人間が「暮らしや仕事（経済活動）」によって培われた「文化」や慣れ親しんできた「環境」により、多様な個性を備えた存在として成立していることを指すものとする。つまり言い換えれば、「人格」とは、地域ごと個人ごとにある「経済・文化・環境」により形成されてきたものと捉えられる。

そしてこの「人格」に内在する「経済・文化・環境」は、とくに経済未発達の段階では、それぞれが分裂しているのではなく一体的関係にあった。暮らし・仕事は、経済的側面だけで成り立たず、「文化」や「環境」と本来切り離せない関係だったからである。

だが経済発展につれて、「経済・文化・環境」がわれわれの認識のなかで分裂してきた。これらを分裂させなければ、効率的な意思決定ができず、経済成長をもたらすことができなかったのかもしれない。そして人々の意識のみならず社会の実態としても、「文化」や「環境」は経済成長の犠牲になってきた。その結果、社会関係は物象化され、その中にあった「人格」が崩壊させられてきたのである。

東日本大震災からの復興方針で出てきた「漁港集約化」や「水産業復興特区構想」などは、まさに現場にある「人格」を無視した内容であった。これらは社会関係を経済的利害のみで捉え、そこには地域の自然や文化の在り方を考える余地はない。

創造的復興策として創出されたこうした発想は、すでに震災前から準備されていたと言ってもよい。たんに大惨事からの復興という局面で露骨なかたちで表出しただけなのである。「経済」を「文化」や「自然」から峻別するグローバルスタンダードな思考パターンは、震災以前から日本にも浸透しつつあり、それが震災後の復興策に単純に反映されただけと言える。

しかしこのことは、「人格」を無視しているだけでなく、漁村という地域そのものを疎外していることになる。「自然」を「文化」や「経済」から切り離し、人間と自然の関係を分断してきた西洋由来のディープエコロジーの発想もこれと同じである。

今、人口減少や少子高齢化社会に突き進むわが国に求められるのは、成熟した社会の在り方を考えることである。言い換えると、ポスト工業化社会のデザインである。そこで肝要なことは、これまでのような「環境や文化を犠牲にして経済を優先」「経済や文化を犠牲にして環境を優先」という、「経済・環境・文化」の一体的関係を切り離す思考からの解放である。

つまり「経済・文化・環境」の再統合である。この再統合こそが、失われつつある「人格」の復興である。[12]この「人格」の復興がなければ地域の再生はありえず、成熟した社会として安定していかない。

大震災からの水産復興や漁業再生に求められているのも、この認識に基づく対策であり、政策であり、社会認識としてのグローバルスタンダードからの脱却である。自由と効率を掲げ、社会関係にあった人格を壊し、格差社会をつくりあげるネオリベラリズムの罠にも、これ以上はまってはならない。

経済的思考だけにとらわれず、どういう自然や国土を維持したいのか、どのように暮らし、魚を食べ、食文化を継承したいのかを、消費者でもあるわれわれ一人ひとりが考えることが求められている。

1　沖合・遠洋漁船の多くを占める排水量トン数二〇トン以上の漁船を対象にした。数値は水産庁「漁船統計」を参考にした。

2　水産資源を大量に捕食したり、漁業の操業の妨げになる生物のことである。

3　ただし、科学的根拠がはっきりしていない魚種までTACが設定されており、不確実な科学的手続きにより資源管理が行われている。アイスランドやニュージーランドの資源管理が科学的に成功しているという評価はきわめて非科学的な面がある。

4　中山智香子「レントで暮らすバァイキング？　アイスランドの破産が示すもの」『現代思想』（一三四―一四五頁、二〇一二年三月）では、アイスランドの金融破綻とのITQの関係が綴られている。

5　「水産復興の視点　先進地ノルウェーに学ぶ」『河北新報』（二〇一一年十月二十四日）。

6　根本孝「ノルウェーにおけるIQ制度の概要と霞ヶ浦海区へのIQ制度導入の展望」『茨城県内水面水産試験場研究報告』（四三号、一七―二二頁、二〇一〇年）。

7　一九六三年に施行された沿岸漁業等振興基本法に基づく漁業政策の中心的な役割を担った施策である。沿岸漁業の近代化のために漁船や産地機能を強化する事業である。

8　漁船建造など設備の近代化のための資金を借り入れする漁業者に金利を補助する制度資金である。

9　自然災害による生産量の変動や漁具被害に対する補償制度である。保険の仕組みが採用されており、具体的には漁獲共済、養殖共済、漁業施設共済などがある。

10　協同組合社会は、役員、職員、組合員によって構成されている。この関係においてそれぞれに求められるのは、役員がリーダーシップを発揮し、職員が協同組合職員としての誇りを持ち、組合員が連帯し協同組合運営に参加することである。

11　利用と保全が一体化した生産共同体の活動は、国民の食文化および結果的に国土を守ることになろう。

12　漁協を核にして漁業・養殖業の復興、市場を核にして水産流通加工業の復興、をスローガンにした岩手県の発想もこれに近い。

あとがき

私は今、漁業について調べ、学び、考え、伝えるという仕事をしている。だが、私と漁業との関係には、なにか確固たるものがあったわけではなかった。

生まれ育ったのは大阪である。漁業にも海にもなんら縁が無かった。祖父が大阪市内の中央卸売市場で魚の運送業を営んでいたというが、私が生まれる前に他界し、親族で仕事を受け継いでいたわけでもなかったので、魚にも縁は無かった。漁業のこと、海のこと、魚のこと、船のこと、全てを本格的に知るのは大学生になってからである。漁業との関係が始まったのはこの時からであった。

大学入学後から今の職場に就くまでは北海道で暮らした。都市部から離れたいという思いが、北海道へ自分を向かわせたと思う。最初は札幌であったが、その後函館へ。函館では海が目の前にあり、近くの海沿いには漁村が沢山あった。地元の人たちの言葉も浜言葉に近かった。今思えば、漁業のことを勉強する場としては格好の場であったと思う。

大学の実習では北洋漁場（正確には北太平洋公海）への漁労実習（流網）を体験したが、漁業のことを本格的に学ばせてもらったのは、研究のために訪問した近隣の漁村であった。北海道の渡島半島の漁村はもちろんのこと、津軽海峡を越えて青森県の下北半島にもよく出かけた。そこには、洋上で仕事をする人にしか分からない世界が広がっていた。何気なく広がる海なのに意外と漁場というものは混み合っているということに気づいた。至る所にいろいろな網が仕掛けられていたし、養殖施設は離岸五キロメートルまで広がっていた。

厳冬期に乗船したことも幾度かあった。日本海で操業するスケソウダラ延縄漁船に乗船したとき、零下一五度を下回る極寒の中での時化《しけ》日で、潮流が速かったので、なかなか漁具を海に投下ができず、洋上でのドリフト（待機）が長時間続き、船酔いで倒れてしまったこと。完全にノックダウンとなったのは、この一回きりであるが、全く調査にならなかったので、今でも忘れられない。乗り物に揺られるのが大の苦手な私にとっては、漁船に乗ること自体がとんでもないことだったので、乗船は恐怖心との闘いでもあった。

乗船には常に危険がつきまとう。陸上では優しい顔をした漁業者も、洋上では顔が険しくなることもある。緊張感漂う場面も何度もあった。転覆しないかと思うこともあった。あまりの船酔いのつらさに、どうしてこのような研究テーマを選んでしまったのであろうかと後悔したことも多々あったが、今となっては苦手なことを克服したいという気持ちの方が先立っていたように思う。

操業では漁労を体験させてもらった。乗船したら漁師と一緒に働けというのは、当時の指導教員の方針でもあった。ロープワークなどうまくできず、親方から何度も怒鳴られた。漁労作業にロープワークはつきもの。作業を通じ、これが素早くできなければ操業がなり立たないことを、身をもって思い知ることができた。時化日の操業ではいつもフラフラになっていた。揺れだけではない。機関の振動や爆音、ときには排ガスにもやられていた。漁労環境は漁師にとっては日常であっても、大学の研究室という静穏な空間で日々暮らしているわれわれにとっては過酷な環境であった。

だがそのようにまいっている姿は、漁師からすればおもしろいらしい。研究者はいくら偉そうに漁業のことを語ろうとも、洋上では漁師に逆らえないし、赤子のようなものだからである。洋上では漁師に命を預けているので、どんなにもがいても仕方がない。

このような洗礼を浴びているうちに、洋上という過酷な自然環境の中で働くことの尊さを知った。現在、時間に余裕が無く、学生時代の頃のような体験はできないが、そのときの洋上体験が今に繋がり、漁業に関連する執筆活動の動機にもなっている。その後、現場調査の範囲は小売業界まで含めて流通過程にまで及んだが、そこで見た魚を取り扱う職能に魅了されたことも、今回の執筆における問題意識に強く影響している。

私が今回の大震災で被災した地域を調査で訪問するようになったのは、九〇年代末からである。転換期を迎えていた養殖業を調べるために岩手・宮城の漁協に、縮小再編が著しかった各種漁船漁業や産地間競争が激化する産地市場、輸出ドライブに湧く水産流通加工業などを調べるために八戸、気仙沼、石巻、銚子などの拠点漁港に、くりかえし足を運んだ。常磐（福島・茨城）方面には調査だけでなく、学生の実習先（学生の引率）としてもお世話になった。被災地となった地域には馴染みの地域が多かった。

大震災直前の二〇一一年二月には、宮城県の石巻、亘理《わたり》地区を訪問していた。第十章に書いた仙台湾の漁場紛争について調べていたのである。その調査報告書を大学の研究室で執筆しているときに、東日本大震災が発生した。大きく長い揺れであったことから、震源地は都心に近いと思った。そのうち震源地が東北であること、大津波が発生したこと、さらにＴＶの映像で馴染みの地域が津波で壊滅的な状態になっていることを知った。馴染みの地域の事情がどうなっているか分からず、東京にいることがいたたまれなかったが、どこから手をつけていいか分からず、呆然とした日々が続いた。

そして被災地への調査を始めたのは震災からひと月半が過ぎてからである。その直後、震災前から繋がりがあった岩手県釜石市に連絡をとり、復興の手伝いをすることになった。手伝いといっても大したことはできない。かえって邪魔になるかもしれないと思ったが、復興に資する何らかの情報を現地に伝えること、あるいは現場にある問題点を中央に伝えるといった「つなぎ役」ならできるのではないかと考えての判断であった。もちろん自分の中には、被災地の変化を継続して見続けていきたいという思いもあった。市役所は快く私の申し出を受け入れてくださった。本当にありがたい話であった。ある程度復興が進んだところで、釜石の水産復興のストーリーを書いてみたいと考えている。

これまでに訪問した被災地は、青森県から千葉県まで太平洋北区沿岸部全域に及んでいるが、主に被災三県が中心である。被災地へ訪問する時、いつも気にしていたのは、沢山の方々が犠牲になっているなか、遺族をはじめ、大切な人を失った方々にどう接したらいいのかということであった。また大震災およびその後の混乱の中で負った心の傷が癒えない方々とどう接したらいいのかであった。ときに感情的な言葉を口にする方々に対し、決してこちらが感情的になってはならないと思い行動したが、果たしてどこまでそれができたであろうか。

そして最も気が重いのが、福島県を訪問するときであった。岩手県や宮城県に関しては、福島県と比べると復興という希望に向かって前向きな話ができたが、福島県ではそのような話はこちらからは持ち出せないと思っていた。しかし、福島県の相馬原釜を訪問したとき、再開に向けて尽力していることに驚かされた。まだ震災から三か月しかたっていなかったが、すでにある程度漁船の修復が進んでいたのである。それから一年を要したが、その時の意欲がのちの試験操業に繋がったのである。

こうして被災地へ一か月に二回ほどのペースで訪問し、被災地の微妙な変化を感じとりながら、復興はどう進んでいくのかと考え続けた。残念なことに、被災地を分断させる構想が行政から出てしまった。被災地に響く不協和音は、今後どう調律されていくのであろうか。各地域の復興を見届けるとともに、この問題も見守るしかない。

大震災から一年が過ぎた二〇一二年の三月中旬頃、本書出版の話をいただいた。持ちかけてくれたのはみすず書房編集部の川崎万里さんである。二〇一二年三月八日に出演したNHK番組「視点・論点」（「漁港集約化」と「水産業特区特区構想」の問題点を解説）を偶然視聴され、さらに拙著『伝統的和船の経済――地域漁業を支えた「技」と「商」の歴史的考察』（農林統計出版）を読んでいただいての持ちかけであった。それまで一般の方々の目にとまる紙面に執筆する機会は限られていたので、本当にありがたい話であった。ただし、川崎万里さんが私に投げかけたものは、大震災後に生じたさまざまな事態の記録ではなく、大震災を通じて浮き彫りとなった日本漁業の在り方や漁業再生について問うことであった。難しい課題ではあるが、思想・哲学がはっきりしない議論は読者が許さない、ということであると私は受けとった。そのことを肝に銘じて執筆に挑むことにした。

それからさらに一年が過ぎようとしている。この間、本書執筆を念頭に置きながら調査を続けた。執筆内容の四割は震災前に蓄積した内容であり、四割は震災から一年目までの内容であり、残りの二割は二年目の調査からの執筆であった。とくに原発災害からの復興に向けて動き出した福島県、あるいは茨城県の動向を注意深く聞きとった。

本書では、被災地すべての状況を網羅できなかった。また一方で、被災地があまりにも広域だっただけに一人の力では情報収集に限界があった。不足部分は被災地の調査を行ってきた研究者の情報により補った。その旨については文章内に記したが、主として頼ったのは、二〇一一年九月に東京水産振興会において設置された「震災情報研究会」のメンバーの方々の発表である。冷静に漁業の現場を見る方々だけに、その視点は示唆に富むものが多かった。

本書執筆において最も表現したかったことは、日本漁業に見る、自然の中に生きる人間とその社会との関係である。なぜそこにこだわったのかと言えば、この社会には先人が自然との対話の中で生みだした漁労文化と魚食文化があるが、今それが危機に直面しているからである。東日本大震災が発生したことにより、その危機はより鮮明になった。このことが読者の方にどれだけ伝わったであろうか。

最後に、被災地における取材では沢山の方々に大変お世話になりました。皆様にはこの場を借りて感謝申し上げます。みすず書房の川崎万里さんに妥協しないで執筆するよう後押しいただきました。心より感謝申し上げます。そして本書執筆中に永眠した父・濱田精造にここに初めて感謝の意を捧げます。

二〇一三年二月

濱田武士

著者略歴

(はまだ・たけし)

1969年大阪府吹田市生まれ．99年北海道大学大学院水産学研究科博士後期課程修了．各地の漁村，漁協，卸売市場に赴きながら研究する．専門は漁業経済学，地域経済論，協同組合論．2002年東京水産大学助手をへて，現在，東京海洋大学准教授．水産政策審議会特別委員，釜石市復興まちづくり委員会アドバイザー，日立市水産振興計画策定委員会委員長，福島県地域漁業復興協議会委員，全国漁業協同組合学校講師などを務める．単著に『伝統的和船の経済——地域漁業を支えた「技」と「商」の歴史的考察』(2010年，農林統計出版刊，漁業経済学会奨励賞受賞)．

濱田武士

漁業と震災

2013 年 3 月 1 日　印刷
2013 年 3 月 11 日　発行

発行所 株式会社 みすず書房
〒113-0033 東京都文京区本郷 5 丁目 32-21
電話 03-3814-0131(営業) 03-3815-9181(編集)
http://www.msz.co.jp

本文組版 キャップス
本文印刷・製本所 中央精版印刷
扉・表紙・カバー印刷所 栗田印刷

Printed in Japan
ISBN 978-4-622-07752-7
[ぎょぎょうとしんさい]
落丁・乱丁本はお取替えいたします